航 天 工 艺

符志民　主编

中国宇航出版社

·北京·

图书在版编目（CIP）数据

航天工艺 / 符志民主编 . -- 北京：中国宇航出版
社，2022.7

　ISBN 978 - 7 - 5159 - 2059 - 7

　Ⅰ.①航… Ⅱ.①符… Ⅲ.①航天工程－生产工艺
Ⅳ.①V46

中国版本图书馆 CIP 数据核字（2022）第 056049 号

责任编辑　侯丽平　　　封面设计　宇星文化

出　版				
发　行	**中国宇航出版社**			
社　址	北京市阜成路 8 号　邮　编　100830		版　次	2022 年 7 月第 1 版
	（010）68768548			2022 年 7 月第 1 次印刷
网　址	www.caphbook.com		规　格	787 × 1092
经　销	新华书店		开　本	1/16
发行部	（010）68767386　　（010）68371900		印　张	17
	（010）68767382　　（010）88100613（传真）		字　数	414 千字
零售店	读者服务部　　　　（010）68371105		书　号	ISBN 978 - 7 - 5159 - 2059 - 7
承　印	天津画中画印刷有限公司		定　价	95.00 元

前　言

航天工艺面向航天型号、项目，以航天产品为对象，是航天产品实现的重要保证，是航天制造的核心。历经66年的发展，航天工艺技术体系逐步形成、日臻完善，航天工艺管理从无序到有效，从不规范到制度化，从不完整到精益管控、追求卓越，形成了独具特色的航天工艺体系，已成为航天事业发展的重要保证。

本书是作者对航天型号、项目、工程多年研发实践的总结和凝练，主要包括航天工艺范围、设计工艺性、工艺评价、航天工艺创新和特色做法、航天工艺信息化、航天先进制造、航天工艺技术体系以及航天工艺展望等。

本书坚持"系统性、规范性、正确性、先进性、引领性、创新性、价值性、可读性"原则，从工艺技术和工艺管理两方面追溯航天人走过的工艺历程，包括工艺探索、工艺实践、工艺创新等，以飨读者。

在新时代，中央提出加快建设制造强国，加快发展先进制造业，培育若干世界级先进制造业集群。中国航天应扛起顶梁之责，在建设现代化强国、实现中国梦征程中贡献航天智慧、呈现航天方案、做出最大贡献。

中国航天已走过66年光辉历程，取得了举世瞩目的伟大成就。航天工艺、航天制造在中国航天事业发展过程中功不可没。系统总结航天工艺、航天制造的发展历程和成长经验，向航天工作者、各行业、全社会展示航天工艺、航天制造的需求、实现过程和发展态势，认真分析航天工艺、航天制造面临的挑战，提供航天工艺、航天制造方案，是航天工艺工作者的责任、使命和担当。

符志民是全书总设计，负责全书总体策划、系统构思、架构设计，负责全书修改、完善和审定。本书共9章，第1章概论，由符志民、安国进、黎永强、翁应平、邓学忠撰写，吴佳齐审核；第2章航天工艺范围，由张建华、王慧贤、王永平、赵红凯撰写，昝焕文审核；第3章设计工艺性，由段万泽、禄亚锋撰写，徐东宏审核；第4章工艺评价，由符志民、谢慧娟、程少明、杨桂英、王月撰写，聂绪胜审核；第5章航天工艺创新和特色做法，由符志民、王春娣、刘国柱、渠志军、刘炜、刘娟撰写，韩维群审核；第6章航天工艺信息化，由陈育武、李晓宇撰写，段华、朱文海审核；第7章航天先进制造，由韩秀洁、胡雪梅、孙雪松、谷牧、曹光明、符志民撰写，郝程、朱文海审核；第8章航天工艺技术体系，由符志民、刘玉平、吴凯撰写，张铁军审核；第9章航天工艺展望，由刘玉平、王春娣、符志民撰写，韩维群审核。

在本书撰写过程中参考了相关文献、资料，已经尽量一一列示，在此向文献、资料作者及提供者表示衷心的感谢！感谢航天科工工艺专家组的专家对航天工艺的贡献和本书内容的贡献！感谢航天科工科技与质量部张勇原副部长、刘陈处长、刘凯等对航天工艺的贡献和对本书出版的有力组织！感谢中国宇航出版社为本书付梓给予的大力支持！感谢航天二院208所钟晴、朱文姝等为本书出版付出的辛勤劳动！

2022 年 7 月 5 日

作者简介

符志民，研究员，教授，博士生导师。俄罗斯工程院院士，国际宇航科学院院士，世界生产力科学院院士。系统工程、系统总体设计、项目管理、风险评价与管理、质量保证和管理科学与工程专家。

符志民现任中央企业（中国兵器工业、中国商飞、新兴际华集团）专职外部董事。历任中国航天二院系统总体设计师、国家高技术研究发展计划（863 计划）先进防御技术领域专家委员会副主任委员（首席专家）、国家重大专项副总设计师、中国航天二院总体设计部主任、研发部主任、系统试验部主任、型号处处长/项目办公室主任、国家重大型号副总指挥、国家重大专项指挥、市场营销部（民品经营开发部）副部长、计划财务部副部长、科研生产部部长、发展计划部部长，北京仿真中心主任，中国航天二院副院长（管理者代表），中国航天科工集团科技与质量部部长，中国航天二院院长、中国航天二院研究生院院长，中国航天科工集团有限公司总工艺师、安全生产总监。兼任中国项目管理研究委员会副主任委员；中国首批国际项目管理专业资质（IPMP）认证评估师，中国首批国际项目管理专业资质（IPMP）认证高级项目经理；国际注册首席创新官（CCIO）；注册高级企业风险管理师（CSERM），亚洲风险与危机管理协会专业顾问；中国管理科学学会常务理事；中国优选法统筹法与经济数学研究会常务理事；中国宇航学会常务理事；国家注册质量工程师，中国质量协会学术委员会委员；北京大学研究员，哈尔滨工业大学兼职教授，中国科学院客座教授，大连理工大学兼职教授，南京理工大学兼职教授，桂林电子科技大学特聘教授。

符志民在中国航天多个领域、多个重要岗位工作并担任重要职务，在系统工程，系统总体设计，大型复杂项目系统工程总体设计、技术规划和控制、工程专业综合，项目组合管理和项目群管理，管理科学与工程，风险规划、识别、分析、评价、应对和监控，科技创新，质量保证，技术基础，文化建设等领域具有较深的造诣。负责、参与、领导实施了多个国家级重大项目的系统工程总体设计、技术规划和控制、工程专业综合等系统工程工作，完成了多类国家级大型复杂系统工程项目开发和多个系统级、综合类重大项目研究，为中国航天事业发展做出了贡献。

符志民享受国务院政府特殊津贴。荣获全国五一劳动奖章、中国首届十佳杰出国际项目经理、科学中国人年度人物、全国先进生产力杰出人物、国家高技术特殊重大贡献先进个人、质量技术突出贡献奖、国家创新能力建设先进工作者、管理创新突出贡献者、优秀经营管理者、知识产权推进工程先进个人等荣誉。获国家科学技术进步奖特等奖 2 项，国家科学技术进步奖二等奖 1 项，部级科学技术进步奖特等奖 1 项、一等奖 1 项、二等奖 4 项、三等奖 2 项，中国航天基金奖、国防科技重大突破专项奖特等奖 1 项、一等奖 1 项，管理科学奖 2 项，拉姆·查兰管理实践奖 1 项，国家企业管理现代化创新成果一等奖 3 项、二等奖 2 项，国防科技工业企业管理创新成果一等奖 5 项、二等奖 1 项，航天企业管理创新成果一等奖 5 项、二等奖 1 项。出版专著 7 部，在各类学术刊物和学术会议上发表学术论文 70 余篇。

目　录

第 1 章　概　论

19 世纪末以来，人类进入、探索、开发和利用太空的航天活动从未停歇。航天是人类认识和改造自然过程中发展最迅速、最有影响、最活跃的科技领域之一，是衡量一个国家科技实力与科技发展水平的重要标志，成为决定其在经济全球化进程中国际竞争力的关键要素。

中国航天事业自 20 世纪 50 年代中期创建以来，在历代党和国家领导集体的英明决策和坚强领导下，在全国人民的支持和各行业的大力协同下，始终坚持走自力更生、艰苦奋斗、自主创新的发展道路，经过 60 余年几代航天人的奋力拼搏，在导弹、火箭、卫星、载人航天、月球探测、问天探火、空间站建造等领域都取得了举世瞩目的辉煌成就。中国航天事业从无到有、从小到大、从弱变强，现在中国已发展成为世界航天大国。在中国航天事业 60 余年伟大的历史征程中，航天工艺发挥了核心支撑作用，也必将支撑建设世界航天强国，助推中华民族伟大复兴的中国梦实现。

1.1　航天工艺定义

1.1.1　制造与工艺

制造是人类社会赖以生存和发展的基础，是创造社会物质财富最基本和最主要的活动，是科学技术物化的基础。人类通过创造工具不断推动制造技术的进步，从手工业生产、大工业生产发展到了当今的信息化工业生产阶段，人类社会也从农业社会、工业社会进入了信息社会时代。随着制造技术的进步和人类社会的发展，制造的内涵得以不断完善与充实。制造是包括市场分析、产品设计、生产工艺、物资准备、生产计划、生产过程、质量保证、经营决策、市场营销、售后保障等产品生命周期内一系列相关活动和工作的总称。制造技术主要是指制造过程中涉及的设计技术、工艺技术、管理技术等。

制造业是指将制造资源（包括物料、能源、设备、工具、资金、技术、信息和人力等）按照市场要求，通过制造过程转化为可供人们使用和利用的工业品与生活消费品的行业。制造业是所有与制造有关的产业群体的总称，是国民经济的基础，是科技创新的主战场，是立国之本、兴国之器、强国之基。世界各强国均十分重视制造业的发展，纷纷实施"再工业化"战略，强化制造业转型升级，重塑制造业竞争优势。德国提出了"工业 4.0"，美国提出了"先进制造业国家战略计划"，英国提出了"工业 2050 战略"，着力发展工业互联网，提高制造业的智能化水平。为促进制造业创新发展，着力解决制造业大而不强的问题，我国推出了"智能制造工程实施方案"等，航天航空装备是十大重点发展领域之一。航天科技工业是我国战略性产业，是我国制造业的核心组成部分，是国家科技创新体系的重要支撑，其核心就是航天制造。

工艺是使各种原材料、半成品成为产品的方法和过程，是指人、机器、材料、方法、环境、计量与检测等影响因素对产品质量综合起作用的过程。随着制造技术的进步，工艺已从传统的能工巧匠的"手艺"拓展为现代学科交叉、理论与实践密切联系、技术与管理相互融合的工程科学技术体系。工艺包括工艺技术和工艺管理两部分，两者相互依存、互为补充，科学的工艺管理以先进的工艺技术为基础，而先进的工艺技术只有建立在科学的工艺管理基础上才能充分发挥作用。工艺技术和工艺管理相互融合，在制造系统产生协同效应。

1.1.2 航天工艺

航天工艺面向航天工程，以航天产品为对象，是航天产品实现的重要保证，是航天制造的核心。航天工艺包括航天工艺技术和航天工艺管理两部分，它随着中国航天事业的发展和航天技术的进步不断创新发展，对中国航天发展起到了重要保证作用。

经过 60 多年的发展，航天工艺技术体系逐步形成并日臻完善，形成了包括精密与超精密加工、微纳加工及微系统制造、精密成形、数字化制造及智能制造、增材制造、先进连接、热处理、表面工程、复合材料及非金属材料成形、特种加工、电气互联、元器件制造、装配、含能材料制备及装填、机械加工、工艺检测等先进工艺技术体系。其主要特色是精密化加工、轻质化结构制造、结构与功能复合制造、绿色安全制造，主要发展方向是"精密化""高效化""数字化""智能化""复合化""绿色化""低成本"。

工艺管理是科学地计划、组织和控制各项工艺工作的全过程。航天工艺工作必须遵循"落实规章，科学管理；统筹规划，合理布局；技术创新，持续发展；优化流程，保证质量；降低消耗，提高效益"的原则。航天工艺管理包括五个方面的工作：

1）综合工艺管理。主要包括工艺组织（机构）、工艺队伍（工艺师、设计师、工艺管理者、工艺技能人员）建设，工艺规章制度建立与实施，工艺工作规划/计划制定与实施，工艺工作评价与考核等。

2）型号工艺管理。主要包括参与方案论证、设计评审、质量评审、试验验证、设计定型（状态鉴定）等研制生产活动，开展设计工艺性审查，组织制定工艺总方案，编制工艺路线、工艺规程等工艺文件，设计专用工艺装备和非标准设备，组织型号关键工艺攻关、工艺技术问题处理与工艺技术协调、工艺优化、工艺评审和工艺定型，协助组织型号生产定型（列装定型）等。

3）工艺创新管理。主要包括工艺技术创新（工艺研究、工艺攻关等）、工艺管理创新（工艺管理理论研究、工艺管理体系和模式的探索、工艺资源重组、工艺流程优化等）和工艺创新机构建设与管理。

4）工艺技术改造管理。主要包括协同编制工艺技术改造规划、计划，协同组织工艺技术改造项目的立项论证、方案评审、设备选型和总结验收，组织制定和实施工艺技术改造项目的技术方案，组织制定生产布局规划、生产线调整、技术组织措施和制造资源整合方案等。

5）基础性工艺工作管理。主要包括工艺标准化、工艺文件管理、工艺装备管理、工艺情报（信息）管理、工艺技术交流、工艺成果推广、工艺纪律管理和工艺信息化管理等。

1.2 航天工艺特征

我国航天产品主要包括各种类型的导弹、火箭、卫星、空间探测器（月球探测器、火星探测器等）及航天任务保障设备等，它们具有系统复杂、性能要求高、工作环境严酷、一次性/有限次使用、使用材料种类多等特点。为了适应航天产品的特点，满足航天产品制造要求，航天工艺既具有一般机电产品制造工艺的共性，又有反映航天产品自身特色的系统性和先进性。我国航天工艺经过 60 余年的发展，在实践中形成了具有自身规律性的特征：

（1）多样性

航天产品的高技术特性以及它所涉及的结构、材料、元器件、使用功能和生产性质的多样性决定了航天工艺的多样性。它涉及机械、电子、冶金、化工、纺织、信息、环保等行业有关工艺技术，既有传统制造工艺，又有先进制造工艺；既有手工操作，又有数字化、自动化、智能化高端工艺装备；既有常规的工艺方法，又涉及多种特种工艺方法和手段。多种多样的工艺方法可为航天产品的制造提供多种解决途径，同时又使得航天人永远面对大量未知的知识领域，需要去学习、探索、研究、实验，需要根据产品的结构要求、材料特点、现有生产资源、生产批量、加工周期、制造成本等实际情况，对工艺管理、工艺流程、工艺方法和工艺装备进行综合优化。

（2）创新性

人类进入、探索、开发和利用太空的航天活动永无止境，航天产品研制新需求将不断呈现，航天技术自身也将不断发展，再加上各种先进制造与管理技术发展与应用，决定了航天工艺的创新性特征。航天产品极端的使用环境和极高的产品性能，对所用材料和制造质量提出了极高要求。除了对产品的结构尺寸制造精度的要求提高外，还对其力学、热学、光学、声学、电、磁等特性提出了精确性要求，这必然带来制造工艺的高难度，个别甚至达到了材料、工艺的极限。航天产品的多品种、变批量、研制生产周期缩短等特点和要求对工艺的快速设计、工艺与设计的深度协同与并行、工艺的数字化和信息化、制造系统的柔性化和智能化提出了新要求。只有不断探索新的工艺方法和技术途径，研发高端工艺装备，采用数字化工艺设计和仿真手段，开展工艺信息化条件建设与应用，拓展新工艺、新技术及新材料研究和工程化应用，才能实现航天产品制造新的要求，推动航天产品质量、性能和可靠性快速提升。

（3）高可靠性

航天产品因其特殊的工作环境、使用特性（无人驾驶、一次使用、价值高等）和使用目的（军用、民用、军民两用），要求产品在使用时一次成功、万无一失，因此决定了航天工艺的高可靠性。航天产品的可靠性不仅是设计出来的，更是需要制造工艺来实现和保证。为了保证其可靠性，必须对原材料、元器件的品质进行严格的筛选和复验检测，建立有效的工艺技术规范，尽可能采用成熟的工艺方法，完善各种检验检测技术手段，严格控制工艺过程。在长期的工作实践中，形成了"预防为主，全过程控制"等一系列航天工艺的管理原则和经验，并对航天工艺提出了严格规范化的强制要求。航天工艺的高可靠性不仅体现在工艺技术本身，而且还体现在工艺管理的多个环节中，例如工艺评审、工艺定型、工艺质量复查及工艺质量问题归零等，形成了具有航天特色的工艺规章制度。

1.3　航天制造内涵

1.3.1　航天制造技术

航天制造是指面向航天工程，贯穿于航天产品从市场分析、概念设计、研制生产、交付使用到售后保障全过程的一系列相关活动和工作。

航天制造技术是以航天产品为对象，主导和规范航天产品的设计、工艺、生产、质量、安全等多种技术和管理的总合。航天制造技术主要包括设计技术、工艺技术和试验检测技术，其核心是设计和工艺技术。航天设计技术是航天产品研制工作的龙头；航天工艺技术是实现和优化航天产品设计的基础条件，是航天产品研制生产和经营管理的基础，是保障航天产品性能和质量、降低制造成本、缩短研制周期、提高市场竞争力和经济效益的重要因素；航天试验检测技术是验证确认航天产品制造质量、保障航天产品安全可靠使用与运行的关键。

航天产品的高技术特性及专业跨度大、系统复杂等特点，要求航天制造技术是一种高效、柔性、快速、协同、复合的先进制造技术。航天制造技术的发展一方面受航天产品需求的牵引，另一方面受基础工艺技术的推动，同时还受到制造条件的制约。随着我国航天产品研发的历史进程的不断推进，航天制造技术在逐渐完善。

1.3.2　航天制造与设计

航天制造是一项典型的系统工程，设计是其重要的子过程。我国航天产品的设计经历了从仿制到自主创新设计的过程。航天产品研发一般都要经过方案、初样、试样（正样）、设计定型等阶段，须充分地试验、验证，以确保产品的性能和质量。

航天产品的性能和质量首先是由设计的质量决定的，设计工作的质量和水平，直接关系到产品质量、性能、研制周期和技术经济效益。产品的可加工性、可装配性、可维护性及可靠性大部分是在设计阶段决定的，同时制造成本的 $75\%\sim80\%$ 是由设计阶段决定的，所以对于航天制造而言，关键要从根本上提高航天产品设计质量。

鉴于技术设计、工艺设计专业的多样性、差异性、相关性和设计、工艺协同在充分性、有效性等方面的局限性，在航天产品实现过程中，要获得高性能、高质量的产品，产品实现过程中设计人员与工艺人员的相互充分交流、沟通、协同非常重要。工艺人员提前介入、充分了解设计过程可以尽早地发现设计的工艺缺陷和产品的可制造性问题等。随着航天产品复杂程度增加，涉及的技术领域越来越宽，技术跨度越来越大，要求专业人员分工越来越细，只有设计与工艺两者有机结合，采用 CE（并行工程）、设计工艺一体化、MBSE（基于模型的系统工程）等工作模式，才能在保证产品性能和质量的同时，提高其可制造性、降低制造成本、缩短研制生产周期、提高制造能力与水平。

1.3.3 航天制造与工艺

航天工艺是发展航天技术的重要基础。航天工艺也是航天制造系统工程重要的子过程，是实现航天产品制造的重要环节，是航天产品从原理（概念）变成实物、成果转化为生产力的桥梁。航天产品设计方案的具体实施，往往直接取决于工艺技术的可实现性和工艺装备的水平，现代材料与先进制造技术的发展又启发并拓展了设计师的创新性思维。

航天工艺是企业组织产品生产和经营管理的主要依据。企业根据工艺文件进行生产准备，制定生产计划，组织产品生产，进行过程质量控制。根据有关工艺信息进行技术改造、生产组织调整，改进成本核算、技术安全措施、物料供应方式，并组织人员技能培训等。

航天工艺是产品质量的根本保证。航天产品的性能和质量不仅取决于先进的设计，也取决于其制造工艺的先进性、可靠性和稳定性。采用可靠的工艺技术、先进的分析检测手段和自动化、智能化的高端工艺装备，进行严格的工艺质量控制，是确保航天产品性能和质量的有效途径。

航天工艺是缩短产品研制生产周期的主要手段。为了适应航天产品品种多、生产批量小、更新速度快的特点，满足国内国际航天产品市场激烈竞争的需要，除了采用先进的设计方法手段缩短产品设计周期外，还可采用 CAPP、CAM、DNC 等系统工具，3D打印、FMC、FMS、智能产线等制造新模式和机器视觉等检测新方法可缩短航天产品生产周期。

1.3.4 航天制造管理

航天制造管理是对航天产品制造过程科学地进行计划、组织、指挥、协调、控制等一系列管理活动的总称。航天制造管理工作贯穿于预先研究、型号研制〔包括论证、方案、工程研制（初样、试样或正样）、设计定型（状态鉴定）〕、工艺定型或生产定型（列装定型）、批生产和售后保障等各阶段，其任务是通过计划、组织、控制，合理利用资源，以先进制造技术生产出符合客户需求与标准规范、质量稳定和成本可控的航天产品。航天制造管理主要包括项目研制管理、工艺管理、生产管理、质量管理及售后保障管理等，目前已形成了一套比较完善的制度规范体系。

1.4　航天制造特征

1.4.1　航天产品的特点

经过 66 年自主创新发展，我国目前的航天产品主要包括各种类型的导弹、火箭、卫星、飞船、空间站、深空探测器及航天任务保障设备等，它们具有如下显著特点：

1）系统复杂、一次性使用。各类航天产品都具有很强的系统性，由较多的分系统、整机、部组件和大量零件构成，它们之间关系密切、相互影响，一个小小的零件往往影响着任务的成败。目前，我国的航天产品大都是一次性使用产品，部分产品可重复使用。

2）工作环境特殊。航天产品在使用前要经受在地面的制造、运输、贮存等环境条件，使用时往往要经受大气层内外空间发射、飞行和再入环境。发射时主要经历噪声、振动、冲击、加速度等力学环境，飞行中要经历真空、高低温交变、低温、强辐射、原子氧、空间碎片、微重力、感应磁场等空间自然环境及诱导环境，再入时要经历气动力和气动热环境及着陆冲击环境等。

3）使用材料种类多、性能要求高。航天产品材料按使用功能分为结构材料和功能材料两类，主要包括金属材料、无机非金属材料、高分子材料、复合材料四大类。这些材料多要求低密度、高力学性能、真空放气和稳定的空间环境性能。

1.4.2　航天制造的特点

航天制造需适应航天产品普遍存在的结构复杂、工作环境恶劣、重量小、零件加工精度要求高、表面防护和可靠性要求高等特点及多品种、小批量、快速更新等研制生产要求。综合起来，航天制造具有以下主要特征：

1）组织严密，协同实施。航天产品组成复杂，专业跨度大，技术难度高，配套单位广。航天产品制造是典型的跨学科、跨部门、跨地域的复杂制造过程。从设计技术协调、工艺技术协调到制造质量和生产管理的协调都需要多专业、多系统、多部门综合协同。研制生产过程中，建立了以行政指挥系统、设计师系统、工艺师系统、质量系统等为核心的责任体系，以产品分解结构和配套表为依据，以各级配套单位为关键节点，以配套链条为纽带，以科研生产计划为指引的一套自上而下、逐级分解、严密有序的组织管理体系。

2）系统思维，程序规范。航天产品具有高度的系统性和技术复杂性，决定了在航天制造中必须坚持系统工程思想，努力实现系统综合优化。航天产品研发要严格按照方案、初样、试样（正样）、定型等不同阶段的研制程序，坚持设计决定制造可行性、制造验证设计合理性的系统理念，注重装配、调试和试验验证等环节，反复研制、生产、试验、考核、验证，持续迭代提升航天产品的性能和质量。同时，航天制造中产品设计、工艺设计、生产组织、问题处理等活动也有一套自身严格的程序要求。

3）质量严苛，稳妥可靠。航天产品的特殊属性决定了航天产品质量具有特殊的政治影响、军事影响、经济影响和社会影响，必须满足高质量、高可靠性需求以及"一次成功"的特殊要求。在技术层面，必须保证设计和工艺的可靠性，做好设计、工艺的继承与创新，以及新技术、新工艺、新材料、新器件应用的充分论证和试验验证，确保稳妥可靠。在航天产品设计可靠性、工艺可靠性保证和试验等方面，已经建立了一套有效的理论、技术和方法；在管理层面，坚持"系统质量观""严慎细实""零缺陷"等质量理念，建立了型号研制单位抓质量体系运行，型号项目团队抓产品保证大纲实施的矩阵式产品保证体系，形成了质量问题归零"双五条"标准等一系列标准规范。

4）综合集成，灵活应变。航天产品系统复杂，集成了多学科、多领域的技术。航天制造涉及机械、电子、冶金、化工、纺织、光学、信息、材料、环保等科学与工程技术，是技术高度密集的复杂工程系统，具有极强的探索性、定制性；航天产品还具有多品种、多批次、变批量、快速生产以及试制与批生产共线的新特点和新要求。航天制造无论从技术上还是从管理上都要具有良好的动态应变能力，通过优化资源配置，使用 DNC、FMC、FMS、3D 打印等先进制造装备或智能产线，采用 MES、ERP、成组技术、机器视觉等工具方法和 MBSE、CE、工业互联网等先进管理模式，实现航天产品柔性、高效制造。

5）关键在手，自主可控。航天工业是建设航天强国和制造强国的重要支撑，是国家战略性产业。航天工业的特殊战略地位决定了关键航天产品及航天制造关键技术是无法从国外引进的，同时探索未知航天领域的航天产品与航天制造技术也无法引进，必须坚持自力更生、自主创新，走自主可控的发展道路，做到关键在手。

6）极端制造，材料独特。高性能的微小航天产品的研制，对微传感器、微控制器、微能源、微光学器件等提出了极小制造要求和挑战；随着深空探测等航天任务的实施，大运载能力火箭等航天产品需求提出了极大制造要求和挑战；随着导航、定位、控制精度要求的提高，对航天产品提出了极精制造要求和挑战；航天产品诸多独特功能需求和特殊使用环境要求，对特种材料及加工工艺的需求明显提高。

1.5　航天工艺、航天制造发展历程

1.5.1　中国航天事业发展的简要回顾

20 世纪 50 年代中期，根据当时的国际形势，在国家工业基础较为薄弱、科技水平相当落后的背景条件下，党和国家第一代领导人高瞻远瞩，把研制原子弹和导弹作为国策，开启了"两弹"事业。1956 年 10 月，国防部第五研究院（导弹研究院）成立，标志着中国航天事业正式创建。

在中国航天事业初创时期，苏联对我国提供了较大的帮助。中国航天事业是从仿制苏联导弹开始起步的，通过对多型导弹的"反设计"，逐渐形成体系。在中苏关系恶化，苏联中断援助并撤走专家后，中国航天事业完全走上了自力更生、自主创新发展道路。66年来，经历了在艰难困苦中坚持自力更生、在转折变化中坚持自主创新、在持续成长中坚持勇攀高峰、在创新发展中坚持跨越升级的伟大历史征程，我国导弹技术跨入世界先进行列，运载火箭技术跻身国际一流，应用卫星实现系列化发展，载人航天取得突破性进展，月球探测成果丰硕，火星探测豪迈起步。在导弹技术方面，研发了东风系列、巨浪系列、红旗系列、鹰击系列、长剑系列等各种类型地地战略、防空、海防、空空导弹，已发挥战略威慑作用，是保家卫国的尖锐利器；在火箭技术方面，长征系列运载火箭享誉世界并跻身国际商业发射市场，快舟系列运载火箭提供了快速进入空间的手段；在应用卫星技术方面，通信、遥感、气象、海洋、导航、试验等卫星种类齐全，北斗全球卫星导航系统建成投用，实现了部分卫星出口；1992年实施载人航天工程以来，至今执行了多次载人和不载人飞行任务，突破了太空出舱和空间交会对接等关键技术，正加紧开展空间站任务建设；2004年实施探月工程以来，已圆满完成绕、落、回三步走目标；中国火星探测计划启动实施，首次火星探测工程圆满实施，天问一号火星探测器成功着陆火星表面，开展巡视探测。

1.5.2　航天制造的发展历程

航天制造是航天工程活动的主体，其任务是支撑航天产品的实现。自中国航天事业创建以来，航天制造同步成长，强力支撑了航天事业的发展。由于航天产品的特殊属性，航天制造既具有一般制造的共性，在设计、工艺、质量、分工布局、项目管理等方面又具有突出的自身特色。

（1）航天产品设计

航天产品设计是根据用户（或任务）需要及相关标准规范，综合利用现代科学技术成果，以系统工程的方法，用工程语言（线条、符号、数字、文字等）来拟定航天产品全套技术文件的过程。这些技术文件需回答是什么样的航天产品、什么样的制造要求及如何使用维护。

中国航天事业创建初期，国内几乎没有任何航天技术方面的积累，从事过与导弹相关研究的技术人员甚少。因此，国防部第五研究院成立时，将"自力更生为主，力争外援和利用资本主义国家已有的科学成果"作为建院方针。我国航天产品的设计是从仿制苏联导弹起步的，通过对一系列苏联导弹的"反设计"，提升了科研人员对导弹的认识，同时也坚定了依靠自身力量发展我国导弹事业的信心。

1960年，国防部第五研究院调整了发展思路，要求从"自力更生为主、力争外援为辅"转变到"自力更生、奋发图强"上来，从"仿制工作为主"转变到"自行设计"上来，由此开启了中国航天产品自主设计时代。

通过数十年航天工程实践，逐步总结出一系列保证航天产品设计质量的成功做法。例如，两条指挥线和"两总"系统的建立，严格执行"三个吃透"，开展"七性"和"三化"设计，设计优化深入与"两充分"，设计工艺协同与并行，产品设计评审及元器件选用、软件设计等专项评审，极大地提升了产品设计质量和可靠性。

（2）航天质量发展

航天型号具有科技含量高、独创性强、系统巨复杂、投资规模大、研发周期长、不确定性大、研制失利的损失大、政治影响大、利益相关方多等特征。航天型号研制是一个跨专业、跨领域、跨组织、跨区域的复杂系统工程。中国航天从仿制（全仿、沿仿、功能仿）到自主研制，走出了一条自力更生、系统创新、跨越发展的道路。航天质量工作是复杂航天系统工程的重要和关键内容，质量管理是复杂航天系统工程项目管理的重要和核心支撑，经历了质量检验、全面质量管理、零缺陷质量管理三个阶段。

①质量检验阶段（1956—1978 年）

中国航天工业组建初期并没有系统的、完整的质量保证系统和质量管理体系，质量保证主要依靠设计师、工艺师、技能人员、管理者等的自我保证，实行编写、校对、审核、批准的技术责任体系，制造过程的质量主要靠检验系统。1965 年，第七机械工业部（七机部）成立"可靠性与质量控制研究所"（705 所，1973 年重组编入航天 708 所），是新中国最早的质量控制专业研究所，主要研究型号研制可靠性保证和产品质量控制等事项。

国防部第五研究院一分院、二分院成立之初，院机关设立技术保障机构，分管质量、标准化、计量等工作，随着各专业研究所、试制厂的成立，建立了相应的质量检验与管理部门。在初创的岁月里，质量工作主要以质量组织建设、建构质量流程为主线，建立了质量工作队伍，实施了产品的检验、复验制度，初步实现了质量工作的制度化。

1960 年，中共中央、中央军委、国防工业委员会相继提出：在国防科技工业中应该确立、认真贯彻执行"军工产品质量第一"，即在确保质量的基础上求数量的方针。

1964 年 4 月，在我国第一颗原子弹研制工作的最后阶段，周恩来总理主持召开中央专委第八次会议，会上要求原子弹试爆要"保响、保测、保安全、一次成功"，以"严肃认真、周到细致、稳妥可靠、万无一失"为主旨，首次提出了"十六字方针"。1966 年 3 月，在研究"两弹"结合的第十五次会议上，周总理进一步强调："要以对党和人民高度负责的精神发动群众，确保质量；要绝对可靠，绝对安全，出了乱子就是犯罪，因此要做到万无一失。"这一时期，航天工业以周恩来总理提出的"十六字方针"作为科研生产和质量工作的指导思想，制定发布了《国防部第五研究院暂行条例（草案）》，强调总体设计、遵循研制程序、充分做好地面试验，提倡"敢想、敢说、敢干"的"三敢"风格，树立"严肃的态度、严格的要求、严密的方法"的"三严"作风。"复查制""留名制""双岗制""三检制"等机制应运而生，电子元器件定点、元器件筛选、整机老炼、系统稳定运行交付、失效分析、设计鉴定等方法逐步推广应用。

②全面质量管理阶段（1979—1999 年）

1976—1977 年，在中国质量专家刘源张教授等人的帮助、指导下，全面质量管理已在北京清河毛纺织厂、北京内燃机厂开展起来，它们取得的成功引起了全国的关注。1978 年 7 月，国家经济委员会确立北京内燃机厂、北京清河毛纺织厂为全面质量管理试点企业。1978 年 8 月，日本著名质量管理专家、东京大学石川馨教授率领日本质量管理技术交流团访问中国，讲授全面质量管理和日本质量管理模式，对中国质量管理工作提出 14 条建议；世界著名的日本制造业公司小松制作所的质量专家来到北京内燃机厂指导质量工作，这给中国的全面质量管理工作以巨大的推动作用。1979 年 8 月，中国质量管理协会

（原国家经委创办）成立和全国第一次质量管理小组代表会议召开，成为中国推行全面质量管理的标志。全面质量管理在中国经历了：1）引进推广期（1979—1988年），政府主导，计划推进，唤醒质量意识；2）普及提高期（1989—2000年），市场推动，国际接轨，以质量求效益；3）实践深化期（2001—2009年），全球视野，学习改进，提高综合竞争力；4）繁荣发展期（2010年至今），转型升级，融合创新，高质量发展。中国航天系统从1979年开始实施全面质量管理。20世纪80年代，航天系统各单位逐步建立、完善质量管理组织，加强质量系统工作队伍建设，制定、实施质量工作规章制度和流程。20世纪70年代后期，为满足"三抓"重点任务需要，开展了"七专"电子元器件产品（"七专"产品是指专人、专机、专料、专批、专检、专技、专卡或专线制成的产品）的鉴定和研发工作；在70年代末期制定的电子元器件"七专"7905技术协议和80年代初期制定的"七专"8406技术条件，以及后来的8406A"七专加严"技术条件，建立了我国军用元器件标准的基础。"三抓"（抓洲际导弹、抓潜地导弹、抓通信卫星）任务夯实了航天质量基础。

　　1980年，国家颁发《工业企业全面质量管理暂行办法》。1983年，国家颁发《军工产品质量控制暂行条例》《质量管理小组暂行条例》。1987年，国家标准化组织（ISO）发布《质量管理和质量保证标准》国际系列标准（ISO 9000系列，1994年、2000年、2008年、2015年进行了四次改版）。1987年，国务院、中央军委颁发《军工产品质量管理条例》，提出了"一次成功、系统管理、预防为主、实行法治"的军工产品质量管理的指导思想，航天工业开始贯彻实施条例，实行质量保证体系考核并验收，颁发军工产品生产许可证，航天工业进入全面质量管理新阶段。从1993年起，在国防科技工业主管部门推动下，航天企业开始了从质量保证体系考核向质量管理体系认证的转变，强化质量主体责任的落实，实现了与国际质量管理模式的接轨。1993年9月1日，国家颁发实施《中华人民共和国产品质量法》。1994年，国家发布《质量管理和质量保证标准》国家系列标准（GB/T 19000～19004—1994，2001年、2008年、2016年进行了三次改版）。1996年12月24日，国务院颁发《质量振兴纲要（1996—2010年）》。1996年，中国人民解放军总装备部发布《质量管理和质量保证标准》国家军用系列标准［GJB/Z 9000～9004—1996，2001年、2010年、2017年（中央军委装备发展部发布）进行了三次改版］。在9000系列国际标准、国家标准、国家军用标准的指引下，航天系统各单位适应要求，逐步建立了完整的质量管理体系并不断完善，1996年10月，中国航天二院283厂通过国军标质量管理体系认证，成为中国航天系统首家通过认证的军工单位。

　　1992年3月22日，航空航天工业部在用长征二号捆绑式运载火箭发射澳大利亚B1通信卫星时，第三助推器的点火触点因一块2 cm左右的铝屑多余物产生的电弧接通了关机触点，造成了助推器在点火后随即关机，进而发动机实施了紧急关机，导致发射失败。澳星发射失败给中国航天带来了较大的负面影响（影响了航天声誉、航天任务完成和国际市场拓展）。为了牢记这一沉痛教训，1994年3月22日，中国航天工业总公司决定将每年的3月22日定为"航天质量日"，航天系统各单位在"3·22"航天质量日前后都要举行形式多样的质量日活动，以烘托、营造浓郁的"抓好质量、做好质量"的氛围。

中国航天工业总公司在认真贯彻执行国家、军队/用户质量工作要求的基础上，结合用户需求、环境和竞争形势变化、航天型号特征、航天质量形势、航天单位特点，于 1995 年提出了"单位抓质量体系建设，型号抓产品保证，质量专业抓基础建设"的质量工作总体思路。1996 年，中国航天出现了"2·15"（长征三号乙运载火箭在西昌发射国际 708 通信卫星，电子元器件失效使得火箭惯性基准倾斜，火箭发射后在空中倾斜失控，撞山爆炸，星箭俱毁，发射失败，造成人员 6 死 57 伤），"8·18"〔长征三号运载火箭在西昌发射中星七号通信卫星（美国休斯公司制造），三级发动机二次点火发生故障，卫星未进入预定轨道，发射失败〕两起重大质量事故，质量形势十分严峻，处于"失败不起，没有退路，只能成功"的境地，中国航天深刻反思、认真总结航天 40 年的成功经验和失败教训，实施质量专项技改，强化质量技术验证支撑，组建了四个元器件可靠性保证中心、一个软件评测中心、两个软件检测站、一个可靠性与安全性研究中心和一个工艺技术研究所等专业质量保证机构，向各研究院派驻总公司质量监督代表。

1995 年，中法合作研制鑫诺卫星，让中国航天看到了欧洲航天产品的"产品保证"模式。之后，中国航天工业总公司派人前往欧空局〔欧洲空间局（European Space Agency，ESA）〕学习产品保证的内容和方法，并由 708 所牵头翻译和引进系列相关标准和管理制度，为航天后来的型号质量管理工作和产品保证的推进与实施提供了支撑。

1995 年，中国航天工业总公司颁发《关于振兴航天工艺的规定》（天质〔1995〕0951 号），旨在大力加强航天工艺工作，加速发展航天工艺技术，强化工艺过程控制，加强型号产品研制、生产全过程的工艺质量管理和控制，提高型号工艺工作质量，提升工艺保证能力，提高设计工艺性、工艺可行性，确保型号产品质量。2003 年，中国航天科工集团公司颁发《关于加强新时期工艺工作的决定》（天工技〔2003〕151 号），旨在加强工艺队伍建设，推动工艺技术进步和工艺创新，加大工艺投入，强化工艺管理，提高工艺工作水平和工艺保证能力，确保完成航天装备研制生产和国家重大工程任务。

1995 年，航天型号研制生产任务异常繁重，型号质量问题频发，质量形势极为严峻，航天质量管理面临前所未有的挑战。1995 年 1 月，中国航天工业总公司首次提出实施独立的质量监督要求，建立并试行质量监督代表制度。1995 年 10 月，中国航天工业总公司正式向有关单位派驻第一批质量监督代表，在各研究院设立质量监督代表室并按权限派驻质量监督代表，代表总公司对派驻单位型号研制生产开展质量监督。质量监督代表制度是独立于型号研制生产系统的外部监督，形成了质量管理工作立法、实施、监督、评价的良性循环，是航天质量管理体系的重要组成部分。质量监督业务工作实行中国航天工业总公司统一管理并与各研究院共同负责的管理体制。

中国航天科技集团有限公司一直沿袭、持续推行并不断完善发展中国航天工业总公司时期质量监督代表制度；2017 年年底，中国航天科技集团有限公司在运载火箭领域试行质量监理制度，向中国航天科技集团有限公司有关单位派驻了质量监理，对型号研制生产全过程技术和管理活动开展独立的质量监理，旨在采用更加严格的手段加强航天型号设计、生产、试验、交付验收全过程关键环节的质量把关，通过更加科学有效的质量监督方式方法，确保各项质量要求传递、落实到位。质量监理人员主要采用见证、日常巡视检查等方式实施质量监理。中国航天科工集团公司成立后，中止了质量监督代表制度。2021年，重新建立并开始实施质量监督代表制度。

1995年8月，中国航天工业总公司下发了《关于印发中国航天工业总公司〈质量问题归零管理办法〉的通知》（天质〔1995〕0611号），第一次明确地提出"质量问题归零"的概念，要求通过失效分析、分析计算、故障复现试验等方法查明问题原因，查到准确的失效部位，弄清失效机理；分清问题性质和责任，分清是人为责任还是非人为责任；针对问题原因采取切实可行的处理办法、措施，并进行充分的验证试验，以证明其有效、可行，对一时难以查清确切原因的，需采取有针对性的综合治理办法、措施，防止问题重复发生；已确定采取的办法、措施要切实落实到图样、技术文件、工艺文件及规章制度上。上述几点要求是质量问题"归零五条"的最初模型。1996年4月，中国航天工业总公司下发了《关于进一步做好质量归零监督检查工作的通知》（天质〔1996〕0324号），概括性地提出了"定位要准确，机理要清楚，故障要复现，问题的性质和责任要清查，措施要可行、有效，举一反三"等内容，勾画出了质量问题"归零五条"的基本内容。1996年10月24～25日，中国航天工业总公司在廊坊召开"圆满完成'两箭两星'任务暨1997年卫星发射计划动员会"，刘纪原总经理在讲话中要求广大航天科研人员树立严谨科学的工作作风，检查的标准是要确保所有质量问题真正归零，符合"定位准确、机理清楚、问题复现、措施有效、举一反三、杜绝重复故障发生"的要求，这是第一次系统、明确地提出质量问题"归零五条"。1997年10月，中国航天工业总公司编制下发了《质量问题归零五条标准宣传手册》，栾恩杰副总经理在序言中就归零工作管理问题提出了"管理归零五条"标准，至此航天质量问题"双五条"归零方法全面呈世。1997年10月，在"技术归零五条"的基础上，中国航天工业总公司下发了《关于认真做好质量问题在管理上归零工作的通知》（天质〔1997〕0743号），提出了"管理归零五条"。至此，中国航天质量问题技术、管理"双五条归零"管理制度和方法正式建立。

1997年3月8日，中国航天工业总公司颁发《关于印发中国航天工业总公司强化科研生产管理的若干意见（试行）》（天质〔1997〕025号，业内简称"72条"）。1997年4月9日，中国航天颁发《关于印发强化型号质量管理的若干要求的通知》（天质〔1997〕247号，业内简称"28条"，与"72条"一起简称航天"100条"），这些与航天质量问题归零标准"双五条"一道（又称航天"110条"），成为中国航天质量工作的指导意见和规范，推动了航天质量工作提能力、上台阶。1998年，中国航天工业总公司颁发《航天工业质量管理和质量保证要求》，规范了航天行业各单位质量体系建设和运行。

1998年，在航天五院实施元器件统一采购、统一筛选的基础上，借鉴欧空局产品保证模式，中国航天工业总公司正式发布QJ 3058、QJ 3065等行业标准，将元器件"五统一"管理即统一选用、统一采购、统一监制验收、统一筛选复验、统一失效分析正式纳入航天科研生产过程并严格管理。在元器件"五统一"管理实施一年多后，中国航天工业总公司增加了破坏性物理分析（DPA）内容，完善了对元器件的质量控制内容。2000年，国防科工委将元器件"五统一"管理推广至整个国防科技工业，在《关于加强国防科技工业质量工作若干问题的决定》中要求"各单位对元器件（含进口元器件）要实行'统一选用、统一采购、统一监制验收、统一筛选复验、统一失效分析'的五统一管理。严格元器件质量控制和可靠性试验，重点型号的关键元器件应做好破坏性物理分析（DPA）、颗粒碰撞噪声检测试验（PIND），确保型号产品元器件质量满足要求。

③零缺陷质量管理阶段（2000 年至今）

1999 年 7 月，中国航天工业总公司分成中国航天科技集团公司、中国航天科工集团公司（2001 年 7 月前称为中国航天机电集团公司）两大集团，按职责分工实施航天业务并适度竞争。航天两大集团在原中国航天质量工作体系基础上，开始建立适应本集团特点的质量工作模式，两个集团总部建立质量管理机构，制修订本集团质量工作制度、流程，建立、完善质量技术支撑机构。2000 年，中国航天科技集团公司制定《型号科研生产管理80 条》。

2002 年，中国航天发布《航天产品质量问题归零实施要求》（Q/QJA 10—2002）航天行业标准。2003 年，中国航天发布《航天产品质量问题归零实施指南》（QJ 3183—2003）航天行业标准。2012 年，国家发布《航天产品质量问题归零实施要求》（GB/T 29076—2012）国家标准。2015 年，ISO 发布《航天系统——质量问题归零管理》（ISO 18238 Space Systems – Closed Loop Problem Solving Management）国际标准，这是中国首次将具有中国航天特色的最佳航天质量成功实践和管理成果推向国际。2019 年，国家发布《一次成功矩阵式质量管理模式》（GB/T 38355—2019）国家标准。

2003 年，中国航天科技集团公司、中国航天科工集团公司分别颁发《质量文化手册》（2009 年航天科工改版、2012 年航天科技改版）。2005 年，航天二院（本部）建立了融文化建设、机制建设和质量管理体系要求、产品保证体系要求、标准体系要求于一体并追求卓越绩效的质量体系，成为国防科技工业第一家、中国航天系统首家通过质量体系认证的总体研究院。2009 年，中国航天科技集团公司发布《航天型号精细化质量管理要求》[简称"航天科技新 28 条"（2011 年、2017 年进行了两次改版）]，创造了航天精细化质量管理模式。2010 年，中国航天科工集团公司制定《中国航天科工质量制胜战略》（2018 年、2020 年修订）。2015 年，中国航天科工集团公司发布《中国航天科工集团公司科研生产"四个两"工作若干要求》的通知（"四个两"包括：两深入，设计优化要深入，工艺优化要深入；两充分，仿真、验证试验要充分，可靠性试验要充分；两彻底，质量问题技术归零要彻底，质量问题管理归零要彻底；两简化，工作形式要简化，工作流程要简化，又称"四个两"100 条，2018 年、2021 年两次改版）。中国航天科工集团公司沿用中国航天工业总公司时期每年 3 月 22 日为航天质量日；2004 年始，中国航天科技集团公司将每年的9 月 21 日（航天科技负责的重大型号任务失利日）定为航天科技质量日。

2006 年，为使具有中国航天特色的质量管理成果和先进经验能经常予以充分总结、展示和交流，推广先进质量管理理念、技术和方法，研讨航天质量管理模式、思路和途径，达到经验共享、共同提高的目的，经过充分协商，中国航天科技集团公司和中国航天科工集团公司联合发文决定：设立"中国航天质量论坛"，委托中国航天工业质量协会承办，由航天科技、航天科工两大集团公司轮流主办。

2010 年，为贯彻中国航天两大集团公司追求卓越的理念和战略，引导和激励航天广大企事业单位学习和实践中国航天卓越绩效模式，中国航天科技集团公司和中国航天科工集团公司共同授权中国航天工业质量协会设立了"中国航天质量奖"（简称航天质量奖）。航天质量奖分为组织类和项目类两大类别。航天质量奖的相关标准以美国波多里奇奖为模板，借鉴"全国质量奖"的组织与管理，结合了航天工业经营管理的实践，增加了航天工业的特殊要求和特色质量管理内容，因此更加适合航天行业企事业单位和项目管理团队。组织类航天质量奖是对实施全面质量管理并取得卓越质量、经济和社会效益的航天企事业单位所授予的、在航天行业质量经营领域的最高奖项；项目类航天质量奖是对实施卓越的项目管理并取得显著的质量、经济和社会效益的项目团队授予的在航天工业质量领域的最高奖项。

中国航天积极实施卓越绩效模式，创造了许多享誉国内外的质量先进成果和经验，并在全社会推广应用。2013 年，中国航天科技集团公司"基于质量问题'双归零'的系统管理方法"荣获首届中国质量奖，航天二院"基于武器系统总承包的质量管理体系"荣获第一届中国质量奖提名奖。2016 年，航天二院"追求一次成功的'矩阵式'质量管理模式"荣获第二届中国质量奖，首都航天机械公司高凤林高级技师荣获第二届中国质量奖个人奖。2018 年，航天二院创造的"追求卓越一次成功矩阵式质量保证模式"荣获中国管理科学奖。航天三院 31 所"追求零缺陷'四个两'一体化质量管理模式"荣获第三届中国质量奖提名奖。航天科技四院 7416 厂特级技师徐立平、天津航天长征火箭制造有限公司车间生产主任崔蕴荣获第三届中国质量奖提名奖个人奖。2020 年，《一次成功矩阵式质量保证模式》获 2020 拉姆·查兰管理实践奖优秀奖。2021 年，北京空间飞行器总体设计部创造的"复杂系统质量管理模式"荣获第四届中国质量奖。

中国航天在新时期创造了航天零缺陷系统工程管理模式，它是源于航天工程实践并不断创新的产物。航天零缺陷系统工程管理以追求零缺陷为理念，以系统工程管理为特征，以系统预防为重点，以过程控制为方法，以用户满意为标准。追求第一次就做对做好，确保各个环节符合要求；力求全面优质、万无一失，确保各件产品优质可靠；要求各项任务圆满完成，确保各项操作准确无误。零缺陷系统工程管理既有源于大型复杂航天系统工程实践的质量工作理念、理论、技术和方法的原始创新，又有融合零缺陷理念、质量与可靠性技术、系统工程管理的集成创新，还有把产品保证技术成功应用于航天系统工程的引进—消化—吸收—再创新，包括：以人为本的航天质量文化建设、强化基础的产品保证能力建设、系统优化的产品实现过程控制。中国航天创造了一次成功矩阵式质量保证模式、精细化质量管理模式、一次成功技术保障分析、质量正向确认、质量问题交集分析、成功数据包络分析、质量监督审核、质量管理体系成熟度评价、型号产品保证量化评价等先进的质量思想、理念、模式和质量保证技术、方法、手段。

（3）航天制造分工布局

航天工程是一个复杂的巨系统，航天制造除以航天工业系统为主力军外，还需电子、冶金、化工等行业的大力协同。在我国航天事业从仿制到自主研制创新发展的历史进程中，航天制造分工布局逐渐形成和完善。在体制机制上，实现了从军队编制的研究院到工业部再到大型企业集团的转变。始终坚持以研究院为主体的科研生产体制，建立了集型号总体、总装、试验和专业配套于一体的结构模式，形成了以总体为主体、专业为基础，协调发展的创新格局；在空间布局上，形成了以首都为中心，东部、中部与西部纵深衔接的总体格局。经过 66 年的建设，已经建成具有相当规模、专业齐全、技术配套的航天工业体系，具备较强的研究、设计、试制、试验、生产能力，走出了一条具有中国特色的航天创新发展之路。

21 世纪以来，航天科技和航天科工两大集团根据承担航天工程任务的性质、国家战略规划等要求，通过实施调整改造和专项能力建设，科研生产体系不断完善，科研生产能力不断提升，布局更趋合理。航天科技集团主要承担我国运载火箭、应用卫星、载人飞船、空间站、深空探测器等航天产品及战略导弹与部分战术导弹武器系统的研制、生产和试验任务；航天科工集团主要从事关系国家安全的航天防务产业，建立了完整的防空防天反导导弹武器系统、飞航导弹武器系统、固体运载火箭及空间技术产品等研制生产体系。

航天科技集团下辖 8 个大型科研生产联合体：中国运载火箭技术研究院（一院）是战略导弹和运载火箭主要研制生产单位；航天动力技术研究院（科技四院）是固体火箭发动机专业研究院；中国空间技术研究院（五院）是人造卫星、载人飞船、空间站、深空探测器等航天器主要研制单位；航天推进技术研究院（科技六院）是液体火箭发动机研制中心和专业抓总单位；四川航天技术研究院（科技七院）是以导弹武器装备生产、火箭弹研制为重点的大型科研生产联合体；上海航天技术研究院（八院）是防空导弹武器系统、运载火箭和卫星的综合研制生产单位；中国航天电子技术研究院（科技九院）是惯性导航、遥测遥控、航天计算机及软件、微电子、机电组件等航天电子专业科研生产联合体；中国航天空气动力技术研究院（十一院）主要从事飞行器空气动力综合技术研究。

航天科工集团下辖 7 个大型科研生产联合体：中国航天科工信息技术研究院（科工一院）是信息技术研究、产品研发集成的专业研究院，主要从事电子对抗、空间有效载荷、卫星导航、卫星通信、智能测试仪器等技术和产品研发；中国航天科工防御技术研究院（二院）是我国空天防御技术总体研究院，是防空、反导和制天导弹武器系统研制生产的领军单位；中国航天科工飞航技术研究院（三院）是我国飞航技术总体研究院，是对舰攻击导弹与巡航导弹研制生产的领军单位；中国航天科工运载技术研究院（科工四院）是我国重要的反大型水面舰艇导弹技术研究单位和快速进入空间运载火箭技术及重型特种车辆研制生产单位；中国航天科工动力技术研究院（科工六院）是我国重要的固体火箭发动机研制、生产和试验基地；中国航天科工集团贵州航天技术研究院（科工十院）是我国专业配套相对完整的地空导弹武器系统研制生产骨干单位；湖南航天有限责任公司是临近空间飞行器研制总体单位，从事导弹弹上控制设备等研制生产。

（4）航天项目管理

从航天技术的发展及中国航天事业创建的历史背景与发展历程可见，航天工业是国家战略产业，高度关系国家安全，体现国家综合实力和国家意志，影响国家经济和社会发展水平。同时，航天项目（工程、型号）规模大、投入高、风险高、技术复杂、未知因素多，是涉及多学科的复杂巨系统，需实施系统工程管理。

航天工业在不同历史时期的发展中，始终得到国家高度重视。新中国成立不久，以毛泽东主席为核心的第一代中央领导集体做出发展"两弹一星"事业的战略决策。此后，中国航天事业长期在周恩来总理直接领导、聂荣臻元帅具体领导下向前发展，影响深远的三线基地建设决策也是由第一代中央领导集体做出的。十一届三中全会后，以邓小平同志为核心的第二代中央领导集体决定加速推进国防现代化建设，把航天技术作为"863 计划"的重点发展领域，突出抓好洲际导弹、潜地导弹、通信卫星及运载火箭四项重点工程。20世纪 90 年代，以江泽民同志为核心的第三代中央领导集体确定了以"应用卫星和卫星应用"为重点的发展方针，做出了实施载人航天工程、国家重大科技工程等一系列重大决策。进入 21 世纪后，以胡锦涛同志为总书记的党中央做出了启动载人航天工程第二步及实施探月工程的英明决策。党的十八大（2012 年）以来，以习近平同志为核心的新一代中央领导集体持续推进航天科技工程实施和空间站建设，启动了火星探测计划，开始了航天强国建设和航天高质量发展新征程。

由于航天工程（项目）的特殊性，它的实施不仅是技术问题，也是管理问题，需要建立一种组织管理系统的规划、研究、设计、制造、试验和使用的科学方法，这就是航天工程领域一直遵循的由中国"航天之父""导弹之父""火箭之王"钱学森创建的系统工程思想和方法——航天系统工程。主要有以下成功做法：

强化以型号研究院为基础的科研生产组织体系。国防部第五研究院成立之初，下设的导弹总体、空气动力、弹体结构、发动机、推进剂、控制系统、控制元件、无线电、计算机、技术物理研究室，是航天科研院所最早的管理体制和组织形态。20 世纪 60 年代中期，由于形势剧烈变化，要求"多出型号，快出型号"，原有专业研究分院为主的管理模式存在指挥渠道迂回、协调关系复杂、工作效率低下等问题，急需改革调整，国防部第五研究院决定各研究分院由专业院向型号研究设计院转型。七机部成立后，组建了一、二、三、四院，按照型号类别由型号院负责其总体和分系统设计、试制、试验与生产，按型号配套设置职能部门，初步形成了部、院、厂（所）三级管理体制。1964 年中央决策开展建设的多个航天三线基地及 1968 年成立的中国空间技术研究院（五院）也采用这种模式。迄今为止，院级以"型号院"为主体的管理模式一直没有变化。

强化总体设计部统筹优化、技术抓总作用发挥。航天型号系统组成复杂、专业技术繁杂、研制过程不确定性因素多，如何从技术上统筹总体与分系统、分系统与分系统、分系统与单机、弹上与地面设备等之间的关系以达到系统优化，进而寻求技术性能指标、成本费用与研制周期之间达到整体优化，这就需要一个掌握多种专业技术、多种学科知识、具有丰富的系统工程经验的高科技团队——总体设计部来承担系统总体设计、总体协调和技术抓总任务。总体设计部是航天系统工程的技术中枢、技术指挥协调中心，是系统研制的"技术抓总单位"。总体设计部设计的是系统的"总体（system of system）"，是系统的"总体方案"，是实现整个系统的"技术途径"。总体设计部担当：总体设计、任务分解、技术协调、产品验收与确认、系统集成试验与验证、产品技术交付。总体设计部必须：构想出，分下去，控得住，合起来，交得出。总体设计部应由熟悉系统各方面专业知识的技术人员和管理人员组成，并由知识面比较宽广的专家负责领导。建设总体设计部、成立总体研究院是航天系统工程实施的成功法宝，是航天工程哲学的基础、方法论。

注重"两总"系统，两条指挥线协同发挥作用。航天工程项目管理错综复杂，蕴含着技术与计划的决策过程，行政管理与技术管理是不可分割的有机整体。我国航天事业发展初期，由于缺乏管理经验，加上主要任务是仿制，仅采用行政首长负责制，即设立行政指挥线。1962 年自行设计的东风二号首飞试验失败后，分析认为管理方面没有建立技术责任制是一个重要原因，随后抓紧建立了设计师系统与技术指挥线。在型号研究院内部及跨院实施的航天工程项目中，以总指挥系统和总设计师系统为代表的"两总"系统是行政、技术两条指挥线领导模式的集中表现，总指挥对航天工程项目全面负责，总设计师协助总指挥实施项目管理，对项目技术设计负全责。在实际工作中，"两总"系统、两条指挥线的工作是相互交叉、互相渗透又相互依赖的，两者各负其责、相得益彰。

遵从严格的研制程序并重视技术状态管理。航天型号（项目）具有自身产生、发展、成熟的过程与规律，总体上可分为两个大的阶段，即可行性论证阶段和型号研制阶段。在可行性论证阶段，主要任务是论证提出航天型号（项目）总体方案设想和可能采取的技术途径，完成可行性论证报告，提供给国家进行战略决策。而型号（项目）总体方案设想的提出又基于前期基础技术应用研究和支撑性课题预研两类预先研究的成果与水平。在型号研制的方案、初样、试样或正样、定型阶段中，每一个阶段都有明确的定义、工作任务与完成的标准，转阶段必须经过严格的评估与评审，未达到阶段工作目标不允许转入下一阶段。在研制过程中，运用基线进行技术状态管理，在不同的阶段相应形成功能基线、分配基线、产品基线和相关技术状态文件，技术状态变更必须严格遵守"充分论证、试验验证、各方认可、严格审批、更改到位"的五条原则。

1.5.3 航天工艺的发展历程

航天工艺是实现航天产品制造的重要环节，是发展航天技术的重要支撑。航天工艺是随着中国航天事业发展的进程逐步发展起来的。无论是航天工艺技术还是航天工艺管理，都紧密结合了中国航天事业不同发展阶段的现实需求，航天工艺除充分应用一般机电行业共性工艺成果外，又注重结合航天产品特色需求开展工艺创新。

在中国航天事业创建初期，从仿制苏联导弹开始起步逐步过渡到自行研制，为的是快速解决我国导弹武器的有无问题。在这一时期，研制工作的主要矛盾是生产和工艺，抓生产和工艺成为当时工作的主流和主体，各级领导对生产和工艺工作特别重视，各方面的投入也较多。为了顺利开展导弹研制，选定了一批单位建设了一定的工业基础条件，具备了一定的生产与工艺实践经验，拥有一支具有一定规模的科研人员与技术工人队伍，为仿制苏联导弹和后续自主研制工作起到了极大的促进作用。在东风一号地地导弹仿制中，为了减少原材料和元器件的外购比重，解决大型加工设备和焊接设备等的短缺问题，国家组织国防部第五研究院、第一机械工业部及冶金、化工、石油、轻工、纺织、建材等部门实施全国大协作，开展重要原材料、基础元器件、关键设备联合攻关，如北京石油科学研究院研制出了舵机用的液压油，兰州化学实业公司、北京酿酒总厂和天津东方红化工厂实现了液氧、酒精、过氧化氢等推进剂的国产化，相关单位试制出了金属材料和非金属材料4 000余项，不仅为尖端武器的发展奠定了坚实的技术和物质基础，而且带动了冶金、化工等基础工业的发展。在红旗一号地空导弹仿制中，沈阳112厂攻关掌握了国内首次遇到的铝合金缝焊及氩弧焊、镁合金氩弧焊、镁合金整体壁板加工与弯曲成型等当时具有世界水平的新工艺和新技术，沈阳410厂攻克了氧化剂启动活门薄膜涂覆等工艺技术难题，西安786厂攻关掌握了高频腔体材料搪磨加工等工艺技术。

进入自主研制阶段后，由于研制队伍本身对导弹的设计原理和设计方法没有吃透，对系统的复杂性和分系统的协调性认识不足，致使对设计方案的可行性论证与试验验证很不充分。同时由于"大跃进"历史背景下急于求成导致执行研制程序和相关工作制度不严格，研究设计工作中出现了较多问题。特别是东风二号地地导弹首飞试验失利之后，薄弱的研究设计工作成为中国航天工业发展的主要桎梏。随后，航天工业发展的重心和领导的精力开始向研究设计方向转移，对研究设计工作加大了投入，抓紧建设了系列研究试验设施，建立了《国防部第五研究院暂行条例》等相关管理制度和技术责任制，建立了型号设计师系统与技术指挥线。在这一时期，通过强化工艺与设计的结合，开始规定对设计文件进行工艺性审查以提高产品设计的可生产性。总结提出设计人员、工艺人员、工人"三结合"的平行作业方式，通过"三结合"工艺攻关，突破了高温钎焊、化学铣切、增强塑料构件制造、贮箱自动焊接、镁合金舱体整体铸造和钛合金应用等一系列研制生产的工艺技术关键，产生了一批新的工艺技术成果，基本保障了型号研制任务的完成。但由于受到十年"文革"的冲击，航天工艺的基础工作包括规章制度和生产秩序等都遭受了极大破坏。在长期重设计、轻工艺观念的影响下，工艺工作未得到应有的重视，生产技术条件长期得不到更新补充，工艺队伍不稳定，航天产品的生产周期一拖再拖，产品质量问题不断出现。

进入20世纪80年代，航天工业开始从计划经济逐步向社会主义市场经济过渡，此时航天工艺落后于研究设计的矛盾突出地显现出来，不能适应形势发展需要。1984年，航天工业部召开了第一次工艺工作会，下发《全面整顿工艺工作的决定》，组织开展了工艺工作的全面整顿，加强了工艺工作的顶层管理，建章立制，强化工艺评审、工艺定型、工艺研究、工艺师系统建设、工艺纪律管理、材料定额管理等工作，航天工艺工作逐步走向规范化。但是，由于"重设计、轻工艺"观念的长期惯性，加上市场经济观念的强烈冲击，很多强化工艺工作的举措及相关规章制度落实得并不到位，工艺工作依然难以适应形势发展需要。

中国航天工业总公司成立前后，型号研制中质量问题不断出现，故障连续发生，航天工业到了"失败不起,没有退路"的地步。在此背景下,1995年,中国航天工业总公司召开了第三次工艺工作会,下发《中国航天工业总公司关于振兴航天工艺的决定》,在全行业组织开展航天工艺振兴。制定发布了《中国航天工业总公司工艺工作规定》,明确了航天工艺工作的原则是"服务型号、发展专业,统筹规划、布局先进,资源配置、实用合理,优化工艺、降低耗损,贯彻标准、保证质量,注重环保、安全文明,落实规章、科学管理"。决定在五年内组织实施"五个一"工程(攻克一批工艺技术关键、开展一批新工艺技术预研、改造一批新技术生产线、建设一个高水平工艺研究体系、造就一批高水平工艺技术人员),以此大幅提升航天工艺的能力水平。此后,全航天系统工艺部门一手抓工艺管理,一手抓工艺技术,并组织开展了生产中工艺"常见病、多发病"的治理。与此同时,国家也加大了对航天工业的投入,开始引进新工艺技术,组织实施工艺技术数字化改造,航天工艺能力水平得到了一定程度的提升。

1999年,国家进行体制改革,分别成立了中国航天科技集团公司(简称航天科技)和中国航天科工集团公司(简称航天科工,2001年7月前称为中国航天机电集团公司)。航天工业实质性向企业过渡,由多研制、少生产向研制与批生产并重转变,工艺工作的重要性逐步突显,也越来越受到重视。2002年,国防科工委发布了《关于加快实现企业信息化、工艺现代化、工人高技能化,促进军工制造业发展纲要》,2006年又发布了《关于加强国防科技工业工艺创新工作的决定》。航天科技、航天科工两大航天集团认真研究落实,制定实施振兴航天制造业发展纲要,大力加强工艺创新,使航天工艺进入了一个新的发展阶段。

航天科工成立以来,高度重视工艺工作,工艺工作系统化、规范化、制度化、前瞻化,着力实现工艺高质量发展。

①健全工艺工作规章

制定发布《航天科工工艺工作规定》《航天科工型号工艺工作管理办法》,强化航天工艺规范编制与实施,规范、统领、优化航天科工工艺工作。2010年12月,发布航天科工工艺三大体系:工艺技术体系、工艺管理规章体系、工艺规程编制规范体系,分别明确了航天科工工艺技术体系的专业领域、技术门类及需发展的关键技术、重要技术项目,航天科工、院(基地)和厂(部、所)三级工艺管理规章制度建设需求与项目,航天科工需建立的工艺规程编制规范项目,以工艺三大体系为指引,着力航天科工核心工艺技术拥有与工艺保证能力提升、工艺规章制度建设与工艺工作规范化、工艺规程建设与规范化。

②工艺工作有战略、进规划、入计划

持续制定发布《航天科工工艺规划》,明确工艺发展指导思想、准则、方向、目标和任务,发布《2003—2010航天科工工艺发展规划纲要》。2018年9月,启动航天科工工艺体系、材料体系论证,2019年制定了航天科工工艺体系、材料体系发展规划,明确了航天科工工艺和材料专业技术发展布局、建设重点和主要任务。

③工艺工作领导到位、组织机构到位、队伍建设到位

航天科工各级单位明确了工艺工作主管领导、主管机构,设置专职工艺管理岗位,建

立工艺专业队伍，落实工艺人员待遇，建立工艺工作规划性目标、约束性指标。出台《航天科工工艺师系统领导干部管理规定》《航天科工工艺师队伍管理办法》，在集团总部、主要二级单位、设计制造三级实体单位配置专职总工艺师、副总工艺师，强化对工艺工作的战略谋划、科学指导、有效协同、过程管控、专业引领、技术支撑、成果推广、人才培育。设立航天科工工艺专家组，充分发挥工艺专家的战略规划制定、技术研究评价、专业咨询指导、工作监督把关、学术技术交流、成果推广应用、人才发现培养等作用。从 2004 年开始，论证、建设航天科工工艺研发机构体系，先后设立了特种材料及工艺、电气互联、复合材料、固体装药、精密加工、计算机集成制造、精密成型、装配及系统集成、焊接、热处理、表面处理等工艺分中心及相应工艺网点等工艺创新平台。2016 年，设立了增材制造技术创新中心及 2 个分中心。2018 年，设立了金属成形技术中心（含金属热成形、金属旋压成形、高性能材料铸造 3 个分中心），系统构建工艺发展新格局。

④落实工艺工作机制

航天科工构建了系统、完整的工艺工作教育培训机制、责任落实机制、投入机制、协同机制、评价机制、激励机制。2003 年，建立了航天科工共性工艺研究机制，每年安排预算支持共性工艺技术研究与突破。2020 年，加大了总部工艺投入支持力度，强化对关键核心工艺技术、共性关键工艺技术、基础工艺技术、瓶颈工艺技术、前沿工艺技术等攻关和突破进程。2018 年，航天科工发布了单位工艺工作评价、型号工艺工作评价、产品工艺评价规范，以此推动各单位、各型号、各产品工艺工作水平的整体提升。2018 年，航天科工创建了工艺工作重视度、工艺保证、工艺成果、工艺创新等约束性考核指标。航天科工强调设计、工艺协同，管理、技术协同，总体、分系统协同，总成单位、分包（外包、外购）单位协同，上道工序、下道工序协同，促进、实现责任明确、分工合作、资源共享、能力提升。

⑤工艺工作深化和优化

在工艺三大体系建设的基础上，2018 年，发布了《工艺量化控制要素目录（V1.0）》《禁（限）用工艺目录（2018 版）》，与时俱进推进工艺水平提升。2016 年开始，着手手工工序治理，针对关键环节（工序），采取工装化、机械化、自动化、智能化等模式和技术途径，提高加工、装配、检测三类非手工工序占比。2017 年开始，着力工装覆盖性、适宜性提升，发布《工装配置原则（V1.0）》，提高产品工装覆盖性、通用化、标准化，确保产品一致性，提高生产效率。

⑥大力实施工艺振兴战略

2020 年 12 月，航天科工发布《航天科工工艺振兴工程方案》，将工艺工作提到新的战略高度，决定用 5 年时间，组织实施工艺振兴工程，浓郁工艺工作文化，加快数字化转型、智能化升级，推进工艺创新，提升工艺保证能力，强化基础制造能力，加强工艺队伍建设，提高工艺治理能力，实现工艺技术先进、工艺管理有效、工艺人才济济、工艺水平领先、工艺质量优良，加速构建与航天强国建设、具有全球竞争力的世界一流航天防务企业建设相适应的航天工艺保证体系。

第2章 航天工艺范围

工艺范围是确保工艺任务完成并符合要求所需完成的全部工艺工作。工艺工作是产品制造工作或过程的重要内容，是产品设计从原理变成实物，成果转化为生产力的桥梁，是产品提升的重要基础工作。实践证明，设计方案的实现取决于工艺技术的可实现性和工艺装备的水平。工艺工作是科研成果转化为生产力，完成研制成果转化为装备的重要条件。

2.1 航天工艺工作范围

航天工艺工作包含：设计工艺协同、工艺工作策划、工艺文件准备、工艺技术研究、关键过程管理、特殊过程管理、工艺装备管理、工艺考核、工艺定型、生产过程协同、阶段总结改进等。

航天工艺工作一般按以下阶段实施：论证阶段、方案阶段、研制阶段、状态鉴定阶段、定型阶段、批生产阶段、售后服务阶段。

根据不同阶段工作特点，各阶段的工艺工作内容也不同。

2.2 航天工艺工作内容

2.2.1 论证阶段工作

论证阶段工艺工作重点是保证设计方案的可行性，并针对关键技术难点进行工艺攻关和优化。

论证阶段工作主要包含设计工艺协同、工艺工作策划、工艺技术研究。

设计工艺协同工作包括：开展产品可行性论证，根据方案设想和论证情况，调研国内外有关新工艺、新材料、新技术等的应用情况。

工艺工作策划工作包括：根据产品研制的关键技术，提出拟采用的新工艺、新材料，对拟采取的工艺方案进行论证分析。工艺研究要纳入立项综合论证报告，相关工艺研制经费要纳入研制经费概算审查报告等，确保工艺研制经费的落实。

工艺技术研究工作包括：分析产品指标对制造技术的需求，结合总体方案分析论证情况，提出工艺方案及工艺研究的主攻方向，提出工艺研究项目，开展攻关。

论证阶段完成标志为：编制工艺可行性分析报告，给出工艺可行性与否结论。完成阶段工艺总结，给出工艺工作符合度评价。

2.2.2　方案阶段工作

方案阶段工艺工作重点是依据产品规划和使用部门的要求，统筹考虑基础性科学成果、资源条件、技术可行、研制周期等因素，从工艺上综合分析可供选择的各种技术途径。对拟提出的新技术、新材料、新工艺等以及重大技术改造项目进行初步论证，并就相应工艺预研课题开展研究试验工作。

方案阶段工作主要包含设计工艺协同、工艺工作策划、工艺文件准备、工艺技术研究、关键过程管理、特殊过程管理、工艺装备管理、生产过程协同、阶段总结改进。

设计工艺协同工作包括：开展产品方案论证，根据产品方案和采取的主要技术途径，从工艺上分析可供选择的工艺技术途径，完成工艺可行性论证，完成材料、零件和工艺选择原则确定，参与产品结构设计，开展设计文件工艺性审查，提出改进意见。

工艺工作策划工作包括：对需要增加的新设施、新设备和技术改造项目及引进项目提出需求建议。根据本单位生产资源提出重要的外协项目，识别厂（所）际互换协调项目并编制厂（所）际互换协调文件，制定本阶段工艺文件编制原则，识别关键部位（包括易错漏装、不可逆、不可检等）操作过程、多媒体记录项目、多余物控制环节，完成关键材料、关键零件、关键工艺的识别和确认，编制工艺总方案。

工艺文件准备工作包括：依据设计图样或设计 BOM，创建信息化系统产品结构（工艺 BOM、制造 BOM），编制零部件工艺路线和材料消耗工艺定额；编制本阶段各专业工艺规程和其他有关工艺技术文件，杜绝使用禁用工艺，严格限制采用限用工艺，对关键、重要工艺进行评审。

工艺技术研究工作包括：针对关键技术和新材料、新技术、新工艺、新设备等开展关键技术工艺攻关和工艺研究，工艺研究成果纳入工艺文件并对知识产权进行保护。

关键过程管理工作包括：对关键过程进行识别和控制，形成关键工序明细表。

特殊过程管理工作包括：识别特殊过程项目，制定控制措施，实施特殊过程确认工作。

工艺装备管理工作包括：识别工装配置原则，确定需配置的工装，对非标工装进行设计制造。

生产过程协同工作包括：协调处理现场技术问题，对设计更改单、技术通知单、偏离单逐项（份）进行闭环处理，反馈并解决设计工艺性问题。

阶段总结改进工作包括：汇总、梳理和分析本阶段的各种工艺质量问题，提出工艺改进、完善意见和建议，完成阶段工艺总结。

方案阶段完成标志为：编制工艺可行性分析报告，给出工艺可行性与否结论。完成阶段工艺总结，给出工艺工作符合度评价，制定工艺工作不符合要求事项完成计划。

2.2.3　研制阶段工作

研制阶段工艺工作重点是在方案阶段工作的基础上对研制过程中所涉及的关键工序、

重大工艺方案进行工艺评审，对所涉及的关键过程进行工艺仿真。

研制阶段工作主要包含设计工艺协同、工艺工作策划、工艺文件准备、工艺技术研究、关键过程管理、特殊过程管理、工艺装备管理、阶段总结改进。

设计工艺协同工作包括：开展研制阶段方案设计，按产品单元编制材料、零件和工艺清单（简称三单）并进行评审，确定关键工艺。对设计文件进行工艺性审查，识别禁（限）用工艺、手工工序、易错漏装项目，提出工艺可行性意见。

工艺工作策划工作包括：提出生产保障设备、技术改造需求，编制项目建议书；对产品研制生产过程进行风险分析、安全性分析和经济性分析，开展厂（所）际互换协调；确定本阶段工艺文件编制原则和标准化要求，提出外协项目工艺技术要求、数控程序或软件的管理控制要求，识别关键部位（包括易错漏装、不可逆、不可检等）操作过程、多媒体记录项目、多余物控制环节、防差错控制点，完成关键材料、关键零件、关键工艺的确认，编制工艺总方案。

工艺文件准备工作包括：依据设计图样或设计 BOM，创建信息化系统产品结构（工艺 BOM、制造 BOM），编制零部件工艺路线和材料消耗工艺定额；编制本阶段各专业工艺规程和其他有关工艺技术文件，杜绝使用禁用工艺，严格限制采用限用工艺；对关键、重要工艺进行评审。

工艺技术研究工作包括：针对工艺技术难点、批生产工艺性、多方案对比等开展工艺攻关、工艺优化和工艺试验，工艺研究成果纳入工艺文件并对知识产权进行保护。

关键过程管理工作包括：使用工艺 FMECA 分析方法，识别工艺关键项目，确定关键工序并采取改进措施；开展关键环节工艺过程仿真。

特殊过程管理工作包括：识别特殊过程项目，制定控制措施，实施特殊过程确认工作。

工艺装备管理工作包括：识别工装配置原则，计算工装覆盖性，设计制造工装和非标工艺装备并对大型复杂工装进行评审。

生产过程协同工作包括：协调处理现场技术问题，对设计更改单、技术通知单、偏离单逐项（份）进行闭环处理；逐项闭环落实工艺改进和工艺完善引起的工艺更改；反馈并解决设计工艺性问题。

阶段总结改进工作包括：汇总、梳理和分析本阶段的各种工艺质量问题，提出工艺改进、完善意见和建议，完成产品工艺性分析报告、工艺工作符合度评价，完成阶段工艺总结。

研制阶段完成标志为：编制工艺可行性分析报告，给出工艺可行性与否结论。完成本阶段工艺总结，给出工艺工作符合度评价。制定工艺工作不符合要求事项完成计划。

2.2.4　状态鉴定阶段工作

状态鉴定阶段工艺工作重点是在研制阶段工作的基础上完成工艺考核、工艺定型准备及审查，达到产品工艺稳定，质量可靠，为产品的定型打下良好基础。

状态鉴定阶段工作主要包含设计工艺协同、工艺工作策划、工艺文件准备、工艺技术研究、关键过程管理、特殊过程管理、工艺装备管理、工艺考核、生产过程协同、阶段总结改进。

设计工艺协同工作包括：结合批生产能力条件，对状态鉴定阶段设计文件进行工艺性审查，按产品单元完善材料、零件和工艺清单并进行关键材料、零件和工艺评审，重点审查研制阶段发现的设计问题更改情况，优化设计方案，提高工艺性和批生产适应性。

工艺工作策划工作包括：根据产品设计方案，提出批生产所需设备、技术改造需求，进行调研和论证，完成项目建议书；对研制生产过程中的风险环节进行风险分析及安全性分析，制定针对性控制措施；开展厂（所）际互换协调，提出外协项目工艺技术要求，提出数控程序或软件的管理控制要求，识别关键部位（包括易错漏装、不可逆、不可检等）操作过程，完成关键材料、关键零件、关键工艺的确认，修订工艺总方案；评审确认多媒体记录项目；根据产品标准化大纲规划本阶段工艺标准化工作。

工艺文件准备工作包括：依据设计图样或设计 BOM，创建信息化系统产品结构（工艺 BOM、制造 BOM），编制零部件工艺路线和材料消耗工艺定额；编制本阶段各专业工艺规程和其他有关工艺技术文件，杜绝使用禁用工艺，严格限制采用限用工艺；对关键重要工艺进行评审。

工艺技术研究工作包括：针对批生产工艺性开展工艺优化和工艺试验，工艺研究成果纳入工艺文件并对知识产权进行保护。

关键过程管理工作包括：使用工艺 FMECA 分析方法，定位工艺关键项目，确定关键工序并采取控制措施；补充开展关键环节工艺过程仿真。

特殊过程管理工作包括：识别特殊过程项目，制定控制措施，实施特殊过程确认工作。

工艺装备管理工作包括：识别工装配置原则，计算工装覆盖性，补充工装和非标设备。

工艺考核工作包括：完成工艺考核准备和工艺考核资料审查。

生产过程协同工作包括：协调处理现场技术问题，对设计更改单、技术通知单、偏离单逐项（份）进行闭环处理；逐项闭环落实工艺改进和工艺完善引起的工艺更改；反馈并解决设计工艺性问题。

阶段总结改进工作包括：汇总、梳理和分析本阶段的各种工艺质量问题，提出工艺改进、完善意见和建议。

状态鉴定阶段完成标志为：完成工艺考核审查或状态鉴定试生产工艺和生产条件审查。编制产品工艺可行性分析报告，给出工艺可行性与否结论。完成阶段工艺总结，给出工艺工作符合度评价。制定工艺工作不符合要求事项完成计划。

2.2.5　定型阶段工作

定型阶段工艺工作重点是在状态鉴定阶段工作的基础上，除做必要的少量合理修改外，各种技术状态予以冻结，工艺相关文件进行定型、总结和归档，为之后批量产品生产奠定基础。

定型阶段工作主要包含设计工艺协同、工艺工作策划、工艺文件准备、关键过程管理、特殊过程管理、工艺装备管理、工艺定型、生产过程协同、阶段总结改进。

设计工艺协同工作包括：对批生产用的设计文件进行工艺性审查，清理、汇总遗留的技术问题。根据批生产特点优化材料、零件和工艺清单并进行评审，分析关键零部件的质量状况及工艺与设计之间的差距，反馈设计师并协调处理。

工艺工作策划工作包括：在工艺考核或状态鉴定试生产工艺和生产条件审查工作的基础上，根据产品设计方案及生产任务，完善工艺总方案。

工艺文件准备工作包括：依据设计图样或设计 BOM，维护信息化系统产品结构（工艺 BOM、制造 BOM），完善零部件工艺路线和材料消耗工艺定额；整理、编制、修改、完善各专业全套工艺规程和其他有关工艺技术文件，并进行工艺验证，对关键工序、工艺薄弱环节解决措施进行评审。

关键过程管理工作包括：根据确定的关键工序，采取控制措施。

特殊过程管理工作包括：实施特殊过程确认工作。

工艺装备管理工作包括：计算工装覆盖性，补充工装和非标设备。

工艺定型工作包括：组织开展工艺定型，完成工艺定型准备和工艺定型材料审查。

生产过程协同工作包括：完成批生产准备及审查；协调处理现场技术问题，实施闭环处理。

阶段总结改进工作包括：按照工艺定型要求，汇总、梳理和分析本阶段的工艺质量问题，提出工艺改进、完善意见和建议，优化工艺文件、工装。工艺定型获批准后，完成工艺定型工艺文件标识。

定型阶段完成标志为：批复工艺定型或完成定型批生产工艺和生产条件考核。编制工艺可行性分析报告，给出工艺可行性与否结论。完成本阶段工艺总结，给出工艺工作符合度评价。制定工艺工作不符合要求事项完成计划。

2.2.6　批生产阶段工作

批生产阶段工艺工作重点是在定型阶段工作的基础上，针对定型中所出现的技术问题进行处理，优化、完善相关生产使用的工艺文件，完成每一批次生产的工艺总结和资料归档。

批生产阶段工作主要包含工艺工作策划、工艺文件准备、工艺技术研究、关键过程管理、特殊过程管理、工艺装备管理、生产过程协同、阶段总结改进。

工艺工作策划工作包括：在批生产工艺和生产条件考核基础上，根据批生产任务，优化工艺布局，完善生产条件，修订工艺总方案。

工艺文件准备工作包括：依据设计图样或设计 BOM，维护信息化系统产品结构（工艺 BOM、制造 BOM），修订工艺路线、材料消耗工艺定额；修订、完善各专业全套工规程和其他有关工艺技术文件。

工艺技术研究工作包括：开展与批生产任务相适应的稳定工艺、降本增效的工艺优化。

关键过程管理工作包括：根据确定的关键工序，采取控制措施。

特殊过程管理工作包括：实施特殊过程确认工作。

工艺装备管理工作包括：计算工装覆盖性，补充工装和非标设备。

生产过程协同工作包括：配合生产，协调处理现场技术问题。

阶段总结改进工作包括：汇总、梳理和分析本阶段的各种工艺质量问题，提出工艺改进、完善意见和建议。编制工艺可行性分析报告，给出工艺可行性与否结论。完成本阶段工艺总结，给出工艺工作符合度评价。制定工艺工作不符合要求事项完成计划。

2.2.7　售后服务阶段工作

售后服务阶段工艺工作重点是在批生产阶段工作的基础上，针对产品在实际使用过程中所出现的问题进行优化和提升，满足顾客实际使用需求。

售后服务阶段工作主要包含工艺工作策划、工艺文件准备、生产过程协同、阶段总结改进。

工艺工作策划工作包括：完成工艺方案制定，明确产品售后服务的工作内容及实施措施。

工艺文件准备工作包括：根据本阶段任务，创建及维护工艺 BOM，维护工艺路线、材料消耗工艺定额；编制产品交付后的安装调试、技术培训、维护修理等技术资料，完成售后等任务的工艺准备，进行工艺评审。

生产过程协同工作包括：参加产品交付培训，提供技术支持和保障服务工作，提供技术保障。

阶段总结改进工作包括：汇总、梳理和分析本阶段的工艺质量问题，提出工艺改进、完善意见和建议；编制工艺可行性分析报告，给出工艺可行性与否结论；完成本阶段工艺总结，给出工艺工作符合度评价；制定工艺工作不符合要求事项完成计划。

第 3 章　设计工艺性

3.1　定义

产品设计工艺性是所设计产品固有的与生产工艺相关的结构特性或测试特性等制造特性。这种特性是在设计过程中形成的。在一定产量和生产条件下，经过与产品其他设计指标统筹协调和优化后的产品设计工艺性，将直接影响为生产出符合研制任务书规定的使用性能和质量的产品所必需的成本、周期及劳动条件。

上述定义有如下几个方面含义：

1）设计工艺性是产品结构或测试等制造过程所具有的一种属性，是在设计时形成的；

2）设计工艺性是以生产出合格产品所必需的成本、周期及劳动条件来表征的；

3）设计工艺性与产品的产量、生产条件有关；

4）设计工艺性与产品的功能和物理特性、可靠性、安全性、维修性、测试性、保障性、环境适应性等设计指标是相互影响的，必须统筹协调与优化。

3.2　原则

航天产品设计应满足研制任务书对产品特性的要求，其中，产品设计工艺性是设计质量的重要指标之一，良好的设计工艺性是采用合理、经济的生产方法的基础，应遵循有利于提高产品质量与可靠性、减少劳动量、缩短研制周期、降低制造成本，从而获得良好的经济效益、社会效益和环境效益的总体原则。

在总体原则下，航天产品良好的设计工艺性应符合相关设计标准和工艺标准要求；对存在的非工艺标准设计，应通过充分的试验、验证、证明其工艺性良好；应符合现有设备和工艺技术能达到的能力；新材料、新设备、新工艺、新技术应在通过工艺试验、工艺攻关后转化为相对成熟工艺技术的条件下应用，防止因工艺性差影响产品质量。

航天产品设计工艺性一般包括结构设计工艺性与测试程序设计工艺性。产品中具体结构的要素，如材料、形状、尺寸与公差要求、装配方法等，与设计工艺性密切相关；动力系统、制导系统、电气系统、引信战斗部系统、遥测系统及保障系统等成套设备或整件的测试程序也同样存在设计工艺性问题。

结构设计时，在满足产品使用性能的前提下，应选用易于加工的材料、简化的结构和简便的装配连接方式，并规定适当的公差带、粗糙度等可检测的质量特性值。测试程序设计时，应充分考虑各分系统（或成套设备、整件）的工作程序并根据工厂生产工艺路线与生产条件等实际情况，有步骤地安排测试，避免弹上成套设备（或整件、组件）往返多次拆装，采用自动化测试方法，力求缩短生产周期和简化操作。

对于航天系统复杂产品，其设计工艺性不能就一个个分系统孤立地考虑，必须注意各个分系统之间的相互影响，综合权衡并不断优化。

航天产品的设计工艺性必须从方案论证阶段开始就予以重视，不能等到设计图样下厂进行工艺性审查时再来考虑。初样设计和试样设计是改善产品设计工艺性的两个关键阶段。产品设计工艺性问题，绝大部分应该在工程研制阶段即设计定型工作完成之前妥善解决。在设计定型阶段应尽量为适应产品批量生产特点和要求而完善产品的设计工艺性。到工艺定型（小批量试生产）和批量生产阶段，只是针对尚未完全达到良好设计工艺性要求的问题，进行局部的设计完善。

3.3　目标

产品设计工艺性的目标，既包括在较低的成本和较短周期的条件下获得一个系统产品，也包括不会对其他设计要求如性能、可靠性、维修性产生不良影响；换句话说，就是力求既降低研制生产费用（或用户采购费用）并加快生产（或供货）进度，又满足产品性能、可靠性、维修性要求且不增加使用维护费用。

产品设计工艺性的主要目标是：

（1）最大限度实现

1）简化设计；

2）采用经济的材料和制造技术；

3）材料和零件的标准化；

4）材料、零件和工艺及其关键的项目经过评审和批准；

5）工艺方法的稳定性；

6）产品的可检验性；

7）材料、零件和工艺的选择合理适度，可以被生产部门接受；

8）制造安全性。

（2）尽量减少

1）生产周期；

2）材料损耗和废品；

3）使用尚未达到成熟程度的材料；

4）稀贵材料的使用；

5）能耗；

6）特殊的试验；

7）特殊的试验系统；

8）使用尚未达到成熟程度的工艺方法；

9）对环境的污染；

10）对人体的伤害；

11）对高水平技能人员的需求；

12）对个别人员所掌握绝技的依赖；

13）单件成本；

14）生产中设计变更；

15）使用来源受限制的材料、零件和工艺方法；

16）未得到生产权的专利；

17）使用无法代替的单一材料、零件和工艺方法。

当然，设计工艺性的目标不仅局限于上述范围，还可以根据具体产品和条件予以增减。良好的设计工艺性，其外在特征主要是：

1）采用适度并尽可能宽容的容差；

2）所使用的材料具有最佳的切削性、成形性和可焊性；

3）零件形状有最好的成形经济性；

4）在确保质量前提下，检验项目最少且能充分利用现有的和标准的检验设备；

5）装配、测试方法和程序最有效、最经济；

6）对复杂昂贵工装和特殊技能要求最少。

3.4　评价指标

产品设计工艺性评价主要从设计技术方面、经济性方面、工艺技术方面、质量要求方面、安全要求方面等进行，主要评价指标如下：

（1）设计技术方面

1）产品设计复杂度；

2）精度、力矩等设置合理性；

3）物资选型合理性；

4）模块化、通用化、标准化程度；

5）可装配及反向性；

6）生产、贮存、使用环境适应性等。

（2）经济性方面

1）物资成本及获得周期；

2）制造成本及周期；

3）是否使用到特殊加工、检验设备；

4）工艺规范要求的使用合理性等。

（3）工艺技术方面

1）简单、成熟工艺及检验方法的可使用性；

2）现有加工设备、工装、工具、检具可使用性；

3）可操作性、劳动条件等。

（4）质量要求方面

1）是否采用合理及严格程度适当的质量保证措施；

2）是否设计有产品专用防护及搬运措施等。

具体的航天产品设计工艺性评价准则要素及评价方法详见第 4.2.1.1 节。

（5）安全要求方面

1）设计安全性；

2）制造安全性；

3）使用安全性。

3.5　工作范围和内容

为改善产品设计工艺性，设计师在设计初期应充分考虑生产过程的实际情况，设计师应经常深入生产部门和生产单位，了解现有的技术设备、工艺装备和工艺方法水平，熟悉并正确选用相关技术标准，及时向生产部门提出采用新工艺、新材料、新型测试设备的意向，征求工艺师和生产工人对设计方案的建议。

进行设计工艺性审查是设计程序中不可缺少的，是改善设计工艺性的关键环节，科研生产部门负责将设计工艺性审查纳入科研生产计划。总设计师对全型号、型号重要系统/分系统和型号关键设备、产品等的设计工艺性审查负总责，负责协调、处理、解决系统间、单位间设计工艺性重大事项；设计师负责产品设计工艺性，负责协调、处理、落实设计工艺性审查意见；工艺师负责组织设计工艺性审查，提出设计工艺性审查意见，协同处理、落实设计工艺性审查意见。

工艺师系统应该从方案论证阶段就介入产品研制工作，根据每个研制阶段不同特点，并结合单位生产技术条件进行有针对性的工艺性分析和工艺性审查，逐项提出具体的改进意见，建立并遵守工艺会签制度，在产品转阶段时对产品设计工艺性进行评价。运用设计与工艺协同的工作方式，把产品设计工艺性问题尽量解决在投产之前，是改善产品设计工艺性的关键措施。

3.5.1　产品设计工艺性审查

3.5.1.1　设计工艺性审查的目的、作用和依据

设计工艺性审查是在产品工程研制每个分阶段初期，对设计文件的工艺性进行全面审查并提出意见、建议的过程。在随后的工艺定型、批生产阶段还需要对设计文件的工艺性

进行局部完善。开展设计文件工艺性审查与实行工艺会签是改善产品设计工艺性的主要工作形式，在若干关键件的设计中，还要有选择地推行并行工程，由设计、工艺、财务、计划、生产、质量等方面专家组成联合工作组协同工作，以便全方位地及早解决设计工艺性的问题。

设计文件工艺性审查的目的是：在满足产品性能的前提下，根据各研制阶段的特点和生产批量，对产品设计可制造性和经济性进行分析、审查，以优化设计、缩短制造周期、降低生产难度和制造成本，改善劳动条件。

设计文件工艺性审查的主要作用是：

1）早期发现产品设计中不必要的、过高的技术要求和不切合生产单位实际情况的设计工艺性问题，予以纠正或协调解决；

2）对产品设计技术要求虽属合理和必需但生产单位技术状况一时难以解决的工艺难点，工艺部门可提前进行工艺预先研究、工艺攻关或试验，以保证随后的研制生产顺利进行；

3）能提前了解新产品中主要零（部）件生产对关键设备、特殊工艺装备和测试仪器及关键材料、元器件、外协件的需求，以便提前安排设计或订货；

4）可为编制工艺总方案、工艺路线表、关键工序明细表等做准备，以缩短工艺准备周期。

设计文件工艺性审查的主要依据是：

1）生产条件，如技术水平、设备能力、加工水平、检测手段等；

2）生产类型、生产纲领、生产批量及发展规划；

3）上阶段产品存在的问题；

4）工艺保证状况；

5）新技术、新工艺、新材料、新设备等的应用状况；

6）产品的结构继承性、工艺继承性、工装继承性；

7）国家、行业、用户、集团及二级单位相关政策（包含禁、限用工艺）、法规和标准。

3.5.1.2 设计工艺性审查的范围和要求

设计文件工艺性审查的范围主要指产品各研制阶段的设计文件（图样、技术条件）和设计文件的更改单、技术通知单和技术问题处理单。

产品设计工艺性审查应在信息化平台中完成，其记录应在信息化平台中传递和反馈，并与三维模型相关联。同时各单位应积极推进面向制造的设计（DFM）方法应用，建立设计工艺协同信息化平台，推广设计工艺性自动化审查软件的应用。

为了顺利开展工艺性审查工作，需按照以下要求进行：

1）产品设计工艺性审查按照产品阶段划分，方案阶段重点审查设计方案的可行性、产品工艺性；研制阶段重点审查生产的可行性、先进性、经济性；定型阶段重点审查设计经济性、批量生产的可行性等。

2）型号每一阶段开始，工艺部门组织明确型号/产品设计工艺性审查内容和清单、责任体系，确认型号设计工艺性审查输入、输出的载体、形式和标志。

3）产品进入研制阶段后，设计师将产品设计模型和相关制造、验收要求提交工艺师审查，工艺师组织审查后汇总审查意见，并填报审查结果，审查结果应给出设计的工艺性改进点及改进建议，设计师对审查结果进行落实和反馈。

4）工艺师需汇总工艺性审查意见及采纳情况，形成工艺性审查记录表。

5）产品各阶段结束后、下阶段设计工作开展前，工艺师应照单核实、确认设计工艺性审查要求事项落实的符合度，给出本阶段设计工艺性评价结果，包括设计工艺性审查工作是否全覆盖、审查数量、审查质量、审查时效性等。同时，工艺师应及时针对已完成的阶段过程中出现的工艺问题进行清理，并及时反馈设计师。

6）型号转阶段，需编制型号产品工艺性分析报告和工艺总结报告，需明确本阶段工艺性审查情况，包含工艺性审查文件份数、提出意见及采纳情况、遗留问题、改进意见是否落实、审查结论等。

7）各阶段影响型号产品性能实现、合同任务完成的设计工艺性相关工作（设计、审查）未完成，型号不得转入下一个阶段，不影响型号产品性能、合同任务完成的设计工艺性工作须列出清单和解决时限、责任人。

8）工艺性审查工作应与型号设计工作并行开展，要同计划、同部署、同落实、同检查、同奖励，采取成立协同工作小组、组织各专业集中审查或分专业审查。

9）工艺性审查可分为协同工作小组审查、集中审查和分散审查三种形式。协同工作小组由型号总（副总）师负责组建；集中审查由型号主任工艺师组织各专业工艺师对设计文件实施审查，对于复杂、重要产品设计文件，必要时可组织工艺专家进行专家审查；分散审查由型号主任工艺师根据审查的专业范围，将设计文件分送各专业工艺师进行审查。设计文件工艺性审查一般流程如图3-1所示。

10）设计评审前，应先完成工艺性审查工作，应有产品工艺性分析内容，设计工艺性审查意见。

11）工艺、设计双方对审查意见有分歧时，报主任（副主任）工艺师及以上人员协调。如意见仍不能统一的，由专业工艺师填写设计工艺性审查待裁决问题呈报表，报型号总（副总）师裁决。

12）产品交付后反馈的与工艺性相关问题，应由工艺师反馈设计师进行更改完善。

13）经工艺会签的产品设计文件如需更改，应重新进行工艺性审查和会签。当审查文件涉及在制品、已制品更改时，应将明确的处理意见写进更改单、技术通知单。

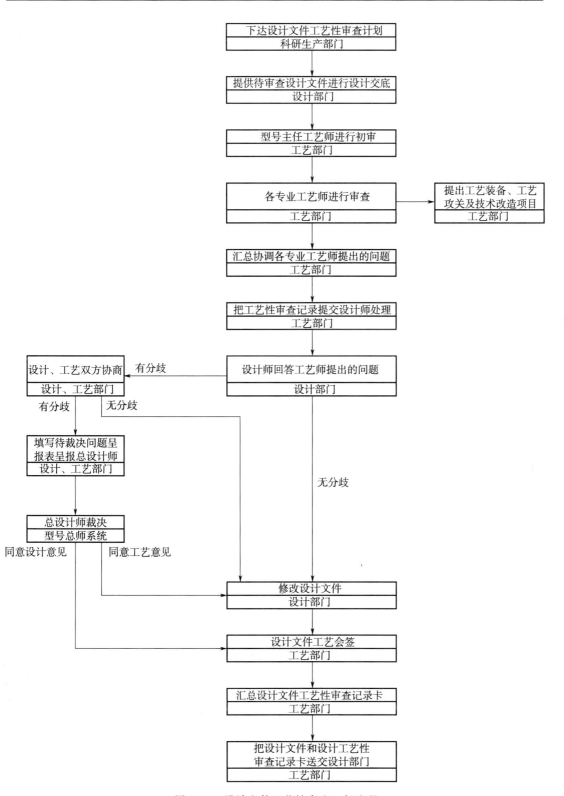

图 3-1　设计文件工艺性审查一般流程

3.5.2　论证阶段与方案阶段设计工艺性工作要点

方案论证阶段着重解决具有全局性和广泛影响的产品设计工艺性问题：

1）重视产品结构的继承性，在新型号特别是改进型号上尽量采用已有的某些局部结构；

2）力求产品总体布局合理，外形尽量简单；

3）初步确定产品设计分离面、工艺分离面及对接形式；

4）评价拟选用新材料、新结构、新技术的必要性和可行性，对所选新材料、新结构、新技术必须具有充分的预先研究基础并经过局部试用；

5）根据实际可能，逐步推广 CAD/CAM 一体化制造技术；

6）确定必要的技术攻关、优化项目并开始实施。

3.5.3　研制阶段设计工艺性工作要点

（1）模样研制阶段的工作要点

模样研制阶段主要是根据论证阶段及方案阶段确定的基本原则，解决以下产品设计工艺性问题：

1）分析和验证产品主要结构的可行性；

2）初步评价测试软件概要设计的工艺可行性；

3）分析和验证采用新材料、新工艺、新结构的可行性。

（2）初样研制阶段的工作要点

初样研制阶段主要解决下列产品设计工艺性问题：

1）合理确定产品结构的工艺分离面；

2）合理确定弹体舱段、组（整）件、成套设备的结构布置，力求提高结构整体性；

3）评价各分系统（产品）接口协调性；

4）初步评价关键件、重要件质量特性值确定的合理性及其检验方法的可行性；

5）贯彻材料及元器件选用目录，压缩其品种、规格和生产厂家数量，编制初样元器件清单；

6）评价测试软件详细设计的工艺性；

7）初步提出关键件、重要件明细和工艺材料技术标准目录。

（3）试样研制阶段的工作要点

试样研制阶段着重解决产品结构和软件程序细节中的下列产品设计工艺性问题：

1）零件和尺寸参数的规格化；

2）尽可能采用标准化、系列化的零件和元件；

3）逐步核定关键件的关键特性和重要件的重要特性，以便工厂确定关键工序；

4）适当采用补偿件，并确保组（整）件、成套设备在分系统中的协调性；

5）合理确定公差、配合精度和表面粗糙度，实行经济设计；

6）逐步完善产品装调测试程序的设计工艺性；

7）优化加工、装配、调试、检验的可行性、先进性、经济性、合理性；

8）全面贯彻材料及元器件选用目录；

9）逐步完善技术标准目录。

3.5.4 状态鉴定阶段设计工艺性工作要点

在状态鉴定阶段，改善产品设计工艺性工作的对象，既包括为生产状态鉴定批产品所用的设计文件，又包括状态鉴定飞行试验后进行修改、补充与完善的设计文件。设计定型阶段着重解决下列产品设计工艺性问题：

1）对试样研制阶段生产与试验中暴露出来的影响生产的设计工艺性问题，在设计文件中加以完善；

2）预见批量生产条件下对产品设计工艺性的要求，并尽量在鉴定设计文件中予以落实；

3）以适用够用为原则，审核所选用的技术标准目录，修订必要的专用技术条件；

4）核定原材料的品种、规格、定点定质要求及零件重量。

3.5.5 工艺定型阶段和批生产阶段设计工艺性工作要点

在产品研制阶段及状态鉴定阶段获得的改善设计工艺性方面的经验，对在工艺定型阶段和批生产阶段更有效地利用制造资源是十分有用的。在这两个阶段，改善产品设计工艺性的工作量已经不大了。其工作要点是：

1）对工程研制阶段遗留下来的个别产品设计工艺性问题，彻底予以解决；

2）适应产品自动化、机械化生产要求；

3）针对生产批量、生产条件、技术标准和材料供应方面的变动情况，妥善解决新出现的有关产品设计工艺性的问题。

3.5.6 售后服务阶段设计工艺性工作要点

当用户在产品使用中发现其缺陷而必须对产品进行重新设计时，还需要进行设计工艺性分析，这种分析的结果，不仅可以降低制造成本或缩短周期，同时还有助于开展对未来产品设计工艺性的初步估计。

3.5.7 设计工艺性分析检查项目

设计工艺性审查时可参考以下分析检查项目。各单位、各专业、不同产品可根据技术发展、制造条件变化等动态增补、完善其内容。

（1）设计的一般方面

1）有没有代替的设计方案，是否选择最简单和最容易生产的方案；

2）设计是不是超过了目前制造技术水平；

3）设计是不是有助于应用简单且经济的工艺方法；

4）这个项目是否已有现成设计；

5）设计是不是规定了采用有专利的零件或专利的工艺方法；

6）这个项目在功能上是不是被设计得过头或是设计得不足；

7）如果重新设计能否取消某些东西；

8）有没有多余动作或动力的浪费；

9）设计能否简化；

10）能否使差异甚微的零件改成同一零件；

11）能否较大限度地采用折中权衡；

12）有没有一个比较便宜的零件可以完成同样的功能；

13）能否使所设计的零件用于其他装备；

14）能否减轻重量；

15）是否有成本较低的类似设计；

16）能否使这项设计得到更多的功能；

17）对设计和功能而言，质量保证条款是否过于严厉；

18）能否将数个零件合并为一个满足最后形状的零件；

19）是否充分考虑了产品安全性。

（2）技术规范和标准

1）此项设计能否最大限度地标准化；

2）此项设计是否适于最大限度地使用标准或通用工艺装备；

3）有没有标准件可以代替一项要制造的零件；

4）某些技术规范能否放宽或取消；

5）是否最大限度地使用标准的结构、硬件；

6）是否最大限度地使用标准计量器具；

7）是否最大限度地使用库存材料和库存件；

8）工艺种类的选择是否符合相关标准规定；

9）工艺技术规范能否放宽；

10）规范和标准是否适用于设定的产品环境。

（3）设计图样

1）图样所注尺寸是否适当和完全；

2）容差（含尺寸公差和形位公差）是否现实和可以生产，并且不高于功能所要求的程度；

3）容差是否符合多数制造方法的能力；

4）表面粗糙度的要求是否现实和可以生产，并且不高于功能本身的要求；

5）成形、弯曲、倒角、边缘半径、配合、孔径、间隙、O形环槽、刀具半径等是否标准和一致；

6）所有紧固件预紧力矩要求等是否合适；

7）对于电缆间隙、工具间隙、部件安装空间、插头连接间隙等是否满足要求；

8）是否正确引用所有必需的技术规范；

9）胶粘剂、密封剂、灌封剂、固化剂、底漆、复合材料、树脂、面漆、塑料、橡胶、成型件和管道，是否属于适当的和可接受的；

10）是否防止了电位腐蚀及腐蚀液体的侵入；

11）是否最小限度地采用焊接，并且焊接可达性好；

12）焊接标记是否正确；

13）重要零件的设计图样中是否已规定打硬度的位置和打磨深度；

14）局部淬火、局部回火或退火的零件，在设计图样中是否规定了过渡区；

15）对磁性材料的热处理，是否规定了热处理后的主要磁性能指标；

16）对脱碳层有特殊要求的热处理零件，在设计图样中是否注明了脱碳层的所在部位、深度及检验方法；

17）对由不同材料零件焊接装配的部件，在设计图样中是否注明了以哪一种材料为主进行热处理；

18）对造成氢脆、腐蚀的设计问题或类似的情况，是否已经避免；

19）润滑脂（液）是否合适；

20）对功能系统可能发生的污染是否妥善控制了；

21）寿命有限的材料是否明确，它们的更换是否无困难；

22）对射频干扰（RFI）有无屏蔽，是否备有电的及静电的连接通路；

23）是否有备用的插接接头；

24）对最大载荷、压力、热量、非飞行件、彩色标记、动力、危险处，在图样中是否已确定并有标示；

25）图样上包含的技术规范是否过于杂乱，使制造人员难以理解；

26）是否所有的设计技术状态的可能方案均已表示出来；

27）加工、制造是否安全。

（4）材料

1）所选用的材料是否超出了要求；

2）是否能在需要时间内获得全部材料；

3）特殊规格的材料和替代材料是否已确定，来源是否可靠并已与必要的组织机构协调过；

4）设计规范是否过分严格或禁止使用新的或替代的材料；

5）设计上是否规定了特别的形状，因而需要大量机械加工或特殊的生产技术；

6）规定的材料是否很难或不可能很经济地制造出来；

7）规定的材料能否得到足够的需要量；

8）设计是否有充分的灵活性，以便使用多种工艺方法和材料，而不至于降低最终产品的功能；

9）能否使用比较便宜的材料；

10）能否减少不同材料的品种；

11）能否使用较小规格的材料；

12）能否应用另一种易于机械加工的材料；

13）能否避免使用未经鉴定确认或以往使用中曾经出过问题且尚未解决的材料；

14）在有可能的地方是否规定了替代材料；

15）所有材料和替代材料是否都与打算采用的制造方法相容。

（5）制造方法

1）设计是否包含不必要的机械加工要求；

2）对金属应力状态、平面度、直线度、四角半径、铸件结构基本要素及其他类似的设计要求，是否采用了适当的设计规范；

3）在采用锻造、铸造、机械加工和其他制造方法方面，设计是否带来不必要的困难；

4）设计规范是否过分地把生产人员制约于某一种制造方法；

5）零件能否经济地组装；

6）在制造时需吊装和夹持的零件是否有相应的位置；

7）在生产时是否需要昂贵的特种工装和设备；

8）是否规定了最经济的生产方法；

9）在制造和搬运过程中，是否引入了专门的搬运装置或方法，来保护关键的或敏感的零件；

10）特种技能、设备和装备是否已经确定了，并已与有关的单位协调一致；

11）零件能否容易地拆除或分解，并能容易地重新安装或重新装配而不需要特殊的设备和工装；

12）设计是否与正常生产流程相适应；

13）是否考虑了在生产过程中的计量困难；

14）根据设计文件是否足以完整地确定生产所需要的设备和工装；

15）特殊的设施是否完全；

16）能否采用较简单的制造方法；

17）是否采用了尺寸奇特的孔型和曲面；

18）在采用加工到最后形状方法的情况下，有没有规定可以替代的方法；

19）能否采用其他紧固件以减少攻丝；

20）能否采用焊接螺母以代替攻丝孔；

21）是否可以省略机械加工面；

22）能否采用滚压销钉以减少铰孔；

23）在最后加工要求中，是否禁止采用经济的加工速度和进给量；

24）加工方法是否与产量要求相一致；

25）在设计约束的范围内，是否有替代的工艺方法。

（6）连接方法

1）在连接过程中，所有零件是否都容易接近；

2）在装配和其他连接操作时，是否由于空间狭窄或其他原因而难以进行或者根本不可能进行；

3）能否将两个或者更多的零件合并为一个零件；

4）有无最新开发的或者不同的紧固件，可以提高装配可靠性或加快装配工作；

5）能否将装配硬件规格的数量减到最少；

6）能否以改变设计来改进零件的装配或（部件的）分解；

7）能否改进设计以减少安装或维修的问题；

8）当规定采用热连接方法时，是否考虑到热影响区的问题。

（7）涂（镀）覆材料和方法

1）是否考虑了镀覆及化学处理引起氢脆、氧脆、镉脆或类似的隐患；

2）是否从材料、保护方法、制造和装配方法等观点，考虑了适当的防腐蚀问题；

3）对特殊的保护性光饰（表面处理）要求是否经过验证，并有（符合）规定的结果；

4）可否取消那些特殊的涂（镀）覆和表面处理；

5）能否采用预涂（镀）覆好的材料。

（8）热处理和清洗方法

对于产品设计：

1）热处理的技术要求是否与材料相适应；

2）是否有不允许进行热处理的具有封闭内腔的零件或部件；

3）轴类零件的长径比是否过大；

4）是否避免采用较深的盲孔及壁厚悬殊的结构，以减少零件淬火后的硬度不均匀性；

5）是否避免锐边、尖角、薄壁、断面突变等容易开裂的结构；

6）零件结构是否力求简单、对称，以避免变形。

对于工序协作：

1）在热处理之后，是否规定了机械加工工序，材料是否容易机械加工；

2）对整个生产中包含的热处理和清洗工序，以及这些工序与其他生产领域的关系是否都经过审查；

3）热处理工序是否规定得合适；

4）安排的工艺路线是否与制造要求（直线度、平面度等）相一致。

（9）安全性

1）在设计文件中是否规定了静电接地的要求；

2）对易于引爆的项目是否建立了必需的安全措施；

3）设计中是否执行了防射频干扰的要求；

4）对某些材料的加工，例如镁合金、铍青铜等，是否考虑了必需的安全要求；

5）产品制造、使用安全性是否充分考虑。

（10）环境污染与防治

1）在设计和生产中是否选用了会造成环境污染的材料，例如铍材、含铬酸盐涂料、含苯化合物、致癌物等，能否以无毒材料替代或将其数量减到最少，并对污染性废物进行充分的处理；

2）在设计中是否选用了会造成环境污染的工艺方法和试验方法，例如氰化电镀、电镀镉、用硝酸酸洗铜合金件、大功率电磁波发射试验等，是否采取了相应的污染防治措施并达到法定排放标准。

（11）环境要求

1）为满足热的、潮湿的或其他特殊环境要求，是否采用了适当的措施；

2）适当的加热或降温是否被确定和执行。

（12）检验和试验

1）检验和试验要求是否过分；

2）规定的特殊检验设备是否超过实际要求；

3）某些项目能否用常规实用的方法来检验；

4）是否提供了必需的图样或模型；

5）生产部门有无现成的经过校正的、被证实的并符合图样要求的特种或标准的试验与检验设备；

6）常用的计量器具、测试设备是否齐套；

7）是否采用了无损检测技术；

8）对功能件每种操作方法的校正、检查、试验、验证，是否有适当的措施；

9）是否需要非标准的试验设备。

第4章 工艺评价

航天产品研制是一项复杂的系统工程，工艺在产品研制过程中处于关键地位，工艺技术水平决定了产品的可靠性、安全性和质量稳定性。以往，对产品工艺一般采用定性分析的方法，评估结果与评估者的技术水平、认知能力、工作经验等有很大关系，量化分析不够是航天产品质量保证的缺陷和隐患。

为了促进航天产品工艺工作的完整实施，稳步提升航天企业工艺工作的质量和水平，按照过程型指标和结果型指标、工艺成熟度评估要素及其等级划分等方法，制定产品工艺评价、项目工艺评价、单位工艺评价等三个维度的评价准则，以此查找航天单位在工艺工作中存在的问题，精准施策保证产品质量。

4.1 工艺评价内涵

工艺体系包括工艺技术体系和工艺管理体系两个方面。工艺评价是对工艺体系中的过程型指标和结果型指标，按工艺成熟度评估要素及其等级划分原则，把每个要素作为一个集合，对所有集合的相交情况进行统计分析，形成工艺评价指数，按工艺评价的准则，评估工艺状况、能力、水平，提升工艺对产品质量的保证能力。

工艺评价应实事求是，确保数据系统、全面、完整、充分、真实、准确，评价过程公开透明，评价结果公开公正，客观反映工艺工作状况。

4.2 工艺评价范围

工艺评价包括产品工艺、项目工艺、单位工艺等评价，适用于航天系统科研生产单位工艺工作评价。

4.2.1 产品工艺评价

产品工艺评价旨在提高产品工艺水平，系统、科学地评价产品工艺要素的落实情况，掌握产品工艺现状，查找存在问题，明确工作目标和努力方向。

产品工艺工作评价指标包括设计工艺性评价指数、制造成熟度指数、工艺技术先进性指数、工装覆盖性指数和产品生产过程的禁限用工艺落实等情况。

4.2.1.1 产品设计工艺性评价

产品一般分为机械类产品和机电类产品。产品设计工艺性准则要素划分为机械类产品设计工艺性评价准则要素和机电类产品设计工艺性评价准则要素，产品设计工艺性评价准则要素及评分标准见附录 1。根据被评价产品特点和产品具体情况，对照评价准则分别评判各要素得分，评价准则应充分、适宜，应以采集的各项数据、资料、事实等为依据。各要素评价完成后，计算设计工艺性评价指数（S），$S = \sum$（所选工艺性要素评价得分）$/ \sum$（所选要素满分）$\times 30$。

4.2.1.2 制造成熟度指数评价

根据航天产品的特点，将制造成熟度划分为 10 个等级，制造成熟度等级定义及基本条件（见表 4-1）。产品制造成熟度评价首先按照产品研制、生产阶段和技术、制造状况，结合被评价产品实际，初步判断本产品制造成熟度等级。参照《产品制造成熟度评价等级及评价方法》（见附录 2）中的 n 级条件制定 n 级条件评判标准。逐项进行判断，结论为"符合"或"不符合"两种，填入"判断结论"栏，并将判断理由和证据填入"条件符合性说明"栏。若 n 级判断中存在"不符合"项目，由降级 $n-1$ 级重新判断，直到全部项目符合条件的等级，即确定为该级为本产品的制造成熟度等级。产品的制造成熟度等级确定后，计算产品制造成熟度指数（Z），$Z =$（产品制造成熟度等级$/10$）$\times 30$。

表 4-1 制造成熟度等级定义及基本条件

等级	定 义	基本条件、评价标准
1	明确制造基本含义	开展基础性研究，提出研究方向并探索可能的实现途径
2	明确制造概念	1) 开展应用性研究，提出新的制造概念及其广泛性的军事应用； 2) 识别其中的新材料、新工艺并开展理论性研究
3	完成制造概念可行性论证	1) 提出顶层工艺流程图（工艺策划）； 2) 初步论证影响生产性的关键工艺和关键物料； 3) 通过分析和实验确认制造概念
4	具备在实验室环境下制造技术物化载体的能力	1) 完成对设计方案的生产性初步评价； 2) 初步论证关键、重要特性以及与之相关的工艺、制造设备、生产设施、人员技能等要求； 3) 完成关键工艺调研和评估，细化工艺流程，识别流程变量； 4) 初步确立成本目标并明确影响因素； 5) 初步评估制造风险并制定风险应对初步计划； 6) 相应的技术成熟度等级达到 4 级
5	具备在生产相关环境下制造部件原型的能力	1) 初步评价工业基础能力，识别可能的配套厂家； 2) 完善关键、重要特性论证，识别关键、重要件，并开展相应的生产性初步评价； 3) 初步完成工序能力要求论证； 4) 部件原型通过在生产相关环境下的制造，以验证关键工艺、物料、制造设备、生产设施、人员技能并提出开发需求； 5) 建立成本模型框架； 6) 评估制造风险并完善风险应对计划； 7) 相应的技术成熟度等级达到 5 级

续表

等级	定　义	基本条件、评价标准
6	具备在生产相关环境下制造分系统或系统原型的能力	1)完成转工程研制所需的工业基础能力评价; 2)完成关键、重要件(技术)的生产性评价; 3)评估生产相关环境下的合格率与生产率,完善工序能力要求论证; 4)通过分系统原型或系统原型在生产相关环境下的制造,验证关键工艺、物料、制造设备、生产设施、人员技能并提出进一步开发需求; 5)分析制造成本因素; 6)识别生产提前期长的物料; 7)完善制造风险评估和风险应对计划; 8)相应的技术成熟度等级达到 6 级
7	具备在生产典型环境下制造系统、分系统或部件的能力	1)完成生产性的详细权衡研究,基本完成详细设计; 2)评估生产典型环境下的合格率与生产率,持续完善工序能力要求论证; 3)通过系统、分系统或部件在生产典型环境下的制造,验证工艺; 4)已批准试生产所用的物料技术条件(产品规范); 5)启动生产用工装和专用试验检测设备的研制; 6)完善成本模型至系统级,初步开展成本缩减工作; 7)评估关键配套厂家的供应能力和质量管理体系; 8)针对生产提前期长的物料,制定适宜的采购计划; 9)确定初步的制造计划和质量目标; 10)细化制造风险评估和风险应对计划; 11)相应的技术成熟度等级达到 7 级
8	完成试生产,具备小批量生产的能力	1)完成转小批量生产所需的工业基础能力评价; 2)完成全部详细设计且设计更改相对稳定,对小批量生产影响小; 3)制造过程受控,工序能力指数达标; 4)通过试生产,验证工艺、物料、制造设备、生产设施、人员技能; 5)完成生产用工装和专用试验检测设备的研制; 6)生产准备符合小批量生产需求; 7)根据试生产结果,完善合格率与生产率要求、成本模型; 8)完成配套产品的首件鉴定和质量检验,建立满足小批量生产的供应链; 9)确认小批量生产无重大风险; 10)相应的技术成熟度等级达到 7 级
9	完成小批量生产,具备大批量生产或稳定生产的能力	1)设计已固化并通过使用考核; 2)工艺稳定、受控,合格率与生产率达标; 3)物料、制造设备、生产设施、人员达到预定目标并满足大批量生产或稳定生产需求; 4)根据小批量生产数据积累,完善成本模型,持续开展成本缩减工作; 5)确认对大批量生产或稳定生产无重大风险; 6)相应的技术成熟度等级达到 9 级
10	完成大批量生产或稳定生产验证,贯彻实施精益求精生产	1)产品满足性能要求及改进升级、延寿等需求; 2)工艺稳定、受控,合格率与生产率达标; 3)物料、制造设备、生产设施、人员符合大批量生产或稳定生产要求; 4)成本满足目标; 5)开展持续改进工作,建立精益生产体系; 6)相应的技术成熟度等级达到 9 级

4.2.1.3 产品工艺技术先进性评价

按中国航天专业技术体系的技术专业和技术门类，研究、分析航天产品科研生产工艺过程所涉及的工艺技术情况，对每项工艺技术进行评价，首先评价该技术在集团/行业内所处的水平，分别为落后（分数－1）、一般（分数0）、先进（分数1）、领先（分数3），然后判断该技术在国内所处的水平，落后（分数－1）、一般（分数0）、先进（分数1）、领先（分数3）。

各单项工艺技术评价之后，将各项得分累加，计算出技术先进性指数（X）

$$X = \sum (每项技术先进性得分) / \sum (各项技术满分) \times 30$$

4.2.1.4 工装覆盖性评价

工装覆盖性是指产品制造过程中，按照工装配置原则，配置工装符合要求的自制件种数与需要配置工装的自制件种数的比值。工装覆盖性为100％时，代表着按照工装配置原则，需要配置工装的产品均按要求配置了工装。计算公式为

$$工装覆盖性 = \frac{配置工装到位的自制件种数}{需要配置工装的自制件种数} \times 100\%$$

工装覆盖性为扣分项，每存在1种产品覆盖性不足100％的，扣1分。

4.2.1.5 禁（限）用工艺评价

对航天产品禁（限）用工艺的评价是对照本单位和上级（院、集团）发布的《航天产品禁（限）用工艺目录》，检查本产品在生产过程中是否存在禁限用工艺现象，如果存在，其禁限用工艺指数（J）计算按以下公式

$$J = 0.1^M \times 0.9^N$$

式中，M 为采用禁用工艺项数；N 为采用限用工艺项数。

4.2.1.6 产品工艺工作评价得分计算

按产品工艺工作评价计算公式

$$P = (S + Z + X + G) \times J$$

得出评价的最终得分，编写产品评价报告。产品评价报告格式如下：

××产品工艺评价报告

一、概述

简要介绍参评产品的基本情况和本次产品工艺评价任务来源、背景。

二、评价目的

简要描述评价背景、目的和范围。

三、评价组织

简要描述评价人员组成及职责。

四、参评产品信息

简要介绍参评产品的功能性能、主要构成、所属系统及与其他产品的关系、生产目标（适宜的数量、进度、质量和费用目标），当前状态和目标实现情况等。同时评价多产品，应分别描述。

五、评价过程

（一）产品设计工艺性评价

1. 根据参评产品信息，判断被评价产品类型为机械类产品还是机电类产品。

2. 按照不同产品的设计工艺性评价标准，参考被评价方提供的判断证据，逐项判断，说明理由，并以如下表格形式体现：

序号	评价内容	标准分值	评价得分	评判理由
1				
2				
...				

3. 列出产品设计工艺性评价指数（S）计算公式

$$S = \sum(\text{所选工艺性要素评价得分}) / \sum(\text{所选要素满分}) \times 30$$

代入数据计算处得分。

4. 设计工艺性存在的问题和建议。

简要描述根据评价过程发现的设计工艺性存在的问题，并提出改进建议。

（二）制造成熟度等级评价

1. 初步确定成熟度等级 n

描述根据"制造成熟度等级定义及基本条件"初步判断制造成熟度等级情况，初步确定本产品制造成熟度等级为 n 级。

2. 确定等级的分析说明

以列表形式说明等级条件的审查情况和支撑信息。按 n 级、$n+1$ 级……$n-1$ 级……每一等级设立一张表格，其中与附录2相应等级的评判条件中与本产品不适宜且被删减的，应阐述其删减的理由，表格样式如下所示。所需表格数量按评价需求确定。

序号	参评产品名称				等级	
	评价项目大类	评价项目小类	具体化等级条件	审查结论	条件符合性说明	支撑信息
1	填写评价项目大类名称	填写评价项目小类名称	填写参评产品的适用等级条件	填写符合或不符合	符合的，简要说明符合原因；不符合的，除符合内容外，着重说明不符合的内容	给出信息索引（文档编号优先）
2						
...						

首先判断并描述 n 级成熟度的符合性，有不符合项，则按上一级 $n-1$ 级条件进行判断并描述其结果，直到全部符合为止；全部符合 n 级条件则按下一级 $n+1$ 级条件进行判断并描述其结果，直到有不符合项为止，根据上述详细分析判断，确定产品制造成熟度等级。

3. 计算产品制造成熟度指数（Z）

$$Z =（产品制造成熟度等级 /10）\times 30$$

4. 制造成熟度等级提升说明

根据等级判定情况，简要描述影响制造成熟等级提升的关键因素，并简要分析问题原因。

5. 后续工作需要关注的方向

根据前一条内容，简要说明提升制造成熟度等级的可能方向和内容规划。

（三）工艺技术先进性评价

1. 产品所使用工艺技术种类情况

根据产品工艺文件，统计其生产工艺过程所涉及的工艺技术情况，列入下表：

序号	工艺技术门类	在集团所处水平	在国内所处水平	技术成本	得分	备注
1						
2						
...						

2. 判断每一项技术分别在集团和国内所处的水平和技术成本，并根据得分标准填入单项得分分值。

3. 计算工艺技术先进性指数（X）

按照公式

$$X = \sum（每项技术先进性得分）/ \sum（各项技术满分）\times 30$$

得出工艺技术先进性指数值。

4. 工艺技术改进建议

根据产品生产所用工艺技术先进性判断情况，结合技术成本，提出改进建议。

（四）工装覆盖性评价

1. 计算工装覆盖性

2. 提出对工装整改、提升的建议

（五）禁（限）用工艺情况

1. 清查禁（限）用工艺

根据本产品生产的工艺文件对照本单位和上级（院、集团）发布的《航天产品禁（限）用工艺目录》，描述所清理出的禁限用工艺情况。

2. 禁（限）用工艺指数（J）计算

如果查处被评价产品生产过程中存在禁（限）用工艺，则按照 $J=0.1^{M} \times 0.9^{N}$ 计算出禁（限）用工艺指数。

　　3. 对禁（限）用工艺的整改要求

　　针对存在禁用工艺的，提出整改要求，并明确整改期限；对存在限用工艺的提出整改或控制措施建议。

六、评价结果计算

将上述评价得分代入产品工艺工作评价指标计算公式

$$P = (S + Z + X + G) \times J$$

得出评价结果。

七、总结与建议

（一）评价结论

综合各产品工艺评价情况，给出对本次评价活动的被评价方产品工艺评价结论。

（二）建议

提出后续提升产品设计和制造中工艺工作意见、控制设计和制造风险的工作设想或建议。

4.2.2　项目工艺评价

　　一个项目可分为若干阶段，每一个阶段一般在成功地完成规定的特定活动后，才能将航天产品由一个阶段转到另一个阶段。项目工艺工作评价是为了了解项目在每个阶段中工艺工作能力和水平，促进企业在项目研制生产的每个阶段中规范有序开展工艺工作，为有效保障项目科研生产的正常进行提供支撑。

4.2.2.1　项目阶段划分

　　航天产品项目的阶段划分按 QJ 3133《航天产品项目阶段划分和策划》，分为任务需要分析阶段、可行性论证阶段、方案设计阶段、工程研制阶段（包括初样研制、试样研制）、设计定型阶段（设计定型）、生产阶段（工艺定型）、批量生产阶段、售后服务阶段。项目各阶段划分标志见表 4 - 2。

表 4 - 2　项目的阶段划分表

项目阶段划分		完成主要标志
任务需要分析		提出战术技术指标初步要求
可行性论证		可行性论证报告
方案设计		研制任务书
工程研制	初样研制	初步评审通过
	试样研制	试样评审及飞行试验成功
设计定型	验证及鉴定试验	地面鉴定试验及飞行试验成功
	设计定型及工艺定型	评审通过，国家定型委员会批准
生产阶段		批生产工艺定型，合格产品

续表

项目阶段划分	完成主要标志
批量生产	合格产品
售后服务	满足用户使用要求，并反馈给承制方改进意见

4.2.2.2 项目评价内容

项目工艺评价分为任务需要分析阶段工艺评价、可行性论证阶段工艺评价、方案设计阶段工艺评价、工程研制阶段（包括初样研制、试样研制）工艺评价、设计定型阶段（设计定型）工艺评价、生产阶段（工艺定型）工艺评价、批量生产阶段工艺评价、售后服务阶段工艺评价。

（1）任务需要分析阶段评价内容

主要根据航天产品中长期规划，订货方为主，承制方参加，对战术技术指标初步要求，以项目框架合同或协议形式对任务需求加以确认，其内容一般包括任务、合作者、承制方的工作范围、周期、外部接口需求、应用现有技术成果和目标经费预算等。任务需求分析应经过评审后，形成任务需求分析报告（综合立项论证报告）。重点评价综合立项论证报告质量。

（2）可行性论证阶段评价内容

根据订货方和承制方签订的合同或业务协议，对战术技术指标的合理性和指标间的匹配性进行应用、效能、经济性和研制周期等综合分析，并提出分析报告。确定关键技术和特征，并对技术性能、不确定性和风险程度进行预测。重点评价型号可行性论证情况和方案设想，对国内外有关新工艺、新技术应用情况进行调研，提出工艺关键技术方案设想。提出拟采用的新工艺、新材料项目，开展技术及应用情况调研。提出工艺研究的主攻方向，开展工艺预研项目技术研究。提出型号研制生产工艺布局规划及重大技术改造项目设想。重点评价设计方案，工艺关键技术方案，新工艺、新材料，工艺研究项目等内容。

（3）方案设计阶段评价内容

根据订货方和承制方签订的合同或协议，开展项目策划，明确项目阶段划分，确定阶段界线、评审计划、模型原理、供货和需要的日期、与外部接口的相关关系，进行产品研制方案设计。此阶段主要从工艺可行性分析，新工艺、新材料，工艺攻关、工艺研究，工艺试验，外协项目，生产工艺条件，设计文件工艺性分析与审查，工艺规程，工装及非标设备，工艺技术交底，工艺技术问题归零，工艺总结，工艺技术状态，工艺文件等方面进行评价。

（4）工程研制阶段（包括初样研制、试样研制）评价内容

根据与订货方签订的研制合同开展研制工作。本阶段主要评价内容包括设计状态，工艺总方案，设计工艺性分析，外协项目管理，工艺攻关情况，工艺试验，生产工艺条件，工装及非标设备配备，工艺技术问题归零，工艺文件，工艺优化（细化），工艺总结，工艺技术管理等。

（5）设计定型阶段（设计定型）评价内容

以《研制任务书》为依据，结合研制设计定型工作，确定设计定型技术状态，生产出实现规定状态的试样产品供鉴定。本阶段主要评价内容包括定型设计状态，设计工艺性分析，外协项目管理，工艺总方案，工艺文件，工艺攻关情况，工艺试验，工装及非标设备配备，工艺技术问题归零，工艺总结，工艺技术管理等。

（6）生产阶段（工艺定型）评价内容

产品设计定型后，如需批量生产，需进行试生产。试生产的技术文件是设计定型后的状态，本阶段主要工作是对产品批量生产条件的全面考核，以确认是否符合批量生产的要求。评价内容包括工艺总方案，工艺文件完整性，工艺优化情况，工装及非标设备配备，工艺问题归零，工艺总结，工艺技术管理，工艺定型等。

（7）批量生产阶段评价内容

批量生产是在设计定型、工艺定型后进行。本阶段评价内容包括工艺总方案，生产工艺条件配备，工装及非标设备配备，工艺文件优化（细化），首件鉴定管理，工艺问题归零，工艺总结，工艺技术管理等。

（8）售后服务阶段评价内容

产品交付后的服务评价内容包括参与型号交付后的巡检巡修情况，技术培训，技术保障，技术问题归零等。

具体项目工艺工作评价内容及评价方法见附录 3。

4.2.2.3　项目评价结果

项目工艺工作评价结果以评价指数（M）来呈现。某一项目工艺工作评价指数 M 为该项目所有承制单位项目工艺工作评价指数总和的平均值。即

$$M = \sum_{i=1}^{n} \frac{M_i}{n}$$

式中　M——项目工艺工作评价指数；

　　　n——被评价项目的承制单位数；

　　　M_i——承制单位项目产品工艺工作评价指数。

M_i =（应评价项目分值之和－应评价项目中缺项分值之和－评价项目的减分值之和）/应评价项目的总分值×100%。

项目工艺工作评价分为优、良、一般、不合格四个等级，具体确定规定及相应含义见表 4-3。

表 4-3　项目工艺工作评价等级确定规则及相应的含义

等级	确定规则	含义
优	评价指数 M≥90% 的为优	项目工艺管理充分、适宜、有效，工艺工作按要求细化实施，全面落实，实施方法有效，形成了持续改进、自我完善的工作机制。项目工艺保证能力充分、协同

续表

等级	确定规则	含义
良	75%≤评价指数 M<90%	项目工艺管理系统、完整、规范、有序,工艺工作按要求实施,能落实到位,有实施方法。项目工艺保证能力良好
一般	60%≤评价指数 M<75%	项目工艺管理不健全、不完善。工艺工作要求明确,但未细化实施,落实不到位,有较大的改进空间。项目工艺保证能力有限
不合格	评价指数 M<60%	项目工艺管理无序、随意、混乱,无完整的工艺管理制度、规范。项目工艺工作不落实。项目工艺保证能力不符合要求

项目评价报告格式如下。

××项目工艺工作评价报告

一、概述

简要介绍评价项目的基本情况和本次评价任务来源、背景。

二、评价实施情况

(一)评价目的

简要描述评价背景、目的和范围。

(二)评价组织

简要描述评价人员组成及职责。

(三)评价过程

收集、分析和整理项目产品工艺工作的内容,主要有技术成熟度、工艺、工装、设备设施、工艺管理、制造管理和质量管理等支撑评价的信息,依据附录3项目工艺工作评价指标采集,逐项分析判定,打出评价分值,说明判断理由,并以如下表格形式体现:

序号	评价内容	标准分值	得分	自评判理由
1				
2				
…				

三、评价方评价情况

项目工艺工作评价内容及评价方法(见附录3),对型号按做了、要求符合、按时做了进行评价。型号工艺工作评价结果以评价指数(M)来呈现

$$M = \sum_{i=1}^{n} \frac{M_i}{n}$$

按表4-3项目工艺工作评价等级确定规则,给出项目工艺评价,评价出项目工艺问题影响程度。

四、评价结论及建议

综合项目工艺评价情况，给出对本次评价活动的被评价方项目工艺评价结论。提出后续项目工艺工作意见和建议。

4.2.3　单位工艺评价

为进一步加强单位工艺工作，健全和完善工艺工作评价机制，科学、正确、合理地评估单位工艺工作能力和水平，提升工艺保证能力。工艺工作评价遵循规范、求实的原则，确保数据真实准确，评价过程公开透明，评价结果公正公开，客观反映单位工艺工作现状。

依据国家工艺工作有关要求与集团公司工艺工作规则制定《工艺工作评价指标体系》（简称《指标体系》），见表 4-4，依据《指标体系》开展测评。《指标体系》由指标项和权重两部分构成。指标项按照层次依次为一级、二级和三级指标项，三级指标项下细分为数据采集项。指标项根据评价侧重点不同分为工艺管理水平评价、工艺技术水平评价、产品工艺水平评价三大类。

表 4-4　工艺工作水平评价指标体系（指标项）

一级指标(权重)	二级指标(权重)	三级指标(权重)
1. 工艺管理水平评价(0.3)	1.1 综合基础工艺管理水平(0.3)	1.1.1 工艺规划与落实(0.2)
		1.1.2 工艺队伍建设(0.2)
		1.1.3 工艺规章体系建设(0.1)
		1.1.4 工艺投入(0.2)
		1.1.5 工艺规程编制规范体系建设(0.1)
		1.1.6 工艺标准体系(0.1)
		1.1.7 工艺工作绩效考核(0.1)
	1.2 产品工艺管理水平(0.4)	1.2.1 产品工艺工作策划与落实(0.2)
		1.2.2 产品设计工艺协同管理(0.2)
		1.2.3 产品工艺攻关、优化管理(0.2)
		1.2.4 产品生产过程管控(0.25)
		1.2.5 产品工艺准备管理(0.15)
	1.3 工艺创新管理水平(0.3)	1.3.1 工艺创新课题管理(0.3)
		1.3.2 工艺创新平台建设(0.2)
		1.3.3 新工艺、新材料技术研究管理(0.3)
		1.3.4 工艺成果及知识产权管理(0.2)

续表

一级指标(权重)	二级指标(权重)	三级指标(权重)
2. 工艺技术水平评价(0.4)	2.1 工艺专业技术水平(0.4)	2.1.1 工艺技术体系覆盖水平(0.3)
		2.1.2 现有工艺专业技术水平(0.4)
		2.1.3 协作配套单位工艺专业技术水平(0.3)
	2.2 工艺装备技术水平(0.3)	2.2.1 工装配置原则制定及实施(0.3)
		2.2.2 工艺相关工装、设备、工具投入经费比例(0.3)
		2.2.3 工艺装备生产条件水平(0.4)
	2.3 工艺自动化、智能化水平(0.3)	2.3.1 设计工艺协同平台应用率(0.2)
		2.3.2 工序自动化率(0.2)
		2.3.3 生产过程自动检测率(0.2)
		2.3.4 生产车间设备联网覆盖率(0.2)
		2.3.5 MES应用情况(0.2)
3. 产品工艺水平评价(0.3)	3.1 产品工艺质量控制水平(0.4)	3.1.1 工艺问题导致产品不合格品率(0.5)
		3.1.2 工艺质量问题闭环管理水平(0.5)
	3.2 产品工艺过程管理水平(0.6)	3.2.1 产品设计工艺性水平(0.2)
		3.2.2 产品制造成熟度水平(0.2)
		3.2.3 工艺技术先进性水平(0.2)
		3.2.4 工装覆盖性水平(0.2)
		3.2.5 禁限用工艺管控水平(0.2)

集团公司依据《指标体系》，结合年度工艺工作实际，制定年度《工艺工作评价指标采集表》（简称《采集表》），形成年度采集项。单位填报数据应能体现企业工艺工作整体情况，其中涉及经费投入、人员队伍、产品质量及成本相关数据采集时，应积极协同相关部门进行采集，确保数据真实、准确。

单位工艺工作评价指数（I_a）由集团公司评价指标计算得出，计算方法如下：

从集团公司评价指标最具体的数据项开始，逐项分层加权计算，形成各数据采集单位工艺工作评价指数（I_a），计算公式如下

$$I_a = \sum^n \left\{ \left[\sum^m \sum^p \left(\sum^q R_{kl} * W_{jk} \right) \right] * W_{ij} \right\} * W_i$$

式中　n ——一级指标个数；

m ——第 i 个一级指标下的二级指标个数；

p ——第 j 个二级指标下的三级指标个数；

q ——第 k 个三级指标下的数据项个数；

R_{kl} ——第 k 项三级指标下的第 l 个数据项的得分（满分100分）；

W_{jk} ——第 k 项三级指标在第 j 项二级指标中的权重；

W_{ij} ——第 j 项二级指标在第 i 项一级指标中的权重；

W_i ——第 i 项一级指标的权重。

参照评价结果将集团公司单位工艺工作绩效划分为五个等级，各等级对应的工艺工作由集团公司根据工艺工作等级制定的《工艺工作水平定级标准》（见表 4 - 5，简称《定级标准》）确定。

每个等级由典型评价指数与若干特征指标组成，各等级对应的典型评价指数为：第五级 90 分以上、第四级 80～89 分、第三级 70～79 分、第二级 60～69 分、第一级 60 分以下，特征指标定义了相应等级应具备的特征。集团公司组织对企业评价指数对应等级的特征指数进行复核，特征指标不满足，下调一个等级。

表 4 - 5　工艺工作水平评价定级标准

等级	发展等级描述	等级特征
第一级	单位工艺工作处于起步阶段，工艺管理信息化水平不高，工艺人员培训和研究经费投入极少，手工工序居多，产品质量难以有效保证	• 典型指数：60 分以下 • 工艺技术和管理水平较低 • 工艺数字化建设应用程度不高 • 手工工序比例较高
第二级	单位工艺工作处于初步建设阶段，初步建立了满足单位发展需求的工艺技术体系框架和工艺投入长效机制，建立了适应数字化制造的工艺工作流程，突破了制约产品小批量生产的工艺瓶颈	• 典型指数：60～69 分 • 工艺技术和管理体系初具规模 • 初步建设应用数字化技术 • 满足产品小批量生产需求
第三级	单位工艺工作处于全面发展阶段，部分专业技术水平国内领先，具备产品制造工艺快速响应能力，工艺技术成果实现应用及产业化，工艺研发创新能力大幅提升，典型产品制造成本同比下降 20%～30%	• 典型指数：70～79 分 • 工艺技术和管理体系持续发展 • 形成工艺投入长效机制 • 数字化制造技术逐步应用
第四级	单位工艺工作处于转型升级阶段，建成先进适用、满足单位发展战略需求的工艺技术体系，核心工艺专业技术水平达到国际先进，重点专业整体技术水平达到国内领先；数字化制造技术普遍应用，快速响应能力大幅提升，生产制造能力同比翻番，核心制造能力国内领先；工艺人才梯队结构合理，技术水平国内领先，培养出国际、国内工艺专家和有影响力的工艺领军人才若干；创建一批国内领先的工艺创新平台，形成一批国际先进、国内领先的工艺科技成果，数量同比增加 30% 以上	• 典型指数：80～89 分 • 工艺技术和管理体系满足企业发展需求 • 工艺技术成果实现应用及产业化 • 数字化应用水平大幅提升，建成若干数字化柔性生产线 • 产品研制生产效率大幅提升 • 工艺人员队伍水平大幅提升
第五级	单位工艺工作处于集成发展阶段，数字化制造全面普及，工艺技术与在线制造、检测装备高度集成，工艺专业水平国际先进；数字化柔性生产线高效运行，核心和生产制造能力国际先进；工艺大师、知名专家、领军人才辈出，全面引领、支撑工艺技术发展；工艺成果快速应用，部分成果达到世界领先	• 典型指数：90 分以上 • 工艺技术与自动化装备高度集成 • 智能制造水平大幅提升，建成若干智能制造生产线 • 产品质量 PPM 达到个位数 • 基于数字样机的三维设计制造周期大幅缩短，新研产品一次合格

评价报告公布年度工艺工作绩效评价结果，对公司工艺工作整体情况进行详细分析，明确工艺工作薄弱环节，提出相关工作改进建议。

第5章 航天工艺创新和特色做法

航天工艺创新在航天事业发展和航天工艺保证中起到了极其重要的作用。我国航天事业从仿制开始，工艺技术与工艺管理经历了从无序到有效、从不规范到制度化、从不完整到精益管控、追求卓越的发展过程。航天工艺队伍经过60多年的探索实践，在学习中提高，在创新中发展，积累了丰富的理论与实践经验，形成了独具特色的工艺体系，已成为航天事业发展的重要保障。

航天工艺在对一般制造业工艺技术与管理的继承和发展的基础上，形成了独具航天特色的航天工艺优化、航天工艺保证、航天工艺纪律、航天禁（限）用工艺、航天工艺问题归零、航天工艺机制建设、航天工艺队伍建设、航天工艺工作重视度、工艺教育培训等思想、理论、模式、技术、方法和做法。

5.1 航天工艺优化

5.1.1 航天工艺优化概述

工艺优化是工艺从有到优的重要手段。通过工艺优化来提高工作效率、降低成本、降低劳动强度、节约能耗、减少环境污染、保证安全。在 GB/T 4863 中将工艺优化定义为根据一个（或几个）判据，对工艺过程及有关参数进行最佳方案的选择。

航天工艺管理将工艺优化的内涵扩展至型号所有产品的全生命周期。航天工艺优化既包括对产品工艺技术和工艺方法的优化，也包括研制生产过程、运营方式和供应链的优化。在工艺优化时，应综合考虑生产质量、时间、成本、柔性、安全环境等因素，综合考虑提高生产系统的运行效率、生产变化的适应性和工艺绿色性。

5.1.2 航天工艺优化的工作重点

航天工艺优化在型号研制过程中逐步明确优化方向，在型号转阶段时重点落实，在批量投产前优化到位，并在后续批量制造中进一步优化。工艺优化的范围和内容广泛，航天工艺经过多年实践积累，对工艺优化理论进行了综合提炼。主要包括以下几方面内容。

（1）制造方案优化

制造方案指产品采用的工艺技术、工艺方法、工艺规程、工艺路线，制造方案优化是对生产效率低、质量不稳定的制造方案，采取优化措施，甚至颠覆原有方案，进行多方案对比择优。例如，某燃油箱设计结构采用的是板焊技术，因此确定了制造方案是以焊接工艺为主，要想改变制造方案，采用低成本热挤压成形工艺技术，就需要将设计结构改为适用于热挤压成形的结构，所以制造方案的优化同时往往也伴随着产品设计的优化。航天工艺工作重视设计工艺协同，在产品设计工艺性审查时，通过多方案对比择优，深入对制造方案的优化。

（2）工艺流程优化

工艺流程是指产品由投入到产出，按一定顺序排列的加工、检验等的制造过程。工艺流程优化是对现有工艺流程的梳理、完善和改进的过程。工艺流程优化的重点是要合理划分不同工种不同工序的工作界面，挖掘生产潜能，将相邻或相似工序进行重组合并或调整，减少流程中的周转；此外，要关注成本和效率目标优化工艺流程，重点考虑工艺流程的经济性、可制造性、安全性，可通过成组技术思想建立典型产品工艺流程，实现工艺流程模块化和柔性化。

（3）工艺方法优化

工艺方法主要是涉及具体的工序所采用的工艺，工序是指连续完成的各项生产活动（含零部件生产、电装、部装、总装、测试、试验等）直至产品交付的进程划分，是组成全部生产过程的最小单元，工艺方法优化就是对工序采用的人、机、料、法、环、测进行优化。工艺方法优化要结合不同时期企业资源能力和科研生产需求进行持续优化。

工艺方法优化重点应关注稀缺瓶颈资源的占用，采取疏解措施，可通过备用方案设计，缓解瓶颈资源压力，例如对采用五轴加工中心的零件加工，通过设计转换工装，实现降轴加工；通过开发新型刀具，实现对机床加工潜力充分挖掘等。

（4）检测试验环节优化

检测、试验是航天产品制造质量保证的重要组成部分。检测试验环节优化是对检测、试验点的设置和检测、试验技术方法的优化。在工艺准备时要设计并优化检测点的位置及频次，减少不必要的环节；技术方法优化重点关注在线检测，提高在线检测率，将检测试验过程融入生产制造流程，有效替代人工检测和试验，切实提升 PPM 指标管控水平。

（5）材料工艺定额优化

材料工艺定额是指生产加工过程中应达到的原材料正常消耗的数量标准，是原材料成本控制中生产投料数量的依据。优化材料工艺定额就是提高材料利用率。材料利用率是指合格品中包含的材料数量在材料（原材料）总消耗量中所占的比重，即已被利用的材料和实际消耗的材料之比。材料利用率说明了材料被有效利用的程度，优化材料工艺定额提高材料利用率对降低批量生产成本具有重要意义。例如可采用套裁、组件下料、模锻、定制型材等方法，提高材料利用率；在满足力学性能检测要求的情况下，降低锻件类、热处理类材料所占比率，也能有效提高材料利用率。

（6）生产线及工艺布局优化

生产线是指产品生产过程所经过的路线。工艺布局是按照产品生产的工艺流程，将相同机器设备、生产功能设置在同一生产工作单元的布局方式。生产线及生产布局优化主要包括生产线重组、工艺布局的调整等内容。对于已定型产品的结构、性能和工艺特点以及生产类型、规模、生产周期，合理调整厂房工艺布局，建立或调整批量生产产线。对长期影响产品质量的环节进行数字化、网络化、智能化技术升级和改造。

（7）供应链和供应方式优化

把追求精益和敏捷性的理念融入供应链优化，优化整合企业内外资源，向敏捷供应链转化，提升供应链响应多样化客户需求的速度。航天价值链向面向服务的企业价值链方向转移。识别为客户提供核心产品及相关的服务，非核心能力外包。通过外包，企业有效降低产品成本、扩大资源边界、提升核心竞争力，降低规模庞大带来的管理复杂性，能将更多精力集中于企业核心业务。

（8）研制生产过程与运营方式优化

从减少浪费、价值分析的角度出发，在生产系统的生产流程、组织结构、运行方式、市场供应和需求等方面，尽最大可能消除与优化价值链中一切不增值的活动，实现企业在多品种、变批量柔性生产条件下的高质量和低成本，并实现产品质量、生产效率与资源消耗的最优。

5.1.3　航天工艺优化特色活动

航天企业开展了一系列行之有效的特色活动，推动了航天工艺优化的发展。

（1）三类在线检测

在线检测是指在产品零部件加工制造过程中，采用一定的技术、方法和工具，镶嵌在两个相邻工序（工步）之间或伴随工序（工步）同步，运用数字化、信息化、智能化的手段，对产品制造过程关键信息、产品质量关键信息进行自动、高效、准确的检测或监控，使产品质量受控，避免残次产品流入下一工序（工步），提高产品质量和可靠性、降低PPM值和产品制造成本的活动。

航天企业在"电装综合在线检测""零件表面缺陷、材料结构缺陷、主要化学元素在线检测"和"管、泵、阀、箱多余物在线检测"三类在线检测方面做了深入研究和应用，制定了具有普适性的在线检测建设方案。

（2）"双百"工艺攻关

"双百"工艺攻关专项行动是：1）重点突破和解决百余项科研生产中的瓶颈工艺技术；2）探索和掌握百余项支撑企业未来项目立项和产业发展的前沿工艺技术，实现优质、高效、经济、安全生产，有力支撑国际一流航天公司和具有全球竞争力的世界一流企业建设。

（3）手工工序改造

手工工序是指尚未应用机器人、自动化、数控化设备实现控制的工序。手工工序改造针对传统手工工艺过程制造环节，通过使用适用性较强的自动化工具、改进工艺装备、推广辅助测量工具等，减少手工作业比例。对手工工序的持续改造治理，可不断提升工艺技术水平，提升先进制造能力、改善劳动条件，解放生产力，是实现产品高效生产、提高质量一致性、降低制造成本的重要手段。

（4）关键少数工序、工位治理

认真分析影响飞行试验成功、影响产品履约交付的关键工序和检验、检测特性，在对影响产品质量和 PPM 指标优化的工序、工位全面梳理的基础上，确定重点监控和改造的关键工序、工位。通过加大技术方法、工具手段建设力度，增强工装覆盖、减少手工环节、减少人为差错，优化改造方案，落实改造计划。

（5）工艺要素量化

为深入工艺优化，针对工艺要求存在的不量化、不细化等问题，制定了电气装联等若干个专业的工艺要素及量化控制要求，明确了典型工序的工艺参数量化控制要素、人员控制要素、设备控制要素、原材料控制要素、环境控制要素、测量测试控制要素、多余物控制要素，提高了工艺文件的可操作性、可检验性，提升了工艺对产品质量的保证能力。

（6）工装覆盖性提升

工装覆盖性是指产品制造过程中，按照工装配置原则，配置工装符合要求的自制件种数与需要配置工装的自制件种数的比值。

工装覆盖性提升是提升工装系数、提升非手工加工工序比例，提升非手工装配比例，提高非手工检测工位比例等。重点开展以下三方面的工作。

提高工艺装备覆盖率。针对手工操作过程及存在安全、环境、质量风险等的制造环节，应识别操作风险；原则上凡有定量要求，或风险较大的工序，应使用自动化工具、工艺装备、辅助加工测量等方式，减少手工操作比例；型号产品应按研制阶段，逐步提高工艺装备覆盖率，同时工艺装备系数应合理递增。

强化智能化工装设计及应用。建立工艺装备设计知识库与模块资源库，开展基于数据驱动的工艺装备设计分析与对比，实现模块化、系列化、组合化的工艺装备智能设计。

提升组合工装应用水平。加强型号对组合工装、通用工装的设计应用，减少重复性投入。

5.2　航天工艺保证

5.2.1　航天工艺保证概述

工艺工作贯穿于航天产品从方案设计一直到生产、使用、维护的全过程，在航天型号科研生产中起着十分重要的作用，以型号任务需求为牵引，确保型号研制和批生产任务的圆满完成，是工艺工作的根本。

QJ 2171A《航天产品保证要求》中指出，产品保证是为使人们确信产品达到规定的质量要求，在产品研制、生产全过程所进行的一系列有计划、有组织的技术和管理活动。航天工艺保证是航天产品保证的重要组成部分。航天工艺保证的工作目标是确保航天产品高效益地完成规定的任务，对可能产生的缺陷、不合格、危险和故障从工艺角度进行控制，确保其产生的后果不会影响到人员、设备的安全和任务的完成。

5.2.2　航天工艺保证工作内容

航天工艺保证工作包括设计工艺性、工艺总方案、工艺选用、工艺风险性分析、工艺鉴定、工艺文件编制、工艺过程控制、转阶段工艺工作等 8 个方面的内容。

（1）设计工艺性

设计工艺性活动一般从产品设计方案开始，由设计师系统负责，工艺师配合设计师进行工艺可行性分析，完成形式是工艺可行性分析报告，报告需工艺会签和评审。通常会给出工艺可行性是"好""一般""差"其中一种结论，工艺可行性评定为"差"时，设计方案需要优化。当设计方案继承性较强时，允许分析的内容作为独立的章节纳入产品设计方案论证报告中。

（2）工艺总方案

工艺总方案是根据产品技术要求、生产类型和承制单位的生产条件，对产品工艺进行全面策划，提出产品研制及生产工艺装备、生产组织任务和措施的纲领性技术文件。工艺总方案编制分研制阶段和批生产阶段，编制内容各有所侧重，应进行产品工艺总方案的评审。

工艺工作要结合型号研制和批生产需求，强化型号工艺总体策划，做好型号研制，批生产工艺总方案制、修订工作，力求周密策划、切合实际、理顺流程、详细安排，使工艺总方案真正起到对型号研制生产的指导作用。

（3）工艺选用

产品制造单位应形成本单位的工艺目录，包括经过飞行试验验证的工艺方法和未经过飞行试验验证但经过工艺鉴定的工艺方法。按产品研制阶段，形成初样阶段产品工艺选用清单，转试样（正样）前应进行评审，评审通过后形成试样（正样）产品工艺选用清单。鉴定定型完成前应完成面向批产制造工艺确认，固化形成批生产阶段产品工艺选用清单。最后完成形式是产品工艺选用清单，并应按研制阶段对工艺选用清单进行评审。

（4）工艺风险性分析

工艺风险性分析一般在以下 9 种情况下开展：1）方案论证阶段或研制阶段初期，选择、确定工艺方案之前；2）工艺方案改进的调查和研究初期；3）产品技术状态发生更改时；4）工艺要求已确定，但工艺方案正在优选或尚未正式投入正式生产时；5）工艺状态变更之前；6）作业环境、加工或检测条件发生改变时；7）研制转阶段时；8）重大/重要飞行试验、任务实施前；9）批量生产前。

工艺风险性分析覆盖产品研制生产的全过程，形成的工艺风险性分析报告是工艺风险性分析成果的最终体现，需评审。报告中需要列出工艺风险源清单、工艺风险排序清单，以及工艺风险预防措施清单、工艺风险性分析检查清单。

（5）工艺鉴定

工艺鉴定工作一般在方案和初样阶段进行识别并实施，在正样（试样）产品实物投产前，完成工艺鉴定。应编制工艺鉴定试验测试报告和工艺鉴定总结报告，并进行评审。工艺鉴定评审通过后方能用于型号正样（试样）产品的生产，工艺鉴定的结果应形成标准、规范或工艺规程。

（6）工艺文件编制

工艺文件应分阶段编制，因阶段不同、产品不同，相应的工艺文件编制的完整性要求也有所不同。工艺文件编制以 QJ 903.1B～QJ 903.30B 为基础，包括工艺文件编号、偏离、更改、借用等产品研制生产过程中相关要求。深入贯彻相关标准是规范工艺文件编制的关键。

（7）工艺过程控制

工艺过程控制包括工艺过程确认，关键过程控制，洁净度、污染及多余物的工艺控制，电子产品静电放电控制和工艺装备的控制等。按照型号工艺保证大纲和质量管理体系的要求，积极开展生产过程中的工艺保证工作，认真做好各阶段的工艺评审，严把各项工艺技术及管理质量关。加强生产过程中关键过程和特殊过程控制，严格工艺纪律检查制度，使生产过程规范有序、有章可循、违法必究。提高型号生产工艺保证能力。

（8）转阶段工艺工作

航天型号研制均开展转阶段工艺工作，转阶段工艺工作分级、分阶段完成阶段工艺工作总结报告，未通过转阶段工艺评审，不得转入下一阶段；且下级产品未通过评审，其上级产品不能转入下一阶段。

在转阶段工作中，要做好工艺技术状态清理复查、工艺文件的完善和整理；认真开展工艺优化活动，解决制约批生产的工艺技术薄弱环节问题；增补主要工艺装备和生产条件，提高批生产保障能力；加强外协产品生产的关键和特殊过程控制，完善外协制造验收规范。

结合背景型号研制所需采用的新技术、新材料和新工艺，提出制约型号研制的关键制造技术攻关计划，突破在研型号研制技术瓶颈，实现型号主导产品制造的"高质量、高效益、低成本"的目标。

做好阶段总结工作，包括：汇总、梳理和分析本阶段工艺质量问题，提出工艺改进、完善意见和建议，完成产品工艺性分析报告、工艺工作符合度评价，完成阶段工艺总结。

阶段完成标志为：编制工艺可行性分析报告，给出工艺可行与否结论。完成本阶段工艺总结，给出工艺工作符合度评价。制定工艺工作不符合要求事项完成计划。

5.2.3　航天工艺保证特色活动

（1）设计—工艺 IPT 团队

为快速推进航天高科技装备研制工作，推行设计、工艺并行研发模式，创建"设计—工艺 IPT 团队"，制定协同工作机制。基于设计工艺协同平台，工艺人员与设计人员一起开展产品设计工作，设计工艺高效协同，将更多的制造问题解决在产品设计阶段。

（2）工艺专项评审

工艺评审是承制单位及早发现和纠正工艺设计缺陷的一种自我完善的工程管理办法，是提高工艺文件质量的重要环节，是在不改变技术责任制的前提下，为技术负责人提供决策性咨询的一种重要方式。

航天型号产品进入各研制阶段开展工艺设计时，应实施分级、分阶段的工艺评审；型号产品研制生产过程中应实施工艺攻关、工艺优化评审；型号出现问题、发生故障、失利失败时，以及在型号阶段工艺总结等重要工艺工作节点，应实施工艺专项评审。所有评审计划列入型号研制生产计划监督执行。

（3）特殊过程确认

开展特殊过程确认，对特殊过程能力进行证实和认定，是航天工艺的一项重要活动。

将具有以下特性工序的实施过程确定为特殊过程：过程的结果在其后的产品检验和试验中不易检测或不能经济地检测的过程，或过程结果只能通过其后产品的破坏性检测验证，经济成本较高，需要依靠特殊过程的工艺规范或工艺参数予以保证的过程。

新材料、新技术、新工艺首次使用需要进行特殊过程确认；当有以下情况时需再确认：过程要素（人、机、料、法、环）和接收准则发生重大变更时；过程连续停工时间超过一年，并重新开工前；确认后的过程要素造成产品质量出现重大不稳定或在使用中发生重大质量问题时；已确认过的项目，期间未发生变化的，一定时间后需进行一次再确认。

通过特殊过程确认活动，使结果不能或不易通过其后产品的检验和试验完全验证的过程得到有效控制。

5.3　航天工艺纪律

5.3.1　航天工艺纪律概念

纪律是一切活动成功的保证。"纪律"一般是指人们在社会活动和生产活动中为确保各种活动的有序进行和取得预期的效果而制定的具有约束性的规定。航天工艺纪律是指在型号产品科研生产过程中，设计人员、工艺人员、管理人员、技能人员应遵守的工艺秩序，其核心是遵守已颁布的工艺管理制度，严格按照经过审批的设计文件、工艺文件、质量控制文件及有关技术标准进行产品的研制和生产。

1991年，航空航天部颁布了《关于加强工艺纪律的规定》（航天〔1991〕0179号），旨在强化航天产品研制生产工艺管理，严格执行工艺规程。此后，各厂、所依照这一规定陆续制定了工艺纪律方面的制度，并逐步加强执行工艺纪律检查的力度。随着多年的发展，航天工艺纪律已成为加强工艺管理的重要内容，为企业建立正常生产秩序、确保产品质量、安全生产、降低消耗、提高效益提供了重要保证，是促进企业"高质量"发展的重要手段。

工艺纪律是产品制造过程中，无论是各级领导、设计师、工艺师，还是管理人员、质量检验人员、工人，都必须遵守的规范。在型号研制生产各阶段，在设计文件工艺性审查和会签、工艺文件编制、生产组织和调度、产品加工与检验、新技术应用等产品开发生产的全部环节，都要结合科研生产管理严格执行工艺工作的各项规章制度，以保证产品制造质量。

5.3.2 航天工艺纪律组织

航天科研单位制定航天工艺纪律实施办法，定期进行工艺纪律检查和考核。在航天系统中，工艺纪律检查实施分级管理，分为集团级、院级、部厂所级和部门（车间）级四级。集团级主要是对所属单位、重点型号、核心产品等执行工艺纪律情况进行督查和抽查；院级主要对部厂所开展工艺纪律检查情况进行监督检查并抽查；部厂所级负责本单位工艺纪律检查的策划及实施，负责对部门（车间）进行检查；部门（车间）负责开展本部门自查工作。

检查单位根据实际情况合理制定检查频次，通常集团级根据科研生产整体状况视机安排，院级工艺纪律检查一般按季度开展、部厂所级一般按月开展、部门（车间班组）级每月开展不少于一次自查。院级、部厂所级应制定年度工艺纪律检查专题策划和计划，部门（车间）应制定相应的工艺纪律自查计划。

院级、部厂所级工艺纪律检查成立检查组，检查组成员原则上应包含设计、工艺、科研生产及质量管理等方面人员，可根据用户要求邀请用户代表参加。将检查结果报上级工艺主管部门，反馈内容包括当期发现问题清单、问题整改措施与计划、上期检查问题项整改落实情况。

检查提出的问题要明确整改措施和计划，并监督按期整改完成，上级对下级整改情况进行闭环验证。

工艺纪律管理对单位、型号、产品、员工等，是一种约束、警示和自律，有利于工艺要求落实和产品责任主体整体工艺素养的培育和坚持。

5.3.3 航天工艺纪律检查内容

航天工艺纪律检查依据《航天工艺纪律规范》，针对影响产品质量的人、机、料、法、环、测六个因素开展生产现场检查和针对规章制度运行情况开展资料检查。

航天系统制定了工艺纪律检查的检查要点和评价标准，在实施过程中依据评价标准对检查要点进行评价。当不满足评价标准时，开具工艺纪律检查问题项，对不完全满足评价标准时，提出改进建议项。航天工艺纪律检查内容见附录 4。

5.4 航天禁限用工艺

5.4.1 基本概念

为确保航天型号产品质量和安全，切实减少航天型号产品生产过程对环境的污染危害，中国航天行业自 20 世纪 90 年代开始实施航天型号产品禁（限）用工艺管理与控制相关工作。禁（限）用工艺要求大多是基于产品某一制造环节乃至发射过程等曾经发生的质量问题归零而启示的。经过多年的研究和积累，逐步形成了一套较为完善的航天型号产品禁（限）用工艺目录与管理要求，在设计、生产、外协、外包等环节严格控制，取得了良好效果。禁（限）用工艺的成功应用，为我国航天技术的发展起到了保驾护航的作用。

（1）禁用工艺

禁用工艺是以保证产品质量、安全和保护环境为出发点，违反国家有关政策法规以及航天系统内已有文件明令禁止的，其生产方式落后、严重影响产品质量、严重污染环境、易造成安全事故，应淘汰或采用其他工艺方法替代的工艺。

例如：成型电火花、线切割加工介质禁止使用航空汽油，电加工时产生火花，航空汽油易燃，存在安全隐患；禁止对硬引线（回火引线）和线径大于 1.3mm 的引线进行弯曲成形，弯曲成形容易损伤元器件密封及引线与内部的连接，存在质量隐患；禁止使用丙酮溶液对橡胶制品零件进行清洗或擦洗，丙酮溶液对橡胶制品的内部结构产生影响，使橡胶制品产生老化现象，存在质量隐患。

（2）限用工艺

限用工艺是以保证产品质量、安全和保护环境为出发点，航天系统内已有文件明令限制使用的，其生产方式落后、影响产品质量、污染环境、易造成安全隐患，但近期就现有工艺、设备条件的实际情况尚无可采用的替代工艺，采取控制措施后，在一定条件下可以满足产品质量或使用要求，中远期将逐步淘汰的工艺。

例如：限制使用机械方法冷剥导线，这种方法容易伤芯线，存在质量隐患；间距小于 0.635 mm 的集成电路和板厚不大于 1 mm 的印制电路板，限制使用波峰焊接，间距小容易发生连焊，板厚小容易导致印制板翘曲，降低焊接可靠性，存在质量隐患；盲孔限制使用有折断槽的钢丝螺套，折断槽不易去除，折断后易形成多余物，存在质量隐患。

5.4.2 禁（限）用工艺分类和目录

航天禁（限）用工艺目录按照十二个专业进行分类编制：特种加工、电气装联、焊接、机械加工、表面处理、热加工、总装与测试、光学工程、精密装调、非金属及复合材料成型、金属精密成型、无损检测。工艺目录内容主要包括分级（禁用、限用）、禁（限）用内容、禁（限）用原因、应采取措施、标准或文件出处（或归零、经验）等内容。

5.4.3 禁（限）用工艺使用控制原则

新型号产品在设计阶段就需要进行工艺审查，禁止选用和使用禁用工艺，已采用的型号产品应制定计划限期淘汰或采取措施替代。

限用工艺应严格落实控制措施，在限制条件下使用，加强生产过程工艺控制，研究逐步替代工艺或方法。

新产品中若设计人员选用了限用工艺（技术条件或图纸中明确的工艺），设计人员应对选用限用工艺的必要性和可行性进行分析，编写专题分析报告，通过评审后方可使用。

5.4.4　禁（限）用工艺管理与控制重点

（1）产品设计环节

设计环节是禁（限）用工艺管理与控制的源头。设计人员在开展产品设计时，应统筹考虑产品的功能、使用条件、工厂生产制造基础条件和制造技术能力水平等情况，通过优化设计、更换材料、改变使用环境条件等方式，避免选用或涉及禁用工艺项目。尽可能不选用或涉及限用工艺项目。如果在设计过程中确实无法避免选用或涉及限用工艺项目，主管设计人员应对选用限用工艺的必要性和可行性进行详细分析论证，形成专题报告，通过型号组织的专题评审并经型号两总审批后方可实施。

（2）工艺审查环节

工艺审查是避免使用禁（限）用工艺的重要环节。生产单位要求设计师对设计文件是否涉及禁（限）用工艺项目进行技术交底。工艺人员应将设计选用禁用、限用工艺情况进行重点审查。参加工艺审查的人员应该熟悉分管领域相关专业所涉及的禁（限）用工艺项目情况，并从材料选择、结构改进、方法改变等方面向设计人员提出改进意见和建议。对于产品生产中确实无法避免的禁（限）用工艺项目，应同设计人员一同研究分析可能出现的质量、环境或安全隐患，并提出应对措施。

（3）工艺设计环节

在工艺设计过程中，要综合考虑生产环境、装备条件、质量要求、环保要求等因素，合理进行工艺方案设计和工艺文件编制，禁止由于工艺方案原因而带来禁用工艺项目，尽可能避免产生由于工艺方案原因而带来限用工艺项目。

（4）产品制造环节

针对已明确使用的禁（限）用工艺项目，要从保证产品质量、保证生产安全、避免产生环境污染等角度，确保工作要求明确、措施合理可行、过程可追踪可检查。在产品生产前，生产单位应组织工艺人员对工人、检验等人员进行技术交底，明确产品生产过程中所涉及的禁（限）用工艺项目及具体控制要求，确保相关人员能够准确理解和把握禁（限）用工艺项目的控制重点。在生产过程中，检验人员应严格检查各项要求的落实情况，并做好过程记录。此外，生产单位管理人员应结合工艺纪律检查等工作，适时开展禁（限）用工艺管理控制情况的监督检查，确保各项管理要求落实到位。

（5）产品外协外包环节

产品外协外包环节是当前航天型号产品禁（限）用工艺控制的一个薄弱环节，要加强以下五方面的管控。一是考虑到航天系统内单位对航天型号产品禁（限）用工艺目录及其控制要求比较熟悉，过程控制相对完善，应尽可能选择系统内单位进行国内外协外包；二是要及时将航天型号产品禁（限）用工艺目录及其控制要求传递给外协外包单位，必要时进行专题宣贯、培训，使其正确认识和把握相关要求；三是针对外协外包单位承担的生产任务，应提前组织相关工艺专家对外协外包单位禁（限）用工艺项目质量控制措施进行审查，确保措施合理可行；四是要定期监督检查外协外包单位航天型号产品禁（限）用工艺目录及其控制要求的执行情况，发现控制薄弱环节并督促其进行整改；五是将禁（限）用工艺质量控制情况列为产品质量验收的重要内容之一。

5.5　航天工艺问题归零

5.5.1　质量问题归零追溯

"质量问题归零"是中国航天人在经历借鉴摸索、曲折反复、失利失败、总结提炼、创新发展等过程，按照实践—总结—创新—再实践的发展途径，形成的一套科学、完整的质量管理方法体系。"质量问题归零"是中国航天管理历史上的一次重大突破和重大创新。

"归零"概念的提出始于航天产品的制造过程，最早可追溯到 1990 年。1990 年 7 月，航空航天部在上海 5073 厂召开学习 MD-82 飞机质量管理经验研讨会，会议总结出"五条"质量管理经验，其中一条是"归零"工作，指的是 TO（Tool Order，工程工装指令）、FO（Fabricate Order，加工工艺指令）、AO（Assemble Order，装配工艺指令）闭环归零，即抓好 TO、FO、AO 闭环归零工作。首先是 TO 的归零，即工具、工装要保证，否则不能发出生产指令；第二是 FO 的归零，即如何加工、用什么工具加工、要达到什么质量标准，都要严格规定，经过核实没有问题才可以生产；第三是 AO 的归零，要求在装配前没有任何问题的情况下，才能够开装。

1991 年，中国运载火箭技术研究院（简称研究院）在总装车间，对长征三号三子级第 9 发总装产品开展了麦道质量管理经验的试点工作，并同步对总装过程进行归零管理。这样，"归零"概念首次引入了研究院。随着归零工作的深入开展，归零带来的产品质量提升、工作效率改进日益凸显。由此，"归零"从首先在航天型号生产领域展开，向航天型号设计领域并行开展。

在落实"归零"工作要求的同时，研究院结合型号科研生产工作实际，对"归零"内涵和要求进行了拓展和扩充，并进行了创新性实践。1992 年，针对长征二号 E 火箭发生的质量问题，研究院在"归零"工作中提出了"举一反三""采取针对性措施"及"分阶段实施归零"等要求。在长征三号火箭全面质量复查要求中也明确提出对质量问题开展"归零"工作的要求。1993 年，在长征二号丙火箭研制质量管理要求中，明确提出按照论证、方案、初样、试样 4 个阶段实施质量问题归零管理。1995 年，研究院印发了《研究院型号研制质量问题归零要求》，"归零"概念、程序及要求在此期间逐渐深化、完善，形成了较为规范的制度化要求。

随着型号质量问题"归零"工作在航天型号科研生产过程的深入实施，"归零"对航天型号质量保证的强力支撑和技术提升的持续推动作用日渐显现。1995 年 8 月，在全面总结航天系统归零工作经验和成果的基础上，中国航天工业总公司下发了《关于印发中国航天工业总公司〈质量问题归零管理办法〉的通知》（天质〔1995〕0611 号），第一次明确地提出"质量问题归零"的概念，要求通过失效分析、分析计算、故障复现试验等方法查明问题原因，查到准确的失效部位，弄清失效机理；分清问题性质和责任，分清是人为责任还是非人为责任；针对问题原因采取切实可行的处理办法、措施，并进行充分的验证试验，以证明其有效、可行，对一时难以查清确切原因的问题，需采取有针对性的综合治理办法、措施，防止问题重复发生；已确定采取的办法、措施要切实落实到图样、技术文件、工艺文件及规章制度上。上述几点要求是质量问题"归零五条"的最初模型。

1996 年 4 月，中国航天工业总公司下发了《关于进一步做好质量归零监督检查工作的通知》（天质〔1996〕0324 号），概括性地提出了"定位要准确，机理要清楚，故障要复现，问题的性质和责任要清查，措施要可行、有效，举一反三"等内容，勾画出了质量问题"归零五条"的基本内容。

1996 年 10 月 24～25 日，中国航天工业总公司在廊坊召开"圆满完成'两箭两星'任务暨 1997 年卫星发射计划动员会"，刘纪原总经理在讲话中要求广大航天科研人员树立严谨科学的工作作风，检查的标准是要确保所有质量问题真正归零，符合"定位准确、机理清楚、问题复现、措施有效、举一反三、杜绝重复故障发生"的要求，这是第一次系统、明确地提出质量问题"归零五条"。在此，航天质量管理从技术角度创造性地、明确地提出了"技术归零五条"要求。

1997 年 10 月，中国航天工业总公司编制下发了《质量问题归零五条标准宣传手册》，栾恩杰副总经理在序言中就归零工作管理问题提出了管理归零五条标准，至此航天质量问题"双五条"归零方法全面呈世。

质量问题技术归零五条标准切实发挥了把关作用，归零过程同时发现相当多的质量问题是由于管理不到位造成的，有章不循、无章可循、责任不清、责任不落实等管理原因导致了质量问题的产生。1997 年 10 月，在"技术归零五条"的基础上，中国航天工业总公司下发了《关于认真做好质量问题在管理上的归零工作的通知》（天质〔1997〕0743 号），提出了"管理归零五条"。至此，中国航天质量问题技术、管理"双五条归零"管理制度和方法正式建立。

为此，中国航天工业总公司在总结推行质量问题技术归零工作经验的基础上，于 1997 年 10 月下发了《关于认真做好质量问题在管理上归零工作的通知》。《通知》明确提出，对科研生产和大型飞行任务中出现的质量问题，执行管理上归零的五条标准（过程清楚，责任明确，措施落实，严肃处理，完善规章），即"管理归零"。至此，航天质量管理系统、全面地提出了技术、管理"双归零、双五条"要求。

1997 年 3 月 8 日，中国航天工业总公司颁发《关于印发中国航天工业总公司强化航天科研生产管理的若干意见》（天质〔1997〕025 号，业内简称"72 条"）。1997 年 4 月 9 日，航天工业总公司颁发《关于印发强化质量管理的若干要求的通知》（天质〔1997〕247 号，业内简称"28 条"）（合称"航天 100 条"），这些与航天质量问题归零标准"双五条"一道（又称航天"110 条"），成为中国航天质量工作的指导意见和规范，推动了航天质量工作提能力、上台阶、升水平。至此，质量问题双归零方法得到了全面完善和实施。

2002 年，中国航天发布《航天产品质量问题归零实施要求》（Q/QJ A10 — 2002）航天行业标准；2003 年，中国航天发布《航天产品质量问题归零实施指南》（QJ 3183—2003）航天行业标准；2012 年，国家发布《航天产品质量问题归零实施要求》（GB/T 29076—2012）国家标准；2015 年，ISO 发布《航天系统——质量问题归零管理》（ISO 18238 *Space Systems -Closed Loop Problem Solving Management*）国际标准，这是中国首次将具有中国航天特色的最佳航天质量成功实践和管理成果推向国际。

5.5.2　航天工艺问题归零的内涵

质量问题归零是指对型号（任务）在预研、研制、生产、试验、使用过程中出现的质量问题，从技术上分析产生的原因、机理，从管理上分析引发问题的原因、责任，并采取技术改进、管理纠正和预防措施，以避免问题重复发生的活动。

航天工艺问题归零就是在航天工艺工作中，因工艺技术和工艺管理造成的重大质量问题，应按"双归零、双五条"要求归零。

（1）技术归零内容

质量问题技术归零的"五条"标准，即"定位准确、机理清楚、问题复现、措施有效、举一反三"，是质量问题技术归零工作的总体原则和指导思想。

"定位准确"是指根据实际情况和需要，对在航天型号产品研制过程中发生的所有质量问题，要准确确定发生问题的部位。

"机理清楚"是指质量问题定位后，要通过地面试验和理论分析等各种手段，弄清问题发生的根本原因和机理。

"问题复现"是指在定位准确、机理清楚的基础上，通过地面模拟试验、仿真试验或其他试验方法，复现问题发生的现象，从而验证定位的准确性和机理分析的正确性。

"措施有效"是指针对问题产生的原因和机理，制定出有针对性的、具体可行的纠正措施及实施计划，措施要经过充分验证后证明有效。

"举一反三"是指将发生的质量问题的信息反馈给本单位、本系统、本型号和其他单位、其他系统、其他型号，从而防止同类事件的重复发生。

（2）管理归零内容

质量问题管理归零"五条"标准，即"过程清楚、责任明确、措施落实、严肃处理、完善规章"，是质量问题管理归零工作的总体原则和指导思想。

"过程清楚"是指查明质量问题发生、发展的全过程，从相关的每一个环节中，分析问题产生的原因，查找管理上的薄弱环节和漏洞。应做到实事求是、事实过程准确。这是管理归零工作的基础。

"责任明确"是指在过程清楚的基础上，分清造成质量问题各环节有关部门及人员应承担的责任，并从主观和客观、直接和间接方面区别责任的主次、大小。责任包括直接责任、间接责任、管理责任、领导责任。应做到责任具体明确、主次分明。以上是管理归零工作的依据。

"措施落实"是指针对管理问题以及造成问题发生的深层次原因，制定并落实相应有效的具体防范措施，堵塞管理漏洞，举一反三，以杜绝问题重复发生。应做到措施具体可行、有效到位。这是管理归零工作的基本内容。

"严肃处理"首先是指在思想上、态度上要严肃、认真地进行质量问题的处理和改进管理工作，避免走形式、敷衍了事；其次是指对确属重复性质量问题和人为责任质量问题的责任单位和责任人，应按照责任和影响的大小，按规定给予批评教育、通报、调离岗位培训等行政处理或辅之以经济处罚。应做到思想态度端正、警示惩处有力、示范借鉴作用明显。这是做好管理归零工作的重要手段。

"完善规章"是指在查找问题、分析原因、落实措施、严肃处理的基础上，针对管理漏洞，修订和健全规章制度，并将其落实到有关岗位和管理工作的有关环节上，用明确的规章制度来约束和规范管理行为与科研生产活动，从标准规范、质量管理体系要求以及规章制度上避免类似质量问题的重复发生。这是从根本上改进和提高管理水平的有力保障。

5.5.3　航天工艺问题归零工作范围

航天工艺问题技术归零范围包括：工艺设计错误、工艺设计不合理、工艺设计认识不到位、工艺文件操作性差等工艺设计问题，设计工艺性（可制造性、生产性等不符合要求）问题，工艺可靠性问题，元器件、材料工艺问题，外协工艺问题，外购工艺问题，操作工艺问题，工艺管理问题，设备工艺问题等问题。

航天工艺问题管理归零范围包括：因设计师/工艺师/管理者的责任不清、责任不落实等造成的工艺质量问题；因工艺规章制度不健全、无章可循、有章不循等造成的工艺质量问题；工艺技术状态管理失控造成的工艺质量问题，低层次、重复性、人为责任导致的工艺质量问题等。

5.5.4　航天工艺问题归零的组织

合理组织开展归零工作是顺利完成归零、归零措施被有效执行的保障。工艺问题发生后，经判定需要开展归零工作的，按照以下程序要求组织归零：

1）质量问题属于工艺技术原因的，由质量部门编制质量问题技术归零通知单，经工艺部门会签后，发责任单位，开展技术归零；责任单位编写归零报告，由副总设计师、总工艺师等把关；在问题定位准确、机理清楚的基础上，责任单位应指定出有针对性的具体可行的纠正措施；已确定采取的纠正措施经验证后要切实落实到工艺文件及规章制度中；对质量问题应进行举一反三，除在本系统、本型号上开展外，还应在其他系统、其他型号上进行，其目的是控制质量问题影响的范围，做到一个型号出现问题，其他型号从中得到借鉴，某个系统中出现的问题其他系统吸取教训，从中受益；若质量问题主要是工艺技术问题造成的，如涉及管理原因时，还应进行管理归零。技术归零报告完成后要进行技术归零评审，重点评审的内容有：质量问题的现象叙述是否清楚；质量问题的定位是否准确，是否具有唯一性；产生质量问题的机理是否明确；是否含有不确定因素；问题是否复现，复现试验的条件与发生问题时的实际条件的相同或相似程度；纠正措施是否经过有效验证，是否已落实到产品设计、工艺和试验文件中的情况；开展举一反三工作的情况，改进措施和预防措施是得到落实；归零报告的内容与本标准的符合性等。

2）在研制生产中发生由于工艺管理原因造成的需管理归零的质量问题后，由质量部门填写质量问题通知单，经工艺部门会签后，责成责任单位有关人员查明质量问题发生的过程，查找工艺管理上的薄弱环节或漏洞，由工艺师系统、设计师系统和相关管理部门写出管理归零报告，对于质量问题管理归零中有关工艺问题的措施落实和完善规章等工作，应由工艺师系统、设计师系统和相关管理部门提供有关资料并负责组织实施。在过程清楚的基础上，明确造成质量问题的有关人员应承担的责任，做到主次分明，并按有关规定给予惩罚；针对出现的问题，在工艺管理有关环节上制定相应的纠正和预防措施，属规章制度不健全的补充和完善工艺规章制度。管理归零报告完成后要进行管理归零评审，重点评审的内容有：质量问题发生过程是否清楚；发生质量问题的主要原因和问题性质是否明确；主要责任单位和责任人是否明确；相关单位是否认可应承担的责任并采取了改进措施；是否结合出现的质量问题对人员进行了教育，教育形式是否与应承担的责任相适应；需要责任单位和责任人进行处罚的是否进行了处罚，处罚是否妥当，是否有文字记录；属无章可循或规章制度不健全的问题是否已完善了规章；归零工作报告内容与本标准的符合性等。

在完成工艺质量问题技术归零和管理归零后，设计师、工艺师、管理者必须深刻反思和拷问：问题为什么会发生，问题是否还会再发生，此问题是否会导致其他问题发生，这个问题背后是否隐藏了其他的潜在问题，怎样避免这些问题。

5.6　航天工艺机制建设

5.6.1　航天工艺组织架构

为了提高制造水平，确保制造质量，缩短航天产品研制生产周期，降低制造成本，提高生产效率和经济效益，实施工艺工作的科学管理，航天系统建立了工艺分级组织机构，对工艺职能部门、职责进行了规定。航天系统规定，从事航天产品研制生产的单位都要设立工艺管理机构。

航天工艺组织分为集团公司级、院级、厂所级三层组织结构。从集团公司、院到厂、所都指定领导分管工艺工作，设立工艺技术主管部门并设置专职工作岗位。

例如：航天科工集团科技与质量部是集团公司归口管理航天工艺工作的职能机构。各院等的工艺部门，是归口管理所属单位工艺工作的职能部门和总工艺师的办事机构。各厂（所）的工艺主管部门是管理和实施工艺工作的职能部门，是厂（所）总工艺师的办事机构。

各厂（所）根据实际情况，可建立一级或两级工艺管理体制，对工艺工作实行统一管理或分级管理。

一级管理：厂（所）设工艺处室，对工艺工作实行统一领导；车间可配备必要的工艺员协助车间技术领导处理日常技术工作。一级管理人员相对集中，便于全面规划，统筹安排；工艺准备周期可以缩短，工艺文件及工艺装备设计容易完整统一，有利于工艺技术水平的全面发展和提高。一级管理体制如图 5-1 所示。

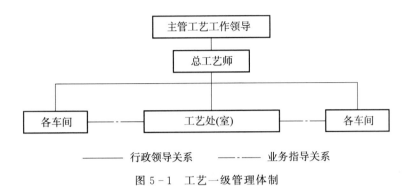

图 5-1　工艺一级管理体制

二级管理：厂（所）设工艺技术处，车间设工艺组（室），实行统一领导，分级管理。车间工艺组（室）属车间建制，工艺技术处对车间工艺组（室）实行业务指导。二级管理适合于规模较大的厂（所），其优点是工艺技术工作与车间生产实际结合紧密，生产现场解决问题及时。二级管理体制如图 5-2 所示。

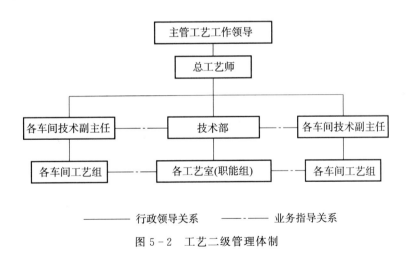

图 5-2　工艺二级管理体制

工艺主管部门的主要职责是从事如下五方面管理：

1）综合管理；

2）工艺创新、工艺研究及材料应用研究管理；

3）型号研制和批产的工艺管理；

4）工艺技术改造管理；

5）工艺基础性工作管理。

5.6.1.1 综合管理

集团级组织负责集团公司工艺工作规章制度的制定（修订）和实施监督，负责组织集团公司工艺工作发展战略、规划和年度工艺工作要点与计划的制定（修订）和实施，负责对所属单位工艺工作的指导、监督、检查、协调、控制、评价、考核和奖惩激励。

院级组织负责落实集团公司工艺工作的决定、规章制度和工作规范；负责本单位工艺工作规章制度的制定（修订）和实施监督，负责组织本单位工艺工作发展战略、规划和年度工艺工作要点与计划的制定（修订）和实施，负责对所属单位工艺工作的指导、监督、检查、协调、控制、评价、考核和奖惩激励。

厂（所）级组织负责贯彻执行上级有关工艺工作的决定、规章制度、政策规定、管理办法和工作规范，制定、贯彻相应的实施办法和工作规范；组织健全工艺管理体系和工艺师系统；组织编制和落实本单位工艺技术发展规划和工艺工作年度计划；对本单位的工艺工作实施统一管理，负责指导、检查、监督、考核所属各分厂（车间）、处（室）的工艺工作；严格执行工艺纪律，组织或参加工艺纪律检查、考核和宣传教育工作。

5.6.1.2 工艺创新、工艺研究及材料应用研究管理

集团级组织负责集团公司工艺技术创新和工艺研究的综合管理；负责先进制造技术、先进材料技术和集团公司共性工艺技术研究项目的管理；负责集团公司工艺技术研发机构运行管理。

院级组织负责组织完成工艺技术创新和工艺研究项目的管理及实施；负责工艺技术研发机构运行管理。

厂（所）级组织负责组织工艺技术创新和工艺研究项目的立项申报，负责项目实施、成果应用及有关管理工作；负责工艺研究室、工艺创新机构的业务归口管理，推进工艺技术创新。

5.6.1.3 型号研制和批产的工艺管理

集团级组织指导和监督各有关单位开展型号工艺工作；对型号研制生产中出现的重大技术问题及开展的重大工艺攻关项目进行指导监督；组织对型号研制生产中常见、多发、共性工艺问题进行治理，组织型号工艺定型（鉴定）工作。

院级组织依据型号研制程序和型号研制、生产工艺工作程序，按照预先研究、研制、批量生产及售后服务等阶段，对型号实施全过程的工艺管理；参与型号的方案论证、设计评审、质量评审、飞行试验验证和设计定型等相关工作；组织编制型号工艺总方案，协调三级单位之间的重大工艺技术问题。组织型号工艺攻关、工艺优化、工艺评审和工艺定型，协助组织型号生产定型。

厂（所）级组织依据型号研制程序和型号研制、生产工艺工作程序，按照预先研究、型号研制、批量生产及售后服务等阶段，对型号具体实施全过程的工艺管理工作；有计划地组织工艺人员参与设计方案论证、设计评审、有关地面试验及飞行试验和设计定型工作；组织实施设计文件工艺性审查和会签；组织编制产品工艺总方案和工艺路线、工艺规

程、材料消耗工艺定额文件等全套工艺文件，设计专用工艺装备和非标设备，负责工艺技术协调，完成各项工艺准备工作；参加制定工艺质量控制措施，细化关键件、重要件和关键工序的工艺规程；组织工艺攻关；组织工艺评审；组织做好生产现场技术服务，验证工艺规程、工装和非标设备设计，不断改进、优化、完善和稳定工艺；参与产品质量分析活动和产品质量评审；组织型号工艺定型，协助组织型号生产定型。

5.6.1.4　工艺技术改造管理

集团级组织协助有关部门做好集团公司固定资产投资中有关工艺技术改造的管理，提出工艺项目改造建议；指导各有关单位的生产布局规划、生产线调整和制造资源整合。

院级组织协同编制本单位固定资产投资中有关工艺技术改造的规划、年度计划及专项计划，用信息技术和先进制造技术改造落后工艺；协同组织本单位工艺技术改造项目的立项论证、方案评审、设备选型和总结验收；指导和参加审定所属各单位的生产布局规划、生产线调整、重大工艺技术措施和制造资源整合。

厂（所）级组织协同编制本单位固定资产投资中有关工艺技术改造的规划、年度计划及专项计划，用信息技术和先进制造技术改造落后工艺；协同组织实施工艺技术改造项目的立项论证、方案评审、设备选型和总结验收，组织工艺师制定和实施工艺技术改造项目的技术方案；组织制定生产布局规划方案、生产线调整方案、技术组织措施和制造资源整合方案。

5.6.1.5　工艺基础性工作管理

集团级组织负责组织制定（修订）和贯彻集团公司的工艺标准和规范；负责集团公司工艺情报（信息）、工艺技术交流和工艺信息化工作的管理；会同人力资源部门做好工艺队伍建设。

院级组织负责组织贯彻有关的国家标准、国家军用标准、行业标准和企业标准，协助组织制定、修订和贯彻有关的工艺技术标准；负责工艺情报（信息）、工艺技术交流和工艺信息化工作的管理；会同人力资源部门做好工艺队伍建设；指导所属三级单位工艺技术主管部门做好工艺基础性工作。

厂（所）级组织负责贯彻有关的国标、国军标、行业标准和企业标准；组织实施工艺情报（信息）工作的管理，了解国内外与本单位制造技术有关的新工艺新技术、先进制造技术的发展动态，加强工艺情报（信息）的搜集、分析与应用工作；组织开展工艺技术交流和工艺成果推广工作；组织实施工艺信息化其他基础性工作；会同人力资源部门做好工艺队伍建设。

5.6.2　航天工艺工作机制

航天构建了工艺教育培训机制、责任落实机制、投入机制、协同机制、评价机制、激励机制等，这些机制有力地支撑了航天工艺文化的塑造、工艺规章制度的执行、工艺工作的落实、航天工艺的进步。

5.6.2.1　教育培训机制

航天科工建立了覆盖设计师、工艺师、管理者、技能人员，从顶层到一线工艺工作人员的全员岗位工艺教育培训体系，要求各级各类人员掌握岗位工作必备的工艺应知（法律、法规、规章制度、标准、规范、知识等）、应会（技术、方法、工具等）、应备（技能、能力、素养等），编制岗位工艺必备的培训教材，制定考评方式、评价标准，纳入人员绩效考核。

5.6.2.2　责任落实机制

航天科工建立工艺工作责任制，责任层层分解落实。实施单位负责领导责任制、型号/项目两总责任制、产品设计师/工艺师可制造性/生产性负责制、职能部门工艺工作负责制，实施述职、量化考核。

5.6.2.3　投入机制

航天科工要求保证与单位生存发展、完成现行任务相适应的工艺投入（人、机器、材料、方法、计量与检测、环境、管理、经费等），保证工艺基础能力的专业投入（人员、工艺科研、工艺创新、工艺装备、工艺设备、制造/生产环境/条件等），保证完成型号、项目、产品任务的工艺必须投入（工艺攻关、工艺优化、工艺管理等），纳入对单位、型号/项目、产品的考核。

5.6.2.4　协同机制

航天科工构建设计、工艺协同（合作、融合、促进），管理、技术协同，总体、分系统协同，总成单位、分包（外包、外协、外购）单位协同，上道工序、下道工序协同体系。做到责任明确、分工合作、资源共享、能力提升、互惠共赢，实现真正、充分、正确、有效融合。

5.6.2.5　评价机制

航天科工建立了面向产品、面向项目、面向单位的工艺工作评价规范，明确了评价的组织、职责和指标设置，规定了评价工作程序及方法，推进了工艺评价工作从定性向量化转变。

产品工艺工作评价的目的是掌握产品工艺现状，查找存在问题，明确工作目标和努力方向。

项目工艺工作评价的目的是通过评价，了解本单位型号工艺工作能力和水平，查找出存在的差距，达到的目标及努力的方向。促进各单位在型号研制生产中规范有序开展工艺工作，有效保障型号科研生产的正常进行提供支撑。

单位工艺工作评价的目的是健全和完善工艺工作评价机制，科学、正确、合理地评估各单位工艺工作能力和水平，提升工艺保证能力。

5.6.2.6　激励机制

对照工艺工作规定和要求，实施严格监管、考核、评价，兑现对单位、型号/项目/产品、人员工艺工作的绩效激励。

5.6.3 航天工艺研发机构

航天工艺研发机构是为提升工艺创新能力和工艺水平，满足主业发展对工艺的需要而设立的工艺专业技术支撑机构。航天工艺研发机构实现了科学化、规范化和制度化，在引领工艺技术创新、推动核心制造能力提升等方面发挥了重要作用。

工艺研发机构由工艺中心、工艺分中心、工艺网点三个层次构成，按照统筹规划、突出优势、覆盖关键、解决急需、引领未来的原则进行设置。

集团公司负责工艺研发机构的规划、定点，以及工艺中心、分中心的组建方案审批、运行管理、监督考核等工作。

工艺网点的建设由各院、基地、直属单位、公司负责。

各院、基地、直属单位、公司负责工艺研发机构组建申请与方案论证，协助集团公司对挂靠其所属单位的工艺研发机构进行日常管理、监督考核等工作，并提供必要的保障条件。

工艺研发机构挂靠单位（或组成单位）是工艺研发机构运行的责任主体，为工艺研发机构运行提供人员、经费、设备、场地等保障条件，确保运行高效。

工艺中心是工艺研发顶层机构，为综合性工艺研发机构。主要任务是：

1）协助集团公司组织和承担集团公司工艺发展战略及规划研究工作。

2）负责组织集团公司工艺管理模式和特种材料的研究。

3）组织开展先进工艺技术、先进材料技术的预先研究；承担集团公司共性工艺技术问题的研究；承担产品关键、瓶颈工艺技术的研究、攻关。

4）负责跟踪国内外先进工艺技术、先进材料技术的发展，负责提供国内外先进工艺技术、先进材料技术的信息，为集团公司内相关单位提供技术培训和咨询服务。

5）协助集团公司组织开展工艺专业技术和特种材料等标准、规范制（修）订工作。

6）受集团公司委托，负责指导集团公司工艺分中心、工艺网点开展相关工作。

7）完成集团公司交办的其他工作。

工艺分中心是专业性研发机构，由集团公司内在某一工艺专业领域具有技术优势及一定规模的单位组建（可联合组建）。其主要任务是：

1）协助集团公司及工艺中心制定本专业的技术发展规划。

2）协助集团公司对本专业网点的技术发展进行指导。

3）开展先进工艺技术预先研究。

4）开展工艺攻关及共性工艺技术研究。

5）开展先进适用工艺技术应用、推广工作。

6）开展本专业的技术标准及规范的制定工作。

7）协助集团公司组织开展本专业的技术交流及培训。

8）完成集团公司交办的其他工作。

工艺网点由在某一工艺专业领域具有一定技术优势和特色的单位组建。其主要任务是：

1）参与集团公司本专业技术发展规划的制定工作，协助集团公司工艺中心、分中心制定本专业的技术发展规划。

2）开展先进工艺技术预先研究。

3）开展工艺攻关及共性工艺技术研究。

4）开展先进适用工艺技术应用、推广工作。

5）开展本专业的工艺标准及规范的制定工作。

6）完成集团公司交办的其他工作。

5.7　航天工艺队伍建设

5.7.1　航天工艺队伍建设历程

人是生产力的第一要素，是科研生产活动的主体。在我国航天事业创建发展的 66 年的岁月中，航天系统探索发展工艺人员管理的模式，形成了一系列行之有效的管理方法，培养、造就了一支高素质的航天工艺队伍，形成了较为合理的组成结构，逐渐在型号研制生产中发挥重要作用。

20 世纪 60 年代，航天产品各型号的研制工作多处于仿制时期，设计工作还处于刚刚起步阶段，工艺队伍比较壮大、水平较高，多数情况下一个人同时完成了设计和工艺工作。到 20 世纪 80 年代，型号开始转向自行设计，出现了"重设计、轻工艺，重研究、轻生产"的倾向，工艺人员严重流失，优秀的工艺人员开始转行做设计工作，工艺队伍的规模、能力、水平和稳定面临严峻挑战。其主要表现：一是对工艺重要性的认知不足，重视度严重不足，投入不足；二是工艺人员素质、能力、水平不足，不能适应科研生产任务需求；三是设计师队伍的工艺素养、能力欠缺，设计工艺性不足；四是工艺人员数量不足；五是工艺大师、专家、领军人才、管理骨干缺乏；六是工艺队伍流失严重、极不稳定。1987 年，航天系统发布了《航天工业部工艺师工作暂行条例》，对建设航天工艺队伍起到了重要作用。经过多年的发展，目前形成了具有航天特色的工艺队伍。

5.7.2　航天工艺队伍

航天工艺队伍包括两大类：工艺技术人员和工艺管理人员。

航天工艺技术人员主要从事工艺技术工作，进行工艺技术研究，解决和处理型号研制生产中的各类技术问题，制定各类工艺技术文件，保证实现产品设计对工艺提出的各项技术要求。航天工艺技术人员按从事的工作岗位可分为工艺研究人员、型号工艺人员和专业工艺人员。工艺技术人员应具有工艺专业知识、工艺专业能力，同时也应具有较丰富的实践经验。型号工艺人员既有专为型号服务的工艺技术人员，也包含型号设计人员中同时从事型号工艺工作的设计师。

　　航天工艺管理人员主要从事工艺管理工作，主要工作业务有综合工艺管理、基础工艺管理、工艺研究管理、型号（预研、在研、批生产）工艺管理、工艺技术改造管理等。航天工艺管理人员一般是从有一定实践经验的工艺人员中选拔出来的，他们既懂工艺技术，又懂型号技术，同时要具备工艺管理知识，是工艺队伍中知识面较宽、业务素质较高、工作能力和协调能力较强的人员。工艺管理人员从层次上可分为初级、中级和高级管理人员。

5.7.3　航天工艺师系统

　　航天工艺师系统是随着航天科技工业的创建、发展而逐渐建立的。随着型号的不断发展，逐渐建立了层次分明、分工合理、责任明确的较为科学完备的工艺工作管理体系，形成了较为成熟的工艺师结构系统。航天工艺师系统由正副总工艺师、正副主任工艺师、主管工艺师和专业工艺师组成。

　　集团公司设总工艺师，主持制定集团公司工艺工作规章制度、标准和规范；主持制定集团公司工艺技术发展战略和规划；负责集团公司工艺技术体系建设，负责重大工艺技术决策；负责集团公司工艺专家组工作；指导、监督、评价科属单位工艺工作。

　　承担航天装备研制生产的二级单位设总工艺师，根据需要设副总工艺师。具备设计制造能力的实体单位，应设置专职总工艺师，未设专职总工艺师的，需设专职副总工艺师。二级单位的总工艺师为本单位工艺工作的技术领导，在本单位主管领导的领导下负责工艺工作，副总工艺师协助总工艺师工作。

　　具备设计制造能力的实体单位：总体部、研究所、工厂设专职总工艺师，按照精干高效的原则，根据需要设副总工艺师、正副主任工艺师、主管工艺师和专业工艺师，建立工艺师系统。总工艺师负责本单位的工艺工作。下级总工艺师接受上级总工艺师的领导。

　　研制型号可设主管工艺的副师，各生产单位可设型号主任（副主任）工艺师、主管工艺师。在型号研制的各阶段，工艺师系统与设计师系统要协同工作，共同完成型号研制的技术工作。在批量生产阶段，工艺师系统要发挥技术主导作用，在授权范围内处理生产过程中的技术问题。各单位根据航天装备预先研究、研制和批量生产的实际需要，配备足够比例的工艺人员。

　　各级正副总工艺师均实行聘任制，其他岗位的工艺师实行聘任制、招聘制，竞争上岗。各级工艺师岗位都应按需设岗并制定评聘条件、岗位职责、考核标准和办法，建立激励与约束机制。

5.7.4　工艺专家组

　　工艺技术专家是航天事业发展的技术主体和核心力量。航天建设了一支高素质的工艺专家队伍，为型号研制和工艺技术发展提供咨询、指导、评估和把关等作用。

　　工艺专家组设立办公室，根据需要各级单位设立专家组管理办公室。工艺专家实行聘任制、任期制。集团或院工艺机构制定本级专家组遴选原则、聘任方案，制定工作计划。各单位按要求推荐专家候选人，通过资格审查的人员经批准后形成新一届专家组。在任期内，可根据具体情况增聘或解聘专家。专家在聘任期间内，因工作变动或其他原因不能正常参加专家组活动，无法履行相应职责，经审批后，予以解聘。

航天工艺专家组的基本任职条件如下：

1）热爱航天事业，事业心、责任心强，实事求是，客观公正，作风严谨，有较好的职业素质和修养。

2）在专业技术领域具有较高的技术水平、学术造诣和丰富的实践经验，专业技术能力在业内获得普遍认可。

3）热心工艺工作，能够保证参加专业组工作的时间，积极完成专家组安排的活动及有关工作。

要求专家工艺素养高、工艺知识丰富、工艺履历充分，在能力上：1）能正确、准确认识、评价本专业工艺技术；2）能发现航天型号研制生产和本领域工艺关键问题；3）拥有本专业核心工艺技术，能突破或组织突破关键工艺技术，掌握本专业先进工艺技术；4）能解决本专业工艺难题。在水平上：1）能突破型号/项目、产品工艺技术关键，解决工艺难题；2）拥有本专业工艺技术知识产权、核心技术、独有技术，能提高或组织提高本领域工艺技术成熟度、制造成熟度；3）有工艺成果，并推广应用；4）任期内发表论文、创造技术成果；5）主动、积极、认真培养工艺人才、专家和队伍。

航天工艺专家组主要职责如下：

1）战略规划制订；

2）技术研究评价；

3）专业咨询指导；

4）工作监督把关；

5）学术技术交流；

6）成果推广应用；

7）人才发现培养。

5.7.5　工艺大师

为加强专业人才队伍建设，畅通专业技术人才发展通道，使科技人才安心于岗位、献身于岗位、立足于岗位成长成才，推进高层次人才队伍建设，制定了工艺大师选拔管理办法。工艺大师是某一技术领域的技术权威，是引领该技术领域发展的领军型人才。工艺大师岗位是面向专业技术人员设置的专业技术岗位，实行聘用制管理。工艺大师受聘期间履行相应的岗位职责，享受相应的岗位待遇。工艺大师受聘期间不得兼任党政领导职务。

工艺大师选拔条件本着过去有重大成就、目前负责重要技术工作、将来承担重要任务的原则设定，包括申报条件、评选条件两部分内容。工艺大师按照工艺技术领域设置，从集团公司所属二级单位或者三级单位中产生。工艺大师岗位设置以战略及技术发展为依据，以专业技术领域框架为基础，按专业设岗，专业技术领域按照分层管理、分步实施的原则设置，专业技术领域框架分为领域、分领域、子领域三个层次。

工艺大师岗位设置条件有：

1）以重点发展技术领域为基础，在总体和关键技术方面设置；

2）与核心技术相对应，要有相应的国家级重点项目做支撑；

3）工艺大师所在单位应是集团公司在该领域的发展重点单位，且该单位在该领域的技术水平在集团公司处于领先地位。

工艺大师岗位职责有：

1）工艺大师引领专业技术领域发展方向。站在本技术领域的顶层，把握发展方向，提出具有战略性、前瞻性、创造性的研究构想和规划建议，定期提供科技战略咨询和建议。

2）工艺大师主持集团公司重大科技项目和关键技术攻关。面向国家重大战略需求和国际科学与技术前沿，跟踪本工艺技术领域发展趋势，积极争取并主持重大科研项目研究，在项目中开展创新攻关，并取得国家级科技成果。

3）工艺大师带动本技术领域人才梯队建设。根据发展需要，组建并带领一支科技创新团队进行科研工作，在任期内要培养出一定数量的本领域后备人才，使其取得具有较大影响的工艺技术成果。

4）工艺大师组织本技术领域及相关领域学术交流与合作。通过研讨交流与合作，共享公司技术成果、指导解决技术难题，提升公司整体科技水平。

5.8　航天工艺工作重视度

5.8.1　航天工艺工作重视度内涵

航天工艺工作重视度是指航天单位对工艺工作的重视程度，体现在工艺工作认知、工艺队伍建设、工艺规章制度执行、工艺工作机制建设、工艺工作落实、工艺投入、工艺激励等方面。

充分认识工艺工作的重要性，充分认识工艺保证对提高产品科研生产能力水平和单位经济效益的重要作用，这对完成航天任务，满足型号质量、进度、成本要求，有着至关重要的意义。

航天系统应树立工艺与设计同等重要、工艺和制造技术与设计技术同步建设、工艺与设计协同发展的理念，并落实到航天发展战略和规划中。

为了定量衡量工艺工作重视度，航天科工设计了计算公式，具体如下：

航天工艺工作重视度＝工艺人员数量/设计人员数量×工艺人员平均薪酬/设计人员平均薪酬

航天工艺工作重视度从工艺队伍建设和工艺队伍待遇上直接反映出单位对工艺工作的重视程度。在工艺管理和分析应用过程中，要依据工艺专业体系架构，从工艺专业、单位性质等方面进行统计分析，从工艺不同专业、不同性质单位的优秀值、平均值中找到本专业、本单位的差距，研究、剖析存在差距和不足的原因，制定缩减差距、提升水平的方案、措施和达标路线图。

5.8.2　航天工艺工作重视度提高方法

（1）加强航天工艺队伍的组织和业务建设

航天工程技术关键要靠航天技术人员的智慧、航天技能人员的技艺和航天管理者的谋划、指导、协调、服务来解决，要把航天工艺搞上去，就必须加强工艺队伍建设，锻炼、培育一支高水平的工艺队伍。

首先，要重视工艺专业技术培训，不断提高工艺队伍的整体素质和设计队伍工艺素质；其次，要有计划地充实工艺队伍，在工艺队伍布局（专业、学历、职称、年龄）、构成（工艺技术人员、工艺管理人员、工艺技能人员）、规模（数量、质量）等方面，做到层次清晰、结构匹配、能力适宜；考虑工艺队伍相对设计队伍不匹配、缺失等现状，在同等情况下，工艺人员薪酬待遇要高于本单位平均水平、不低于设计人员水平，要关注优秀工艺人员的合理走向（避免大量流转到管理岗位、设计师岗位）；再次，要强化工艺创新，重视工艺技术积累、储备和发展，重视、保护并大力推广工艺技术成果。

（2）加快航天工艺技术改造与研究

固定资产投资应向核心工艺技术改造倾斜，加大以应用新工艺、新技术、新设备所需资金的投入，立足以先进适用的工艺装备、工艺方法保证产品制造质量。对工艺技术改造应统筹规划，突出重点，适应新一代型号研制和批生产的需要，加快制造、检测手段的更新，不失时机引进关键工艺技术及先进制造设备。

5.9　工艺教育培训

5.9.1　航天工艺教育培训概述

工艺教育培训是航天研制生产活动的一部分。开展航天工艺教育培训体系建设，保证科研生产的各个环节、各个层次的人员在工艺技术水平和工艺管理能力上提高，增强全员工艺意识，对实现型号产品性能指标、突破型号制造技术瓶颈、保证产品质量具有重要意义。

5.9.2　航天工艺教育培训体系架构

航天系统形成具有航天特色的工艺教育培训体系，包括了航天工艺赋能平台、工艺考核评价平台、工艺培训基础平台以及航天工艺知识云平台。

5.9.2.1　航天工艺赋能平台

航天工艺赋能平台涉及的人员分为工艺师、设计师、管理者、技能人员四类。

工艺师队伍按照层级自下而上分为工艺员、工艺师、副主管工艺师、主管工艺师、副主任工艺师、主任工艺师、厂所副总工艺师、厂所总工艺师、院副总工艺师、院总工艺师、集团副总工艺师、集团总工艺师十二个层级。按照人员管理层级，将十二层级归纳为四类：领军人才（10～12），专家人才（7～9），骨干人才（5～6），专业人才（1～4）。

（1）构建人才梯队核心素质模型，设计与知识能力素质要求相对应的培训课程体系，形成岗位学习地图

定性研究与定量分析相结合，理论与实践相互补充，原则与案例相互印证，对各层级能力的研究分析从战略分析、政策研究、外部实践和典型人物四个维度开展，通过汇总提炼、归纳完善，形成以能力水平、成就业绩、影响力与表彰奖励等为划分依据的各层级能力要素，构建各梯队、序列对应的核心素质模型，设计与培养知识及能力素质要求相对应的培训课程体系，形成员工学习地图。

（2）设计岗位学习地图

学习地图以能力素质模型为基础，建立动态的能力标尺，通过对标评价，不仅解决了培训内容的针对性问题，而且满足员工对培训内容的个性化需求。学习地图建立了完善的与能力对应的知识体系，按照岗位和专业队伍层级分类，学员在学习地图的导航下自主学习，对学习资源实现分类分级管理，同时借助航天工艺云学习平台，实现学习资源归集与共享。

5.9.2.2　航天工艺考核评价平台

航天工艺考核评价平台规定了航天工艺教育培训管理基本要求、各类人员分级培训要求、培训内容、学时等要求。

工艺专业人员评价规范从工艺通用知识及专业技能、工艺专业知识、工艺专业手段、工艺专业能力等四个维度设定考核评价规范。

其他人员（管理人员、设计人员、技能人员）评价规范从工艺通用知识（法律、法规、规章、制度、标准、规范、知识）、工艺通用手段（工艺理论、技术、方法、工具）、工艺通用能力（工艺基本技能、工艺专业能力、工艺创新等）三个维度设定考核评价规范。

考核评价采用在线考试的方式进行，按照人员类型、职级、层级随机组卷策略（难度不同、试卷不同）进行考核评价。

5.9.2.3　航天工艺培训基础平台

建立航天工艺培训中心，打造内、外结合的航天工艺培训基础平台。按照应知、应会、应备的不同内容，构建覆盖各类人员（技术人员、管理人员、技能人员）、适应各级人才队伍建设需求（人才：领军人才、专家人才、核心人才、骨干人才及岗位资质资格胜任者）的培训体系。

5.9.2.4　航天工艺知识云平台

围绕航天工艺教育培训体系建设要求，以先进的信息应用技术为载体，建设航天工艺知识云平台，构建结构合理、内容完整的工艺知识库，建立覆盖全面、记录有效的工艺知识培训和考试平台，形成考核评价体系，实现工艺教育、培训、考评的一体化管理体系。

5.9.3　航天员工岗位工艺教育培训内容

（1）工艺通用基础知识与通用业务技能知识

对各专业工艺师、设计师、管理人员、技能人员需要掌握和知悉的工艺通用基础知识与业务技能进行系统归纳，列出须学习的参考书目和必知的标准、规范等。

（2）工艺专业知识与业务技能知识

经过不断发展和创新，已经形成涵盖航天产品、工艺技术领域的完整的航天工艺技术体系，反映了航天工艺技术的研究现状以及未来发展重点与要求。工艺专业分工见表 5 - 1。工艺专业知识和业务技能从工艺通用知识及专业技能、工艺专业知识、工艺专业手段、工艺专业能力等四个维度设定工艺专业人员培训内容。

表 5 - 1　工艺专业分工表

序号	工艺专业
1	增材制造
2	焊接专业
3	表面工程
4	金属成形
5	结构复合材料
6	特种功能材料
7	热防护材料
8	微纳加工与微系统制造
9	特种加工
10	电气互联
11	数字化制造及智能制造
12	热处理
13	装配
14	机械加工
15	精密与超精密加工
16	工艺检测
17	金属材料
18	元器件制造
19	含能材料装填
20	含能材料

5.9.4　航天工艺培训课程体系建设

（1）建立培训课程体系

运用体系建设的思路，从人员类别、工艺知识要求、培训层级、培训类型四个维度搭建四维立体培训体系。结合实际，对各层级培训项目进行有机整合，实现理论与实际的有效结合，切实指导工艺培训工作实施。

四维立体培训体系横向以管理人员、设计师、技能队伍类别为维度划分培训对象，纵向以工艺师队伍任职序列进行层级划分，第三维度按培训层级对培训项目进行分级，第四维度按照内容类型对培训项目进行分类，重点突出培训项目的网络化和层次化，构建航天工艺四维立体培训体系图。

① X 坐标：人员类别—培训对象

横向 X 坐标是以管理人员队伍、设计师队伍、技能人员队伍为第一维度进行培训对象分类。

② Y 坐标：人员类别—培训对象

纵向 Y 坐标是以工艺师任职资格序列为第二维度进行培养目标设置。

③ Z 坐标：培训层级—培训主体

斜向 Z 坐标是以集团级、院级、厂所级等不同层级的培训为第三维度进行分层。

④ T 坐标：培训类型—培训内容

T 坐标是以工艺工作推进、工艺专业推进、工艺问题解决、工艺能力水平提升等培训项目类型进行分类，培训内容围绕知识体系明确的知识、能力、技术、方法、工具等设置，形成工艺四维立体培训体系，重点突出培训项目的立体化和层次化，如图 5-3 所示。

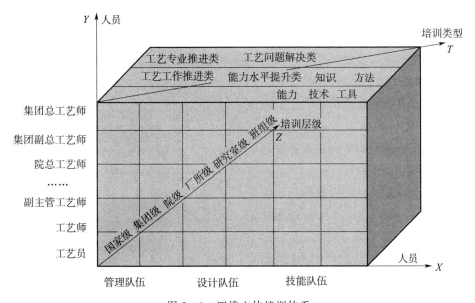

图 5-3　四维立体培训体系

（2）新增培训项目设计方法

①培训项目设计四步法

第一步，培训对象分析。通过岗位类别、专业技术水平、工作经历、工艺知识体系等维度进行分析，为学员做"用户画像"。

第二步，培训内容设计。基于工艺知识体系，以通用知识、行业特色、岗位特有三个内容维度，进行知识点梳理和课程设计，匹配相应的培养内容（课程）和讲师。

第三步，培训方式设计。基于混合式培养的理念，设计培养方式，进行项目整体设计。

第四步，培训内容新增。基于现有的培训项目，在培训内容中，按照知识体系要求，增加工艺知识类培训内容。

②培训内容设计依据

根据不同培训项目的培训目标，面向不同人员的培训需求设计安排培训内容，依照各级各类人员工艺知识体系，对培训内容进行选择和排序。通过调查分析、标杆比对等方法提炼形成不同模块的内容比例。

③培训方式设计

除采用传统的培训方法课堂面授法、线上学习法、体验学习法、行动学习法等外，应以企业发展与绩效提升为目标，在平衡考量不同类型的学习者特征基础上建立起"线上＋线下"的培训。通过线上学习进行基础知识学习，线下课堂面授针对性地讲授重点、难点，以及案例研讨学习，使培训方式设计更加层次分明，从而实现更高的教学目标，提升教学质量和学习效果。

5.9.5　工艺队伍教育培训

人才培养是一个企业和组织培养形成核心人才梯队，进而形成可持续发展能力的关键措施。航天人才培养具有层次性，是一个循序渐进的过程，以领军人才、专家人才、骨干人才、专业人才及岗位资格资质胜任者等工艺人才、队伍为目标，全方位、多层次培养工艺师人才梯队，为航天工艺队伍提供坚强有力的人才保证。

（1）领军人才

培养重点是搭建科研平台，智慧输出，经验传承。培养方式以国内外重大学术、技术交流以及智慧输出、经验传承为主。培养重点是多领域知识融会贯通，开拓视野，学习国际先进技术和管理经验。根据培养对象的个人特点、知识结构、工作经历等，进行有针对性的培养、锻炼，制定"一人一册培养计划"，因材施教。

（2）专家人才

培养重点在精通本专业技术知识基础上，全面学习掌握跨专业知识，跟踪专业发展前沿方向，在实践中加强多岗锻炼，不断拓展知识、能力结构。多采取轮岗、挂职锻炼、重点型号/任务锻炼为主，跨领域交流、知识经验传授分享等为辅的多元化培养方式。

（3）骨干人才

培养重点是进行知识储备，提升综合能力，安排培养对象参与创新性、挑战性的各类项目，在完成工作任务中实现锻炼提升，积累工作经验。以轮岗、挂职锻炼、重点型号/任务锻炼、导师制为主，以选拔性能力提升培训、学术技术交流、知识经验传授分享为辅。

（4）专业人才

培养重点是培养岗位基本能力，培养方式为培训加岗位实践锻炼。

（5）岗位资格资质胜任者

工艺队伍是一个广义概念，不仅包括工艺师队伍、工艺管理队伍，还包括设计师队伍、产品管理队伍、技能队伍等从事和涉及工艺工作的人员。一个产品工艺、制造是否满足要求，取决于产品工艺相关方的胜任力、合作满意度、协同程度。要对产品实现工艺相关各方进行工艺应知、应会、应备培训，使其具备岗位工艺必备的资格资质，成为岗位工艺资格资质胜任者。

岗位资格资质胜任者培训以培训、岗位实践锻炼、再教育相结合等方式实施。对每一个岗位，分级、分类培训、学习，实施岗位资格资质考核上岗；对岗位工艺要求尚不能胜任者，要使其清楚、知悉岗位知识、技术、能力等的差距、努力方向，限期达标。

第 6 章 航天工艺信息化

6.1 内涵

工艺信息化是中国制造业升级和竞争力增强的关键，是由制造大国向制造强国、由中国制造到中国创造的必由之路。工艺信息化在航天制造企业的信息化工作中占有极重要的位置，是提升企业核心竞争力的有效保证。它既是产品质量、交货周期和成本控制的关键，也是其他信息化系统的数据枢纽和制造业信息化的基础。

6.1.1 工艺信息化的基本概念

工艺信息化是从企业的工艺设计、工艺管理、工艺数据集成运用等多个方面满足企业信息化建设的要求。工艺信息化的作用，不仅在于用计算机代替人工进行工艺文件和工艺卡片的编制，共享信息数据，提高工作效率，还在于建立协同工作模式，规范工艺规程，共享工艺资源，实现工艺设计全过程的管理和数据分析，为生产提供准确、有效的数据，推进工艺创新，提升工艺水平。

6.1.2 航天工艺信息化的内涵及特点

航天产品具有高复杂性、高精度、高可靠性、高安全性等特点，其研制、生产需要多企业之间相互协作，快速响应。工艺过程及其管理复杂。具体表现为以下几点：

1）产品复杂程度高。航天产品系统复杂、结构复杂、制造链长。典型的火箭或导弹产品需要专业加工的零部件上万个，需要的材料有上千个品种，涉及的加工工艺有上百种，需要专门定制成套的工装，协调量、协调难度大。

2）生产组织类型特殊。航天产品研制生产交叉、并行，生产作业交叉，多型号、多品种、变批量、柔性化。

3）计划性强，不确定性大。航天产品是特殊商品，其生产制造用户指令性计划多，顾客主导性强，而产品需求变化多，不确定因素多。

4）多单位协作。航天产品多数是由众多厂家协作生产完成，生产扩散性强，研制单位分布地域广，配套性要求高。

5）快速生产响应。产品需求变化快、变化大，要求承制单位生产能够满足产品批量增长的需求，满足紧急动员生产和快速协作的需求，满足适应紧急订单的快速转换需求等。

6）产品质量要求高。航天产品任务剖面多、工作环境严酷，对指标精度要求严格严密，对可靠性要求高，产品质量管理难、质量保证标准高。

7）安全保密要求高。航天产品系统设计与开发须安全保密。

航天大型复杂系统的开发，往往需要不同专业领域的多家单位协同工作、共同参与。即跨地域、跨单位、跨专业组建协同开发团队，通过安全的协同门户进行系统的设计与开发。因此，工艺信息化需解决设计与工艺之间、不同工艺之间的协同，然后在同一平台上进行三维工艺设计与仿真。上述特点对航天工艺信息化提出了比一般制造企业更高的要求：

1）要实现多单位、多专业协同工作，利用工艺信息化手段支撑跨单位、跨专业的协同数据高效传递、设计及工艺验证能力；

2）要强化产品技术状态的管理，形成支持产品多状态并存的技术状态数字化精确管控能力；

3）要满足产品实现快速研制的需求，利用数字化、智能化手段支撑设计工艺高效协同产品研制的快速响应；

4）要应用仿真技术，提高复杂产品工艺参数、工艺方法的设计验证能力；

5）要采用智能化工艺设计模式，总结归纳产品特征特点，构建工艺知识库，逐步形成智能工艺快速设计能力，支撑 MBD/MBSE 的产品研制模式。

航天工艺信息化的历程一般可以分为三个阶段：

第一阶段：工艺设计的电子化阶段

此阶段为信息化工具的简单利用阶段。此阶段的主要特点有两个，一方面是工艺管理上刚刚开始引进计算机等信息化工具，只是利用信息化工具进行简单的数据处理；另一方面是生产工艺数据积累上开始进行数据电子化。从最初的使用简单的办公软件进行工艺文件的编制到逐渐采用表格化的 CAPP 软件进行工艺设计工作。

第二阶段：工艺设计的数据结构化及管理信息化阶段

开始引进专业工艺信息化系统进行管理。此阶段的主要特点是引进信息化管理系统，对信息进行有序的处理，使信息管理更加方便快捷。根据各单位实际需要，逐步引入具备数据结构化功能的 CAPP、PDM 等工艺设计及工艺数据管理软件。

第三阶段：基于模型的数字化制造阶段

基于模型的定义（MBD）技术是产品数字化定义的先进方法。它是指产品定义的各类信息按照模型的方式进行组织，其核心是产品的集合模型，所有相关的工艺描述信息、属性信息、管理信息等都附着在产品的三维模型中，它改变了传统以工程图纸为主、以三维实体模型为辅的制造方法，是三维实体模型成为生产制造过程中的唯一依据。如今，在航天企业中，"三维模型下车间"等工作模式正在有序地展开，基于 CATIA、UG、Pro/E 等全三维设计规范也在不断完善中。

目前，在我国的大部分航天研发与承制单位，均已采用了 CAPP 等工艺文件编制软件，通过 CAPP 系统等工艺信息软件的使用极大地降低了工艺人员的文件编制劳动强度，提高了工艺文件编制效率。PDM 主要用于管理在产品设计阶段内所有与产品相关的信息和过程，为企业内应用系统的集成和数据传递提供必不可少的支撑环境。因此形成了工艺设计在 CAPP 中，工艺管理在 PDM 中进行的模式。

现阶段大部分航天企业在工艺信息化方面主要在第二阶段水平，部分企业开展工艺信息化集成为代表的第三阶段工作。随着数字化设计与制造技术特别是三维 CAD 技术日益广泛地应用，传统的工艺（以二维标注等模拟量为主、三维数据为辅）逐渐被新的全数字传递取代。

在国内外的航空、航天、国防行业最新的重大型号研制中，已纷纷开始采用数字化设计与制造技术，以三维数模为唯一制造依据实现了产品设计、工艺规划与设计、零件制造、装配、检验与检测、试验与试运行过程的全数字量传递和全过程协同管理。

6.2　原则

航天工艺信息化工作建设应覆盖产品研制生产过程的各个环节、各类人员和各个层面，贯穿于生产的全过程。主要原则包括：

（1）全员

从企业的高层决策者，到中层管理人员，到基层员工都应进行工艺信息化培训，使其熟悉和掌握相关的信息技术，并通过企业文化的建设使其支持工艺信息化工作。

（2）全流程

通过应用 CAD、CAPP、PDM、ERP、MES、CAM 等信息技术，使工艺信息化覆盖产品工艺过程的每一个环节。

（3）全意识

从硬件设施的构建到信息意识的增强，使工艺信息化工作由浅入深、逐步内化。

（4）全周期

通过 PDM/PLM 等信息技术使工艺信息化覆盖产品的整个生命周期。

企业应统筹考虑基础设施、系统软件、业务流程、管理决策等工艺信息化要素，兼顾信息技术资源及组织资源，从基础建设和平台建设两个方面入手，双管齐下，进行全面的工艺信息化建设，提高工艺过程管控能力，最大限度地减小其面临的不确定性，降低企业风险，提高工艺工作能力。

6.3　目标

航天工艺信息化是支撑航天制造业自主创新、实现优势资源配置、促进优势产业链和领域特色产业集群形成的主要手段，通过建立完善的工艺信息化建设平台，从基础设施建设、工艺信息化软件的应用入手，实现将工艺设计过程、工艺管理过程、工艺专业技术实施过程、工艺信息化应用过程高度集成，构建具有航天产品特色的、基于模型的工艺技术体系，利用先进信息化技术，全面提升产品研制工作效率及工作质量。同时充分利用数字化、网络化、智能化、云化手段,建设模型、流程和数据驱动的科研生产体系,推动科研生产体系的全面数字化转型。

航天工艺信息化发展目标为:

1)工艺设计信息化。针对设计师系统搭建工艺设计的数字化平台,开展基于设计三维模型的工艺设计软件需求调研、项目申报、开发和实施应用等工作,逐步实现基于设计三维模型的工艺设计。在实现三维工艺设计的基础上,逐步实现基于 MBD/MBSE 的设计-工艺协同工作的模式。

2)工艺管理信息化。包括综合工艺管理、型号工艺管理、工艺预研管理、工艺创新管理、工艺布局管理等工艺业务信息化的建设,优化工作流程,逐步形成工艺管理工艺信息化系统,实现工艺计划、工艺项目、工艺规划、工艺综合管理业务的网络化、无纸化,逐步实现多业务的协同管控。

3)工艺专业技术信息化。应用工艺仿真工具,在实际加工前进行验证,避免制造过程的不可控因素,提升工艺设计的可达性和加工效率。包括数控加工过程仿真、焊接过程仿真、微组装工艺设计仿真、装配过程仿真、铸造过程仿真、热处理过程仿真、复合材料工艺设计仿真等,逐步实现通过仿真验证替代实物验证。

4)技术状态管理信息化。实现基于 PDM 的技术状态管理。构建产品 BOM 管理体系,规范数据的一致性传递,通过在 PDM 中建立全级次 BOM(EBOM、PBOM、MBOM 等),确保数据源统一、有效、受控。实现技术状态数字化管理及技术状态准确控制。

5)工艺信息化应用。通过工艺信息化平台开展工艺设计、工艺管理、工艺专业技术等软件与其他系统的接口建设和应用工作,结合型号研制推动设计生产一体化及异地协同制造进程,完善和提高工艺信息化水平,通过平台建设,实现数据的智能快速推送。

6)建立完善的工艺信息化管理制度及管理理念,业务流程与信息系统有机结合,将信息技术最大化地转化为工作质量与效率的提升。

6.4 基础建设

航天产品制造对工艺信息化的需求主要体现在型号研制、批生产过程中,对铸(锻)造、数控加工、热处理、成型、焊接、装配、火工作业、电气互联等关键工艺过程,开展数字化工艺过程建模和仿真分析,实现工艺流程的优化;通过 BOM 的建设及有效集成,达到设计信息和工艺信息的一致性和动态维护,并对工艺过程进行有效控制;通过数字化工装设计技术的广泛采用,推进工装设计的模块化、标准化、系列化;通过工艺数据库的系统规划与构建,实现基于数据库的工艺基础数据管理和制造资源集成化管理,为数字化快速工艺准备及产品的数字化制造提供基础,为建设数字化车间和协同制造企业提供技术支撑。

（1）工艺设计结构化

1）BOM 建设：在航天产品的设计和制造过程中，产品的物料清单（BOM）是一种描述装配间的结构化零件表单，包括所有装配件、零件、原材料的清单，以及制造一个装配件所需的物料数量，在产品的全生命周期中，存在着各种面对不同部门和不同用途的 BOM，不同的部门为了各自的目的设计、管理和使用 BOM，比如设计部门的 EBOM、工艺设计部门的 PBOM、制造部门的 MBOM 等。各种 BOM 中包含的数据信息是支撑产品在设计、工艺、制造各个环节中实现信息化管理的重要数据基础。

2）工艺设计数据结构化：随着结构化概念、三维设计/工艺技术在国内企业的推广及应用，BOM 管理技术在国内企业也越来越受到重视。在三维工艺设计模式下，工艺数据的形式和内容也发生了很大变化，为基于 PBOM 的工艺数据组织和管理提出了新的要求。零部件的工艺数据除包括结构化工艺信息、三维工艺模型、工艺过程模型、工艺文件及 MBOM 等外，还需要其他的数据，如工艺方案、制造资源信息（设备、毛坯、工装、夹具、刀具等）、数控程序等文字形式数据，还可能包括图片、动画等多媒体形式的数据。这些数据围绕着 BOM 和工艺结构数据进行组织和关联。同时工艺数据的版本管理、有效性及技术状态信息也十分重要，必须与业务过程管理紧密结合，实现工艺数据技术状态信息的管理，这样才能通过产品工艺配置，形成产品完整准确的工艺信息，以满足下游流程实现数字化制造所必需的准确的基础数据。

（2）工艺管理信息化

1）搭建工艺管理信息化系统，建立从工艺规划、工艺协同、工艺管理的三大业务层面的全生命周期工艺管理业务信息支撑系统，并实现与 PDM（产品数据管理系统）、ERP（企业资源计划）、MES（制造执行系统）等系统的有机集成，打通企业的信息流。

2）建立产品三维模型，直观展示产品结构信息，提高设计、工艺更改关联响应速度，减少中间手工处理环节。

3）推进全三维结构设计 EBOM（设计 BOM）的建立，确保制造数据源统一、有效、受控。实现产品数据的技术状态准确控制。

4）推进数字化设计、工艺平台的集成与融合，逐步建立基于数字化平台的设计与工艺协同机制。

5）开展产品数据管理，对零件信息、配置、技术文档、图样文档、结构、权限信息、产品研发过程的技术文件进行全生命周期的管理，建立统一的产品数据信息源，实现设计模型共享，提高工作效率。

6）对工艺工作中的各管理业务流程开展信息化建设，如工艺纪律检查管理、特殊过程管理、关键工序管理、禁（限）用工艺管理等。

（3）工艺专业信息化

1）构建工艺过程仿真三维工序模型。以模型或前道工序模型为基础，构建加工、装配状态的三维工序模型，保证产品外形尺寸与装配关系等要素与实际加工、装配状态保持一致。

2）开展工艺过程仿真。在确定模具定位基准、刀具、工艺装备装夹方式、设备及人员等约束条件的基础上，进行三维工序模型的网格划分，设定变形速率、热源、转速、进给量等工艺参数，构建产品工艺仿真环境。对工艺过程的变形、褶皱、壁厚等指标超差或干涉问题应进行工艺参数迭代优化。

3）成型过程（焊接、铸造、增材制造、复合材料成型等）及热处理过程应对结构变形、内部质量以及结构内应力的数字化仿真。

4）数控加工应实现产品加工全过程的计算机辅助几何仿真，切削变形物理仿真、切削后零件应力仿真，基于在线测量数据的仿真对比与补偿等。

5）针对电缆在三维环境中建立电缆外形、材料、操作点、装配路径等关键工艺设计要素，构建电缆制作动作、装配路径等工艺步骤的建模与动作仿真，为人工操作或自动操作提供精确路径。

6）实现柔性制造单元的生产工艺流程仿真。

7）实现产品装配设备、工艺装备、动作、工件状态等方面的数字化仿真。

8）推进 AR（现实增强）、VR（虚拟现实）等技术的应用。

（4）工艺信息化应用

通过工艺信息化平台开展工艺设计、工艺管理、工艺专业技术等软件与其他系统的接口建设和应用工作，结合型号研制推动设计生产一体化及异地协同制造进程，完善和提高工艺信息化水平。

1）建立基于产品系统集成的顶层设计，统一研发平台与数据格式，使各分系统、流程接口环节顺畅。

2）加强数字化工艺准备。加强各工位数字化实现能力，通过细化生产流程，以组成全部生产过程的最小单元作为工序，逐项分析工序特性参数，实现工序特性参数的可测量、可记录、可监控、可预警、可追溯。

3）依据确定的产品生产任务及结构化的工艺规程，利用 MES（制造执行系统）调用设备资源，物料、工艺装备、刀具等信息，将任务分解至具体审查相关人员及工位可视化终端。实现现场的无纸化生产。

4）强化 MES 的应用。通过 MES 实时下达生产计划、任务、物流信息等，关联 PDM（产品数据管理系统）调取工艺规程一级质量检测要求，记录并确认执行情况，实现生产任务执行状态实时追溯，指导生产。

5）明确制造过程的数字化要求。识别重用性较高的工步，组合相近装备，配置局部物流，将分散的工序和设备重组集中，设置适应同类产品的专业化柔性生产单元；检查物料、刀具、工艺装备到位情况，并对生产环境、设备状态、人员自制实时监控，对工艺、设备、质量、物料等出现的异常状态实时报警。

6）通过在线测量与机器人相结合的方式逐步替代人工操作，实现信息化测量。开展面向自动化、数字化的优化改造和升级，积极利用机器人代替人工作业，构建专业化、智能化、信息化生产线。

推进智能车间建设、提高企业制造能力。对于自动化程度高、工艺成熟的规模化产品制造，集成 ERP（企业资源计划）系统与 MES，建设以物料编码、智能货柜、自动传输装置等为核心的智能物料系统，实现物料自动编码、存取信息自动录入、物料自动存取、自动或集中配送等生产保障功能；积极利用大数据技术，挖掘企业内部业务和管理数据进行指挥决策、智能执行。

6.5　平台建设

工艺信息化平台建设的主要目的是在工艺信息化基础建设的基础上，实现基础建设模块要求的功能。工艺信息化系统平台建设可以分为三层：

1）单元系统层。单元系统层是各子单元功能的实现，如 CAD、CAPP、CAM、文件管理系统等各子单元。通过各子单元模块功能的实现，实现单点功能的信息化。

2）工艺信息化平台层。工艺信息化平台层的主要作用是在单元层基础上，各子模块的集成实现单元信息的互通，实现工艺信息单个模块系统的集成，如 PDM、CAPP、CAM 各软件接口集成。

3）系统集成层。工艺系统集成层是平台层的再次扩展，实现工艺信息化技术与管理的集成以及工艺与设计、工艺与制造各系统的集成。实现产品数据及相关的信息在各系统间往来传送，实现及时有效地信息同步和共享。

6.5.1　单元系统层

单元系统层主要包括各种产品工艺信息化单元系统，如 CAD、CAE、CAPP、CAM、PDM。各种知识管理工艺信息化单元系统，如工艺资源管理、工艺知识门户、工艺知识搜索系统、工艺知识与业务过程集成系统、电子化学习系统等。

6.5.1.1　工艺性审查

设计与制造是产品全生命周期中最重要的两个环节，航天产品高科技、高质量、研制周期紧的特点，要求设计工艺协同工作，提高产品一次成功率，增强产品的竞争力。

航天制造正在推行面向制造的设计（DFM）及面向装配的设计（DFA）。

DFM 结合 CAX/PDM/DFX 组成了面向全生命周期设计技术，根据现有制造资源条件，对产品模型的各设计属性（形状、尺寸、公差、表面质量等）满足制造约束的程度进行分析，制定工艺性检查准则，明确量化指标，并嵌入设计工艺协同系统，实现基于模型的自动化工艺审查，极大提升工艺审查的质量和效率。

DFA 是在产品设计过程中充分利用各种技术手段如分析、评价、规划、仿真等，充分考虑产品的装配环节及与其相关的各种因素的影响，在满足产品性能与功能的条件下减少零件数、改进产品的装配结构、降低产品成本。

数字化设计模式下的工艺审查从传统的文档、二维图纸审查转变为基于模型和 BOM 的数字化工艺审查，审查产品可制造性的同时还应检查模型和 BOM 的完整性、规范性。

典型数字化工艺性审查流程图如图 6-1 所示。

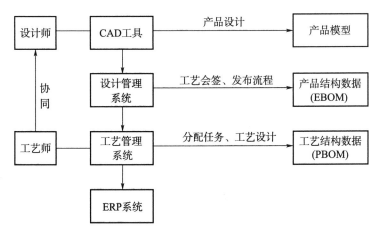

图 6-1　数字化工艺性审查流程图

6.5.1.2　工艺设计协同

产品设计与工艺设计应相互支持,互为反馈,工艺设计应支持产品设计,实现产品设计确定的产品功能,同时也反馈产品设计的不足;反过来,产品设计也应考虑生产工艺的实现能力,确保产品能以适当的成本、工期和质量生产出来。

随着设计制造理念的发展及数字化在产品研发中的应用,产品的研发过程也发生了翻天覆地的变化,实现了从过去单一的串行到并行设计模式,再到现在的数字化平台协同设计模式的发展。

典型并行工艺设计流程如图 6-2 所示。从中可以看到与传统的串行模式不同,产品设计、工装设计和工艺设计都是并行作业。设计人员、工艺人员、工装人员都在并行完成各自的工作。待工装设计和工艺设计完成后就可进行三维数字化虚拟装配。在虚拟装配中发现的产品设计、工装设计的问题通过协同平台及时反馈到设计人员和工装人员,发现的工艺设计问题及时得以纠正。

由于各类人员都参与了整个工作,因此大大减少了以后的变动,显著节约了时间,完善了设计。

6.5.1.3　数字化工艺设计

数字化工艺设计技术是指采用先进的信息处理技术和智能技术,辅助工艺设计人员根据产品设计阶段给出的信息和产品制造工艺要求,交互地或自动地确定产品加工方法和方案,如加工方法选择、工艺路线确定、工序设计等。与传统的手工工艺过程设计相比,数字化工艺设计技术能够显著提高工艺文件的质量和工作效率,减少工艺编辑工作对工艺人员技能的依赖,缩短生产准备周期,同时便于保留企业生产经验、改进工艺方法或引入新工艺。

从 20 世纪 60 年代产生开始,CAPP 不断地创新了设计方式,从设计语言的发展历程角度出发,主要包括:基于二维图模式的 CAPP 系统、基于三维模型的三维 CAPP 系统、

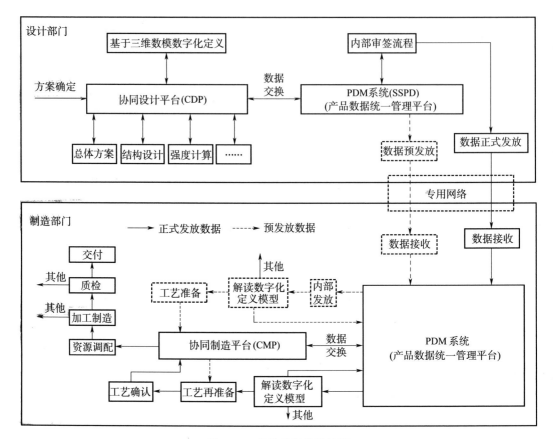

图 6-2　产品并行设计过程

基于 MBD 技术的 CAPP 系统。基于三代设计语言衍生出的 CAPP 系统在工艺设计方式上不断地体现出实用性与高效性。三种模式的 CAPP 在工艺设计方式上的技术特点比较如表 6-1 所示。

表 6-1　基于三代设计语言的 CAPP 技术特点比较

序号	比较内容	基于二维图模式的 CAPP 系统	基于三维模型的三维 CAPP 系统	基于 MBD 技术的 CAPP 系统
1	针对产品设计,如何开展工艺设计	分析二维图纸,以填表式和文字描述为主完成工艺设计	以三维模型及数据进行定量分析并结合文字描述进行工艺设计	以三维数模为信息载体来开展工艺设计
2	零件中间工序加工状态表达方式上	以工序简图表达,需重新绘制二维工序简图,图形效果差	工序简图表达以三维模型投影而成,不需重新绘制	以三维工序模型表达,并标注 PMI 信息,清晰易懂
3	在可视化工艺设计方式上	面向二维,无法实现可视化设计	可实现简单的可视化	三维模型含工艺设计所需信息,可视化设计效果好

续表

序号	比较内容	基于二维图模式的CAPP 系统	基于三维模型的三维 CAPP 系统	基于 MBD 技术的CAPP 系统
4	在工艺执行过程中信息传递方式上	采用二维工程图与工艺卡片形式,信息传递效率低	以工艺文档与网络化技术实现信息之间的传递	采用数字化样机模式与网络技术,实现"无纸化"数字化信息传递
5	与 CAD 信息集成形式上	不能利用二维图形的信息,主要通过工艺人员添加工艺信息,易形式"信息孤岛"	可直接集成在 CAD 中,三维模型的信息需转换为用于工艺设计的信息	可与 CAD 无缝集成,能直接从基于 MBD 三维模型获取工艺信息
6	能否向 CAM 提供加工数据及零件毛坯模型	工艺设计仅限于二维模式,三维模型不能实现	能获得三维毛坯模型	为 CAM 系统提供毛坯模型及各中间工序模型,并提供加工工艺数据

随着型号研制技术难度大幅提高,在工艺设计方面,急需进行数字化工艺设计与集成应用技术研究,增强数字化工艺设计能力,支撑产品的研制。航天科工集团数字化工艺设计与集成应用已实现典型产品三维模型的工艺设计、BOM 创建、工艺仿真(见图6-3)。开展数字化工艺设计与集成应用技术研究,构建数字化工艺设计平台,实现结构化的工艺设计和管理能力。接收设计单位产品三维模型,进行 EBOM 到 PBOM 的转换,组织进行工艺仿真验证,完成工艺文件编制,实现基于 MBD 标注三维模型的结构化工艺设计和管理,缩短型号产品研制周期,改善生产现场工作环境,提高产品质量和生产效率。

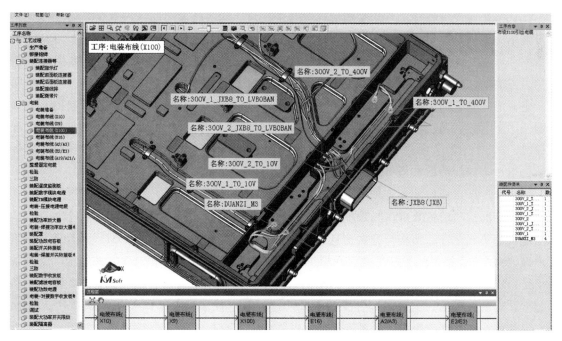

图 6-3 基于流程的可视化工艺浏览

6.5.1.4　工艺数据管理

产品数据管理（Product Data Management，PDM）是以产品为核心，实现对产品相关的数据、过程、资源一体化集成管理的技术。

PDM 系统能够提供设计、制造所需的数据和信息，并由此支持和维护产品开发过程的协同性。它是一种在产品数据与工作流集成思想的指导下，集成并发展了项目数据库、电子数据交换、成组技术、并行项目、产品数据交换、企业业务重组等核心思想，是以产品数据和过程为中心，科学合理地对企业业务流程、产品数据和过程进行描述和支持的系统，可在企业范围内为产品设计与制造建立一个并行化的协作环境。

PDM 系统是建立在操作系统、网络环境和分布式数据库基础之上的。其中对象管理框架是 PDM 系统的核心模块，它的重要性在于：一方面，对象管理框架集中管理了 PDM 系统中的全部实体信息；另一方面，对象管理框架是整个 PDM 系统信息建模思想的具体体现。所有 PDM 涉及的实体、人员、数据、过程以及实体之间的关系，最终是以对象的形式由对象管理框架统一进行管理的。对象管理框架为整个 PDM 系统管理的基石。建立在对象管理框架之上的是各种 PDM 系统的功能管理模块和具体的应用软件工具，它们共同支撑着高层的各种理念概念实施。

PDM 系统进行信息管理的两条主线是静态的产品结构和动态的产品设计流程，所有的信息和资源管理都是围绕产品设计展开的，它的主要功能包括：数据和文档管理、产品结构与配置管理、生命周期工作流管理、权限管理等。

（1）数据和文档管理

许多企业使用各种工具来存储产品在整个生命周期内所需要的各种数据，而这些工具可能不在同一个体系上，而不能实时进行数据的维护，给企业的生产带来不利。PDM 的数据和文档管理提供了对分布式异构数据的存储、检索和管理功能。能确保数据是最新的、正确的，还能使这些数据在整个企业的范围内得到充分的共享。允许用户透明地访问全企业的产品数据，而不用考虑用户或数据的具体位置，并且得到的数据是最新的、正确的。PDM 提供了数据的安全机制，只有赋予权限的用户才能对 PDM 的数据进行获取或者修改。PDM 中的数据或文档的发布或者是变更都必须经过事先定义的审批流程后才能生效。用户得到的数据都是审批后的正确数据。

（2）产品结构与配置管理

产品结构与配置管理作为数据组织和管理的一种形式，是 PDM 的核心功能之一。该功能可以实现对产品结构与配置信息和物料清单（Bill of Materials，BOM）的管理。而用户可以在 PDM 提供的界面里查看和编辑产品的结构，PDM 可以实时保存该结构。这些结构是由零部件按照一定的装配关系组织起来而形成的。用户可以在 PDM 中定义各种产品数据，然后将产品数据域零部件关联起来，这样就形成了对产品结构的完整描述。PDM 实现这些产品数据的组织、管理和控制，并在一定的目标或者规则约束下，向用户或者应用系统提供产品结构的不同视图和描述。

（3）生命周期工作流管理

PDM 的生命周期管理模块主要实现产品设计与修改过程的跟踪与控制，其中包括过程的产品生命周期和图样图纸的审批流程。产品的生命周期的管理包括保留和跟踪产品从设计、开发、生产制造到停止生产的整个过程中的所有历史记录。管理员可以对产品指定任务、审批流程设计。流程的构造是建立在对企业中各种业务流程的分析结果上的。

（4）权限管理

权限管理是实现控制主体、控制客体的访问控制，控制主体包括系统的所有用户，控制客体包括存储在工作空间中的所有数据，把这些数据抽象为数据对象和业务对象。PDM 权限管理的目的主要是用于保密和维护资料的正确性。不同的 PDM 其权限控制模型也不相同。有的按照人员进行授予，有的按照角色授权，然后把角色赋予人员，还有的是复合采用两种方式。

随着网络、信息化、计算机等技术的发展，制造行业围绕基于产品的全三维模型的设计与制造集成技术以及相关技术得到深入研究和广发应用。全三维模式已成为型号产品研制的必然趋势。因此基于三维设计模型的工艺管理系统，建设内容涵盖工艺设计、工艺物料清单、设计管理、工艺任务分工、定额管理、工装设计管理和工艺基线管理等业务成为未来 PDM 系统的主要发展方向。实现基于 PBOM 的结构化的工艺数据管理，为 ERP、MES 等生产组织信息系统提供工艺支撑数据。

6.5.1.5　工艺仿真

仿真技术可以使工艺设计人员、工装设计工程师等及早发现设计中的问题，减少制造过程中设计方案的更改。

航天产品是大型复杂产品，其加工制造过程涉及机械加工、热处理、表面处理、钣金、焊接、铆接、电装等多个专业，因此其工艺仿真涉及的范围较广，包括机加工仿真、热处理仿真、钣金成型仿真、铸造仿真、焊接仿真、装配仿真、生产系统仿真等。

数字化制造工艺仿真技术能够在虚拟环境中真实再现一个具体的工艺过程，使用户对产品的制造工艺进行仿真、评估及优化，它是产品制造过程的有力辅助工具。

（1）虚拟装配技术

当前，无论是以纸质还是以电子形式下发的工艺文件，当其被用于指导实际操作时，与操作对象在空间上是相互分离的，不利于操作人员实时查阅和准确理解工艺文件，且难以在工艺执行过程中主动地将重要工艺信息指示出来，影响工艺执行效率和保证工艺执行质量。

装配仿真技术提供了一个数字化的虚拟环境，将产品、工装、车间、操作者以数字模型在虚拟环境中展现出来（见图 6-4），并提供了一系列的技术方法如干涉检测、人因分析、运动分析、数理统计等，对制定的装配工艺在虚拟环境中进行预先验证和改进，将装配工艺中存在的问题暴露在实物装配之前，并预先进行解决，而且这一过程在计算机上完成，摆脱了传统依靠实物验证的方法。

　　基于 MBD 的三维装配工艺验证与优化是数字化仿真技术应用的一大方面（见图 6 -
5），通过在三维工艺设计环境中对零部件的装配顺序、路径进行装配干涉与可达性的验
证，可以在工艺设计阶段及时发现潜在设计问题。此外利用三维装配误差仿真技术，也可
以在虚拟环境下进行产品装配误差分析，从而在产品装配之前就发现在产品设计、工艺规
划和工艺装备中存在的问题，达到减少产品装配过程中的设计和工装更改，保证装配质量
和提高装配效率的目的。

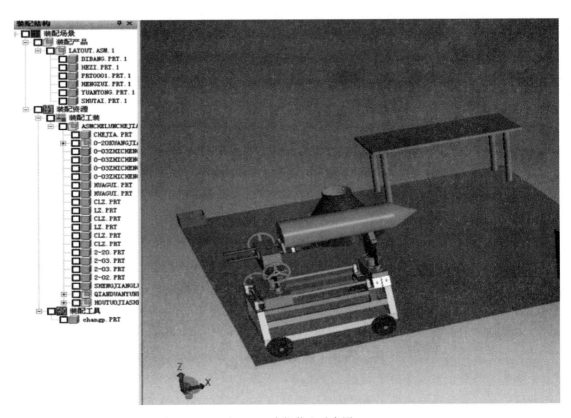

图 6 - 4　虚拟装配示意图

　　（2）虚拟数控加工仿真及切削参数优化技术

　　数控加工仿真是指数控加工过程在虚拟环境中的映射，它是 CAD/CAM 的重要组成
部分，它能有效保证 CAD/CAM 生成的数控代码的正确性，保证该过程无过切和碰撞等
干涉现象，能有效减少实际数控加工时间，提高生成效率。

　　目前，切削加工过程的工艺仿真应用较多的有两种：一是刀具中心的运动轨迹仿
真，即刀具路径仿真；二是刀具、夹具、机床、工件间的运动干涉仿真，即工艺过程仿
真。工艺过程仿真又包括几何仿真和物理仿真，其中几何仿真不考虑切削参数，切削力
以及其他因素的影响，只仿真刀具和工件几何体，用以验证 NC 程序的正确性。物理仿
真是通过力学仿真来预测刀具磨损、振动和变形等，并通过控制切削参数达到优化切削
过程的目的。

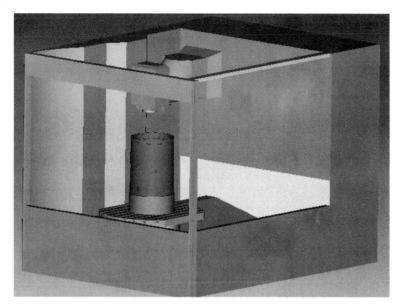

图 6-5　数控加工仿真

（3）热处理组织及变形模拟仿真技术

热处理模拟仿真技术的定义是：将热处理原理、材料学、弹塑性力学、流体力学、数学等多学科理论知识加以集成，建立定量描述热处理过程中各种现象及相互作用的数学模型。利用计算机模拟热处理生产条件下工件内温度场、浓度场、相变和应力场的演变过程，作为制定合理的热处理工艺和开发热处理新技术的依据。计算机模拟技术的应用将热处理摆脱经验和操作者技能的落后状态，向着精确预测生产结果和实现可靠的质量控制的方向跨越。

热处理模拟仿真技术可以为型号产品热处理工艺选择和变形控制提供解决方案。结合材料数据库和生产经验数据，可以快速高效地获得对型号产品热处理过程中的组织转变、应力分布以及变形情况，极大地拓展实测数据提供的信息，完成试验研究很难做到甚至不能做到的工作，缩短新产品的研制周期，降低产品的研制成本。在产品设计开发阶段即可完成零件的热处理模拟仿真，确定产品工艺可操作性，根据模拟仿真结果的反馈优化结构设计，减少设计差错，提高设计准确性。

（4）铸造仿真模拟

自 1962 年计算机模拟铸件温度场以来，铸造过程数值模拟技术得到了长足发展。计算机数值模拟技术可以有效地再现和预测铸造过程中可能出现的问题，从而实现工艺过程的优化，降低制造成本，铸造过程的计算机模拟仿真也是改造传统铸造产业的必由之路。

铸造过程数值模拟技术包含了铸件的充型、凝固、缩松缩孔缺陷预测、应力分析、铸件微观组织的预判等诸多内容。目前数值模拟软件对铸造过程仿真主要从充型过程及凝固两大方向进行计算分析，典型缺陷模拟如图 6-6 所示。

(a) 浇不足　　　　　　　(b) 冷隔　　　　　　　(c) 卷气

(d) 氧化夹杂　　　　　　(e) 型芯发气　　　　　　(f) 缩孔缩松

(g) 变形　　　　　　　(h) 残余应力　　　　　　(i) 裂纹、偏析

图 6 - 6　不同铸造缺陷的模拟结果

　　铸件充型过程仿真是采用数值计算方法，模拟液态金属在铸型中的流动状态，并根据模拟得到液态金属的流动速度、压力等变化规律优化浇冒口系统设计，防止浇道中吸气，消除流股分离现象以避免氧化、减轻液态金属对铸型的冲蚀，并模拟液态金属的温度分布，从而预测浇不足、冷隔等缺陷，为后续的凝固过程模拟分析提供初始温度场条件。

　　铸件的凝固过程仿真是通过建立铸造过程中传热的数学模型，并通过数值方法进行求解，从而得到铸件凝固过程的规律，预测铸件缺陷产生的可能性及位置。

　　（5）焊接仿真技术

　　焊接仿真技术利用物理和数学模型对实际系统进行试验研究，是焊接技术研究变为"理论—计算机模拟—生产应用"的循环，使研究中的分析逐步由定性分析转为定量分析，如图 6 - 7 所示。

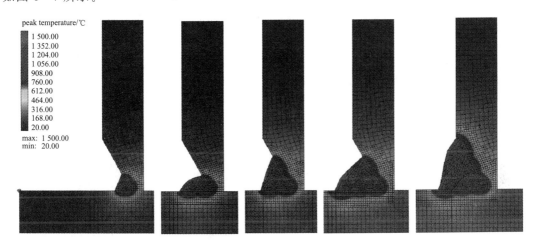

图 6 - 7　焊接仿真示意图

　　焊接数值模拟技术是在解析法基础上实现的焊接变形预测，并通过了焊接实际经验的检验，预测结果具有很大的合理性。近几年随着数值模拟方法和计算机技术的发展，焊接数值模拟技术得到极大的推广应用，并被绝大多数学者和工人接受，成为可靠的生产辅助工具。焊接过程仿真计算主要是基于焊接材料、温度、装夹方式、焊接顺序等焊接工艺参数，针对焊接温度场、焊接变形和焊接残余应力等方面做出预测，降低焊接实验难度，同时提出优化设计方案，并以此来改善焊接件的制造质量。

　　（6）复合材料成型仿真

　　RTM 工艺是一种闭模成型工艺，其工艺原理是在密闭的模腔内，通过压力驱动树脂流动并完成对干态纤维预成型体的浸润。RTM 工艺主要包括充模准备、充模过程和固化这三个关键环节。充模过程作为 RTM 工艺的主要环节之一，其相关的工艺参数如充模压力、入射口、出射口等是否设置合理，对最终制件的力学性能有着重要影响。

　　对充模过程的研究采用数值模拟法可以降低成本、减少工艺参数确定时间、预测充模过程中可能会出现的问题，如图 6 - 8 所示。特别是在制造具有复杂结构的构件时，其模具的设计和制造成本往往很高，如果设计不当，很容易造成总体工艺的失败。而成功的模具设计则完全依赖于我们对整体过程的模拟能力，对树脂在模具内的充模过程进行数值模拟，对于设置合理的浇口位置、浇口数量、注塑速度和压力等提供科学的依据和数据的支撑，能够成功缩短模具设计周期并降低成本。

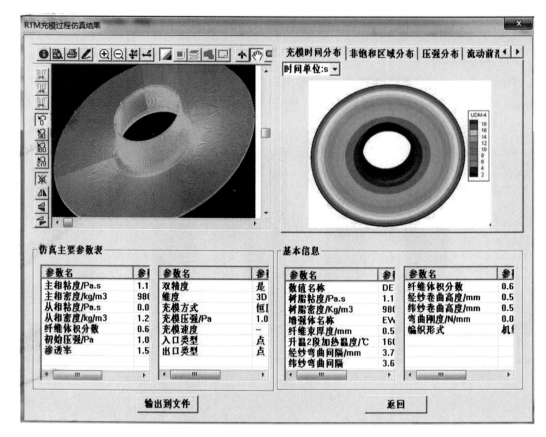

图 6-8　RTM 充型工艺仿真

6.5.1.6　数字化工装设计

数字化工装设计制造技术是指在虚拟设计制造环境下，完成对产品的制造、装配等制造工艺装备的总体设计进程控制，并进行具体细节模型定义与分析的过程。它可以有效地支持自上而下的并行产品设计，建立并提供设计部门与制造部门便利沟通的桥梁和手段，以及实现工装设计制造工艺性和装配性动态仿真等，有效缩短产品开发周期，减少制造过程的反复，提高工装的可用性，降低工装结构设计风险。

当前，国内绝大多数航空制造企业都采用三维建模软件进行工装设计，常用的软件包括 CATIA、UG、Pro/E、SolidWorks 等，有的企业已部分实现基于 MBD 的工装设计。

基于 MBD 设计模型的工装设计（见图 6-9），需要在统一的数字化工程系统平台上，搭建数字化工装设计系统，构建工装数据库，确定工艺工装设计业务协同管理模式，建立与工艺紧密集成的工装设计环境，实现工装与工艺的协同。构建工装数据库是基于 MBD 的工装数字化设计的重要组成部分，工装数据库包括工装标准件库、典型工装模板库、典型工装单元构件库等，通过工装设计的标准化、柔性化和模块化应用，实现工装设计的知识管理和重用，减少工装设计工作量，缩短工装设计周期。

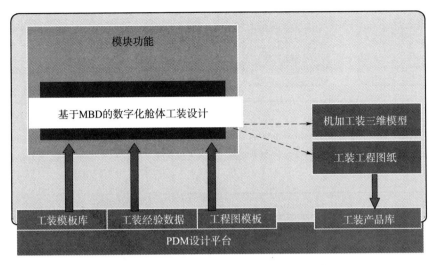

图 6 - 9　基于 MBD 的数字化舱体工装设计

6.5.2　工艺信息化平台层

工艺信息化平台是根据信息流的情况，对单元系统进行的部分集成，主要分为工艺技术信息化平台、工艺管理信息化平台两部分。

6.5.2.1　工艺技术信息化平台

工艺技术信息化是产品设计手段以及设计过程的工艺信息化和智能化，可缩短产品开发周期，提高工作效率。其特点可大致概括为标准化、虚拟化、集成化和智能化。典型的产品技术工艺信息化平台是在 PDM/PLM 等系统的基础上集成了现代设计过程中的多种单元系统，如 CAD、CAE、CAPP、CAM 等系统而实现的，如图 6 - 10 所示。

在这种集成方式下，PDM 系统成为 CAD、CAPP、CAM 系统之间数据交换的桥梁。首先 CAD 系统通过应用系统向 PDM 系统提供零件总体信息、几何信息、精度和粗糙度等信息，CAPP 系统则通过接口从 PDM 系统读取来自 CAD 系统的这些工艺信息，并向 CAD 系统反馈零件的工艺评价，同时又向 PDM 系统提供工艺路线、设备、工装、工时和材料定额等信息，并接收 PDM 系统发出的技术准备计划、设备负荷、刀量具信息等，再通过 PDM 系统向 CAM 系统提供零件加工所需要的设备、切削参数等信息，并接收 CAM 系统反馈的工艺修改信息。

工艺数据库是航天企业实现数字化工艺设计、工艺准备、工艺管理等活动的基本条件与重要保障，是工艺信息化的重要组成部分，可实现工艺知识的积累和重复利用，也是优化工艺、提高工艺质量的有效途径。以往工艺技术人员在编制工艺时主要依靠查阅手册、参考已有工艺和个人经验积累等来制定工艺流程及工艺参数，但现在通过工艺数据库，可将加工材料数据、加工数据、机床数据、刀具数据、标准工艺规范数据等信息进行信息化管理，并根据需要实时提取、推送。在现场指导生产后不断进行工艺知识积累及迭代提升，使隐性知识显性化，并提高工艺工作效率及质量。

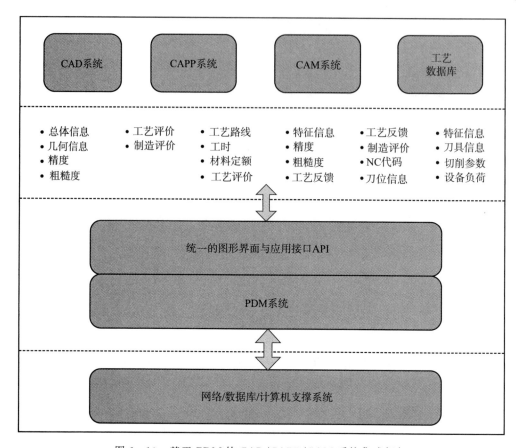

图 6 - 10　基于 PDM 的 CAD/CAPP/CAM 系统集成框架

6.5.2.2　工艺管理信息化平台

工艺管理模式是指工艺管理系统中的体制、管理、经营、生产组织和技术系统的形态以及运作的方式。航天工艺管理主要分为五大块：综合工艺管理、型号工艺管理、基础工艺管理、工艺规划管理、工艺技术管理。

工艺技术管理系统正是通过信息系统的多个接口与厂内部门、原材料供应商及协作单位、上级工艺主管部门及设计单位、客户方进行协调；对车间工艺工作的监督指导等。实现着对工艺工作的计划、组织、监督、控制作用，最终为生产出满足质量要求的产品提供技术支持。

工艺管理信息化平台建设的目标是实现综合工艺管理、型号工艺管理、基础工艺管理、工艺规划管理、工艺技术管理相关管理信息化系统及平台的集成，保证各项工艺数据的唯一性、有效性和安全性，实现各管理单元的有机集成。

1）综合工艺管理：贯彻执行上级有关工艺工作的决定，制定规章制度和工作规范，贯彻相应的实施细则和工作程序；协同其他部门健全工艺管理系统和工艺师系统；工艺队伍建设和工艺人员培训；组织编制工艺全面发展规划和工艺工作计划；统一管理企业工艺工作，全面指导企业各项工艺工作。

2）型号工艺管理：是工艺管理工作的主线，贯穿于型号研制、生产各个阶段的全过程，是保证型号产品优质、高效、快速、低成本研制生产的生命线。主要工作为：组织工艺人员参与设计方案论证、设计评审、有关地面及飞行试验和设计定型工作；设计文件的工艺性审查和会签；设计工艺总方案、工艺路线等文件；批生产工艺工作的总体策划、工艺技术状态控制、关重工序工艺评审等。

3）基础工艺管理：为工艺工作提供科学、规范的管理原则、依据和标准，是工艺管理工作的基础。内容包括：管理制度建设、国家及行业相关标准、法规的贯彻实施、工艺装备管理、工艺攻关、工艺技术状态控制、工艺文件的审批管理、工艺纪律的监督、工艺队伍建设等。

4）工艺规划管理：主要工作包括生产线重组、工艺布局调整、工艺流程设计、工艺设备更新、工艺技术改造的规划、论证等。

5）工艺技术管理：主要针对预先研究和型号研制需求超前开展工艺工作，主要内容包括先进制造技术预先研究、国防基础性科研和航天共性工艺技术研究等，是技术含量高、工艺人员相对素质要求较高和推动工艺技术发展的重要工作。

6.5.3　系统集成层

6.5.3.1　工艺信息化系统集成

企业工艺信息化系统集成是在上述工艺信息化平台上的进一步集成。企业工艺信息化系统集成要求从企业整体进行工艺信息化，进行企业业务过程、组织结构与产品结构的调整，促进资源的集成和最佳利用，提高企业竞争力。

为了进一步促进科研生产的信息化管控水平，建立了信息系统集成化应用环境，所有信息系统全部通过数据总线（Tibco）实现双向集成，打通了 PDM—CAPP—ERP—MES—BI 等多个系统的集成链路（见图 6-11），逐步消除了"信息孤岛"现象。

6.5.3.2　各单位间的工艺信息化系统集成

各单位间的工艺信息化系统集成包括供应链工艺信息化、行业工艺信息化和区域工艺信息化等，可实现各单位内外部资源的集成和最佳利用。企业间工艺信息化系统集成通常需要利用网络化技术、系统集成技术，以便提高供应链、区域和行业的竞争力。例如，航天科工二院同步建设了标准件、元器件库，并基于集团物资供应链信息统一了标准及元器件的物料编码。通过基础资源库的应用，设计人员和工厂工装设计人员在三维设计过程中可以方便地选取资源，使设计单位和工厂之间的数据传递和共享更加高效、规范（见图 6-12）。通过打通信息系统的集成应用链路，实现产品 EBOM 接收—工艺设计—MBOM 生成—计划订单创建—车间执行管理的一体化应用模式。

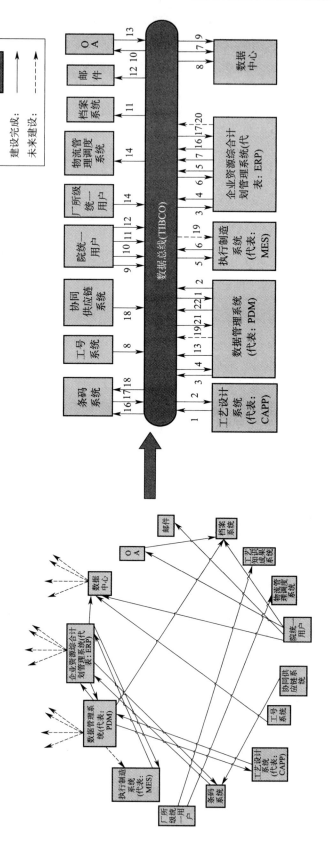

图 6 – 11　多系统集成模式

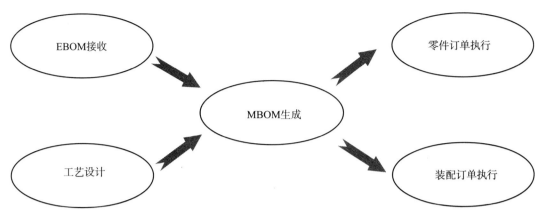

图 6-12　单位间信息系统集成

6.6　工艺信息化评价

6.6.1　工艺信息化评价目的

　　航天单位工艺信息化是提高单位管理水平和整体素质的重要途径。建立一套科学、翔实的工艺信息化评价指标体系，可以为单位自身及其宏观管理部门提供对工艺信息化建设的状态进行纵向和横向对比的客观依据；发现差别，寻找优势，获取单位健康发展的有效方法和途径；促进单位机体的良性循环，有针对性、有目的性地采取增强核心竞争力的措施。由此可见，对工艺信息化进行评价的目的在于：

　　1) 帮助单位了解工艺信息化建设的基本情况，对其内部因素和外部因素进行诊断，对存在的问题和瓶颈有比较深刻的认识，找到解决问题的正确途径；明确工艺信息化建设目标，围绕全面提高管理水平和核心竞争力推进工艺信息化建设。

　　2) 有助于对单位绩效的横向比较，向行业先进水平看齐，从而找到自己与行业先进水平的差距，分析和研究产生差距的原因。

　　3) 帮助单位合理配置工艺信息化建设的资源，使有限的投资发挥最佳的效果，促进企业在更大的空间内使各种资源得到有效利用。

　　4) 帮助单位将工艺信息化与单位战略有机融合起来，促进单位进一步改善经营管理，推动建立单位自我发展的激励与约束机制，使工艺信息化取得实实在在的效果。

6.6.2　工艺信息化指标

6.6.2.1　原则

　　工艺信息化指标体系的重点研究内容是建立一套科学化、标准化、系统化、规范化的指标体系，能够全面、客观地反映企业工艺信息化建设的全貌。根据企业工艺信息化及其评价的特点和评价指标体系自身的特点，企业工艺信息化指标体系的建立必须遵循以下原则：

（1）系统性原则

工艺信息化评价指标需根据单位实际情况和特点合理设置评价层和指标，可以从不同的角度反映工艺信息化的主要特征和状态。各指标相互联系但是又需保持各自的独立性，共同组成工艺信息化评价体系。

（2）典型性原则

工艺信息化评价指标须能代表航天单位工艺信息化的典型情况，尽可能完整、准确地映射航天单位工艺信息化水平的综合特点。

（3）科学性原则

航天单位工艺信息化指标体系的建设和指标选择必须坚持科学性的原则，每个指标不仅要客观、真实地反映单位工艺信息化发展的特点，还要客观全面地反映出各指标之间的实际关联情况。各工艺信息化评价指标应具备充分的代表性，各指标的选取既要充分反映出单位工艺信息化的真实情况，不能遗漏重要信息；又要保证指标的简洁性，不能重复评价。

（4）可操作性原则

评价指标在构建的过程中要考虑指标含义明确，信息集中，数据资料容易获得，能与单位现有的数据衔接。

6.6.2.2 评价指标

工艺信息化水平评价指标体系主要是从工艺信息化环境、工艺信息化支撑系统建设、工艺信息化应用状况、工艺信息化人才四个方面来进行评价。

工艺信息化水平评价指标体系具体的指标见表6-2。工艺信息化水平评价指标体系由四个一级指标构成：工艺信息化环境、工艺信息化支撑系统建设、工艺信息化应用状况、工艺信息化人才。

（1）工艺信息化环境指标

要实现工艺信息化，必须要具备良好的信息化环境。工艺信息化环境主要分为内部环境和外部环境。工艺信息化内部环境包括企业工艺信息化意识和管理机制等，外部环境主要有国内外信息化技术水平、国家地方政府的政策法规等方面。

工艺信息化重视程度指标由企业工艺信息化最高领导者的地位和工艺信息化规划和预算的制定情况两个要素决定。

（2）工艺信息化支撑系统建设指标

工艺信息化建设以计算机、信息技术为手段，单位要实现工艺信息化必须进行工艺信息化支撑系统建设。工艺信息化支撑系统建设指标主要是定量地衡量企业对工艺信息化建设的投入规模、网络建设、数据库建设以及信息安全建设。

①工艺信息化投入比重

单位工艺信息化建设是一项耗资巨大的系统工程，是一个漫长的过程，需要投入大量的人力、财力、物力。工艺信息化的投入比重将极大地影响单位工艺信息化的程度。通常，运行良好的单位在工艺信息化方面的投资力度较大，工艺信息化的成功又使该企业运行得更好，形成良性循环。

②工艺数据库建设规模

数据库的建设规模是反映工艺信息化水平的重要指标，诠释了企业信息资源的覆盖情况，内容涉及产品数据、工艺数据、供应商、采购、外协、生产制造、档案、标准、财务、人力资源等方面的数据库建设。

（3）工艺信息化应用状况指标

工艺信息化应用状况指标主要从工艺相关业务应用工艺信息化的深度和广度来衡量单位工艺信息化应用状况。

1）产品结构化数据覆盖率；

2）工艺人员办公自动化系统应用程度；

3）工艺业务流程工艺信息化水平。

工艺业务流程工艺信息化水平指标是一个综合考核指标。其考核内容主要包括：工艺信息化技术覆盖的业务流程范围，业务数据的共享程度，业务流程是否实现最优控制等。

（4）工艺信息化人才指标

工艺信息化建设中，除了工艺信息技术和工艺信息资源的建设之外，还要注重人力资本的建设。单位工艺信息化要坚持"以人为本"，注重工艺信息化人才的培养，完善激励和培训机制，提高整体的工艺信息化素质。工艺信息化人才指标主要反映员工的工艺信息化素质以及培训状况。

①工艺信息化人才培训制度

工艺信息化建设需要一支高水平、高素质的工艺信息化人才队伍，既具有运用现代信息技术的本领，又有为管理服务、经营服务的理念；既善于学习，又勇于实践。要造就这样一支队伍，长期、稳定的工艺信息化人才培训制度是不可或缺的。

②干部队伍的工艺信息化素养

工艺信息化建设，领导的工艺信息化素养在很大程度上决定了工艺信息化的成败。领导的工艺信息化素养越高，不但是对工艺信息技术人员的一种支持鼓励，而且还对全体员工起到一种带头示范作用。以信息化意识、信息化道德、信息化能力三个要素来考核干部队伍的工艺信息化素养。

③工艺信息技术人员素质

实施工艺信息化建设，单位需要有一支既懂管理又懂技术的工艺信息化人才队伍。单位要长期加强工艺信息技术人员的培训，不仅要培训他们的专业知识，而且要培训他们的管理知识和业务知识，使他们能够完全胜任工艺信息化建设的重任。

④工艺信息化技术普及率

工艺信息化技术普及率是一项综合性指标，主要反映单位工艺信息化开发和使用方面的人才的多少，这将直接影响到工艺信息化建设和运行的效果。

表 6-2　工艺信息化水平评价指标体系

一级指标	二级指标	指标的意义
工艺信息化环境	工艺信息化重视程度	反映单位对工艺信息化的重视程度
工艺信息化支撑系统建设	工艺信息化投入比重	反映单位对工艺信息化的投入力度
	工艺数据库建设规模	反映工艺信息化基础设施状况
工艺信息化应用状况	产品结构化数据覆盖率	反映工艺结构化数据管理的能力
	工艺人员办公自动化系统应用程度	反映单位在工艺应用基础上办公自动化状况
	工艺业务流程工艺信息化水平	工艺业务流程工艺信息化的深度和广度
工艺信息化人才	工艺信息化人才培训制度	反映单位人力资源建设的重视程度
	干部队伍的工艺信息化素养	反映单位管理层的工艺信息化素质与水平
	工艺信息技术人员素质	反映单位技术人员的工艺信息化素质
	工艺信息化技术普及率	反映人力资源的工艺信息化应用能力

第 7 章　航天先进制造

航天先进制造作为高精尖制造的代表，是中国制造的重要核心力量，必须发挥好牵引、带动和辐射作用，引领我国制造业的创新发展。当前，国家重大航天工程难度大、挑战多，航天产品高质量、高可靠，对现有航天制造提出了更高的要求。面向数字化智能化制造模式的转型升级，急需提升关键制造技术水平与装备制造能力，加强设计制造协同能力，加速推进数字化、信息化、智能化技术的研发应用，开展面向行业产业集群的工业云试点，推动数据驱动型企业发展模式的应用示范。自主创新航天制造模式，系统掌握核心制造技术，全面提升航天制造水平。

7.1　航天数字化制造

7.1.1　概述

7.1.1.1　数字化制造的基本概念

数字化制造是指在数字技术和制造技术融合的背景下，用数字化定量表述存储处理与控制方法和企业全生命周期的全局运作，以制造过程的知识融合为基础，以数字化建模仿真与优化为特征，在虚拟现实、计算机网络、快速原型、数据库和多媒体等支撑技术的支持下，根据用户需求，迅速收集资源信息，对产品信息、工艺信息和资源信息进行分析、规划和重组，实现对产品设计和功能的仿真以及原型制造，进而快速生产出达到用户要求性能的产品整个制造全过程。

7.1.1.2　航天数字化制造的内涵及特点

航天数字化制造的内涵很广泛。航天制造领域的数字化是基于产品表述的数字化、过程管控的数字化、装备制造的数字化，基于产品研制的唯一数据源，打通工艺设计、生产制造、检测交付全过程的物流、信息流并实现信息闭环，以虚拟世界与物理世界的统一融合为目标，实现产品从设计到制造全过程的数字化和集成化运行，是航天制造企业设计、工艺、制造过程不断实现数字化的必然趋势。

近年来航天业着力推进数字化、网络化、智能化、云化发展，打造智能制造、协同制造和云制造的新生态。明确了多项航天特色的数字化制造要求。

航天数字化制造的特点总结如下：

1）模型化：从设计—工艺—制造实现基于 MBD 和 BOM 的全生命周期研制模式，采用面向对象的并行工程技术，结合仿真手段构建数字双胞胎，不断修正设计、工艺方案，以达到精确设计、敏捷制造的目的。

2）协同性：为满足航天产品快速设计开发的要求，设计工艺制造过程必须实现高效高度的协同。基于协同研发、工艺设计、生产制造、质量管理的整体构架，实现制造与设计、经营管理、制造设备层的数字化集成，保证制造物流、信息流、价值流的集成贯通运行，支撑了制造过程设计、工艺要求、生产计划和制造资源的业务协同运作。

3）结构化：数字化工艺设计从工艺策划、路线规划、工艺流程、工艺资源、工艺参数、检测要求等多环节均实现文档式向结构化数据的转变，使得各类工艺要素形成结构化的数据信息，并实现数据的传递、使用、反馈、闭环全链路管控。

4）柔性化：是航天多品种小批量离散型数字化制造的典型要求，以数字化、集成化和协同化等方式支持多品种小批量柔性混流生产和快速精准的技术状态变更控制，以高柔性和适应性实现在多种产品制造并行生产下制造计划、技术要求、制造资源、质量管理等环节有效运转和控制，从而保证航天制造的高可靠性、个性化的快速研制要求。

5）可追溯性：航天复杂产品的高可靠性要求实现产品制造全生命周期管理，保证产品数据的可追溯性。基于多种方式实时化地跟踪、采集制造过程数据和实时分析处理，以更准确、更及时、更透明地对制造过程进行管理与控制。因此在设计、工艺、制造各环节的大量产品数据，要实现基于集成模式下的各种信息、数据的全生命周期闭环管理。

6）安全性：数字化制造需要通过计算机网络进行大量关键技术信息交互，实现与企业内外部设计、管理、控制层的数据共享和业务协同，因此必须提供完善的安全措施，保证信息在传递过程中的完整、安全可靠。航天数字化制造相关信息化系统属涉密信息系统，要求符合安全保密方案，主要包括三权分立、安全策略、密级管理、安全审计、安全交换等部分。

7.1.1.3　航天数字化制造的发展历程及现状

面对航天科技技术的快速发展需求，航天产品更新换代加速，研制周期不断加快，生产批量不断增大。结合数字化制造技术的快速发展，传统的航天产品工艺、制造方式也迎来了自动化、数字化的转型变革浪潮。航天产品的数字化技术研究和应用历程主要有三个阶段：

1）高精度的自动化设备、数控设备应用，实现工序级、零件级、产品级的自动化加工、装配及测试实验等；配套单项数字化技术如 CAD、CAE、CAPP、CAM 系统进行应用。

2）数字化柔性单元、生产线的应用，实现零件、产品流程化制造，配套的设计、工艺、制造系统实现初步集成化，具备共享产品数据和数据转换能力。

3）建成基于整体型号产品的设计制造协同研发平台，实现基于大集成模式的跨系统、跨地域的集成制造和协同研制。

航天产品是典型的知识与技术密集和附加产值高的综合性产品，具有结构组成复杂、产品技术指标高、工作环境恶劣、产品可靠性、安全性要求极高。整个生产研制过程呈现离散性的单件小批量生产模式。传统的航天工艺制造能力较为薄弱，自动化、数字化程度低，还有不少生产环节依靠人工技能和经验，产品制造可靠性受限于人为因素；型号产品的加工、装配、检测过程和系统大多是独立分散的，数字化集成度不高，制造过程协同困难，制造的柔性和适应性不够。目前航天行业面对数字化制造的技术浪潮，正在开展自动化、数字化技术革命，去手工专项行动、在线检测、数字化产线等项目发展迅速，数字化制造水平正处于持续快速上升阶段。

7.1.2　航天数字化制造技术体系

7.1.2.1　数字化协同技术

设计与制造是产品全生命周期中最重要的两个环节，航天产品研制的周期紧、高质量特点，要求设计工艺协同工作，提高产品一次成功率，增强产品的竞争力。航天产品的研发过程实现了从单一的串行设计模式到并行设计模式，再到现在的数字化平台协同设计模式的发展。

并行工程是一种对产品及其相关的过程（包括制造过程、支持过程）进行并行、一体化设计的工作模式，要求融合一切资源，在设计新产品时，前瞻性地考虑和设计与产品全生命周期相关的过程，如图 7 - 1 所示。在设计阶段就预见到产品制造、装配、检测、成本等各种因素。

协同设计是指区域分散的设计群体，借助计算机及其网络技术，共同协调与协作来完成一项产品设计任务。在基于并行机制的数字化环境下，协同设计以产品为核心组织跨部门甚至跨地域的集成产品开发团队进行产品研发，通过集成产品信息模型的构建，在设计、工艺、加工、装配等过程提供产品的全生命周期的数字化描绘，基于协同设计过程规划和控制管理，实现产品的全生命周期数字化信息的集成和优化。

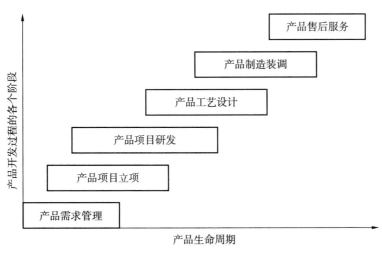

图 7 - 1　产品并行设计过程

7.1.2.2　数字化工艺设计与管理

数字化工艺设计是以产品数字化研制体系流程为主钱，根据设计端基于 MBD 的产品 BOM 数据开展工艺、工装设计与管理，构建符合企业实际情况的基于模型和 BOM 的数字化工艺设计技术体系的总体规划和建设方案，如图 7 - 2 所示。

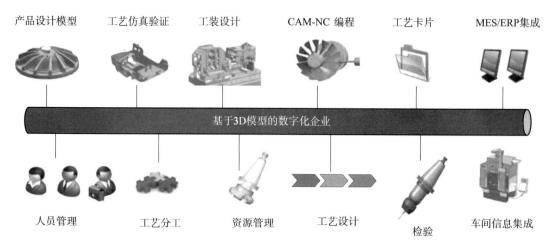

图 7-2　数字化工艺设计

航天制造是基于 BOM 主线，开展整体工艺规划和设计工作，通过结构化工艺路线、工艺规程设计，打通 EBOM—PBOM—MBOM 路径，不断传递和扩充形成 PBOM、MBOM 结构，赋予 BOM 在传统的物料清单定义的基础上更多、更广的意义。

数字化工艺设计制造对产品研制是一种深刻技术和管理变革。基于数字化模式的工艺管理主要包含以下几个方面。

（1）以产品工艺数据为中心的全面数据管理

航天产品以型号按阶段研制、批产模式组织生产，生产制造和质量管理对工艺数据的完整性要求极高，需提供各类工艺数据如工艺流程、工艺参数、制造资源、质量要求、定额要求。因此需要基于型号产品组织各类工艺数据的归集，基于产品 BOM 进行工艺资源、关键工序、材料定额、工时定额的自动汇总统计，减少人为失误，提高工艺设计效率。

（2）基于集成的技术状态更改闭环控制管理

基于设计—工艺—制造几大数字化系统集成，实现设计变更—PBOM 变更—工艺路线变更—工艺规程变更—产品实物变更逐级全面闭环；工艺变更采用结构管理，根据条目形成的工艺结构变更与相应的客户化表格形式同时发布，形成新的结构化工艺版本。

（3）基于工艺资源、工艺知识的工艺基础管理

基于统一的编码管理体系，建设适合航天企业的工艺资源库（工装、设备等）和工艺知识库（典型工艺、工艺参数、工艺标准、工艺术语等），实现资源数据在各业务环节的无缝传递。工艺设计时直接从工艺资源库中选择，并可实时查看工艺资源实物信息；基于工艺知识库可进行快速工艺设计并形成推送机制，规范工艺设计过程，提高工艺设计质量与效率。

7.1.2.3　数字装备与数字制造系统

（1）数字装备与数字制造技术

数字装备也可称为机电信息一体化装备，是指在传统的机械装备中，引入了信息技

术，嵌入了传感器、集成电路、软件和其他信息元器件，从而形成了机械技术与信息技术、机械产品与电子信息产品深度融合的装备或系统，其本质上是"数据驱动"和软件控制的自动化制造装备。

数字装备的应用突出体现在数控机床、基于机器人的自动化生产线等方面，在物料存储、机械加工、装配、物流等制造环节也得到了运用。在物料存储环节，自动化立体仓库实现了在不直接人工干预的情况下，自动地存储或取出物料；在制造环节，由柔性生产线总控系统、数控机床、中心刀具库、物料等组成柔性制造系统（FMS）广泛运用；在产品装配环节，采用符合产品装配工艺特点的装备系统实现自动化、数字化装配，并接收传输数据信息；在物流环节，则由自动导引车对接自动化立体仓库，在机械加工、装配、喷涂等作业工位中自动流转，将数据及时与系统发生交互。主要应用示例如图 7-3 所示。

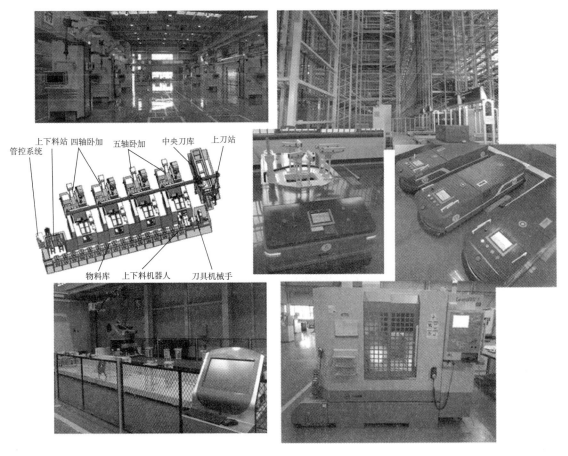

图 7-3　数字装备典型应用示例

数字化制造技术涉及计算机辅助设计技术、计算机辅助工程分析技术、计算机辅助制造技术、计算机辅助工艺规划技术、产品数据库管理技术、快速成型技术、逆向工程技术等。将数字化制造技术与机械装备不断融合，才能使装备发挥更大效用。

（2）基于集成的航天柔性制造系统

柔性制造系统是由统一的信息控制系统、物料储运系统和一组数字加工设备组成，能适应加工对象变换的自动化机械制造系统。当前柔性制造系统不仅强调以某种工作中心为核心的柔性制造平台，而且更加关注数据、系统、集成及在此链路上的产品制造全生命周期管理，强调产品制造数据的数字化、过程管控的数字化、加工装备的数字化，强调数据所能产生的价值。

航天柔性制造系统根据航天业务特征和产品特点，一般应具备以下几个功能：1）能够根据制造业务专业化分工动态调整工艺装备并组成相应集合；2）能够实现制造过程中的产品自动转运、物料自动配送；3）能够实现基于业务的精细化质量管控；4）能够实现生产计划进度的在线管控；5）能够实现基于流程牵引的制造执行。

基于以上功能，航天柔性制造系统一般包括以下几个部分：数字化工艺设计系统（制造数据的源头）、企业资源计划系统 ERP、涉密网车间制造执行系统、工控网（非密网）现场调度执行系统、AGV 调度系统、制造控制系统、仓储控制系统，系统间相互集成贯通，实现生产订单、计划、物料、物流、质量管控等业务的全流程数字化、智能化集成，实现产品制造的全生命周期管理，总体如图 7-4 所示。

数字制造系统需打通系统间的纵向集成，建立数据双向传递链路（符合保密要求），以业务集成驱动系统集成，打通顶层环境到底层执行的纵向集成，逐步实现自顶向下的数字化管控及自底向上的制造数据反馈。各系统简介如下：

数字化工艺设计系统是整个制造系统的源头系统，完成制造数据的编制。为实现制造数据的向下集成和传递，制造过程中所涉及的工艺资源、物料、工装工具、各角色人员、质检数据应能够实现结构化参数化设计。

企业资源计划系统 ERP 掌握企业运营数据、与制造相关的财务数据、顶层订单数据等，强调业务、财务一体化，通过与工艺设计系统的集成获得制造业务理论数据，通过与车间制造执行系统 MES 的集成获得实际制造数据，从而在此层级收获以业务为基础的订单实现。

涉密网车间制造执行系统用于分解 ERP 系统下发的生产订单，形成生产计划。该系统还需具备的重要功能是接收工艺设计系统传递的制造数据，完成物料齐套、工艺资源齐套工作，后续连同生产计划下发至工控网现场调度执行系统。

工控网现场调度执行系统是制造车间及现场的综合管理系统，所有制造要求和数据将在此执行和处理，所有制造实际数据将在此集合。该系统能够实现较小颗粒度的生产计划线上管控，同时通过计划牵引，实现围绕计划订单的各类资源的分配（人员、物料、工装、数据等）。同时，围绕计划订单的当日完成率及质量问题发生率也可进行集中统计和展示，方便后续计划的排产。还有另一个重要作用，即生产实际时间数据的累积，对于不断优化提升生产排产准确性具有重要意义，从而为进一步掌握车间实际生产运行提供各类保障。

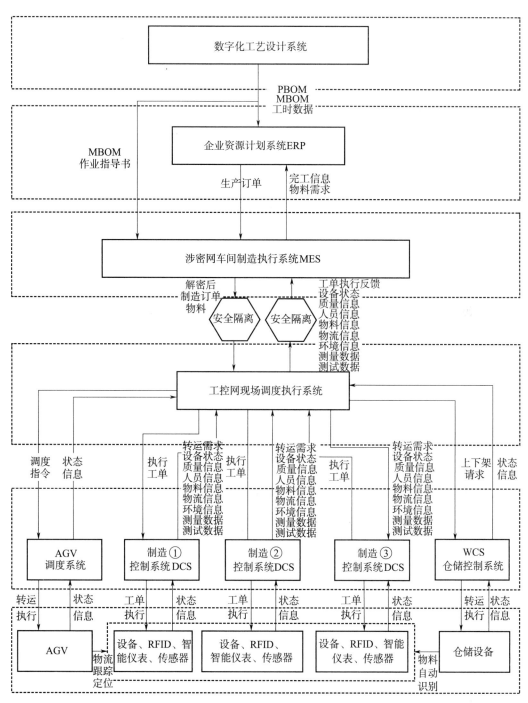

图 7 - 4 数字制造系统示意图

AGV 调度系统、制造控制系统、仓储控制系统与底层各类工艺装备相关联，根据工控网现场调度执行系统的任务指令实现工艺装备的相关控制，同时收集工艺装备的业务执行状态信息及装备自身状态信息。

7.1.2.4　数字化检测及质量管理

（1）数字化检测技术

数字化检测技术是将连续变化的被测量模拟量转换成离散量，再经过数据采集、计数、编码、数据传输与存储，最后完成数据处理、图像处理、显示及打印工作。其工作原理为：传感器安装在机械制造系统相关生产设备及其辅助装置上，用于检测所需的系统运行信息；经预处理的信号输入至信息处理单元的数据采集接口；信息处理单元应用各种特征判别处理方法，从所采集的信号中提取反映监测对象的状态特征值，作为处理结果传输给上级系统，另一方面反馈执行元件发出调整、控制命令。基本检测单元的结构组成，如图 7-5 所示。

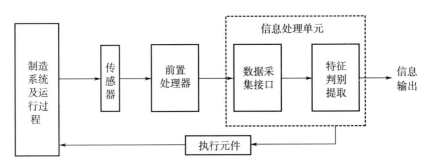

图 7-5　基本检测单元的结构组成

数字化检测覆盖范围较广，包括零件、产品检测，工位状态监控，制造过程检测，物料运储系统的检测，环境参数的监测，系统诊断，人员的安全监测等方面。实现的方式有离线、在位、在线等多种检测方式。

（2）数据自动采集技术

自动从设备和仪器进行数据采集，准确、高效地获得测量的基础数据是质量管理的基础。数据自动采集技术研究信息数据的采集、存贮、处理以及控制等作业，是数字化检测的基础。数据自动采集就是将外部模拟世界的各种模拟量，通过各种传感元件做适当转换后再经信号调理、采样、编码、传输等步骤，最后送到控制器进行数据处理或存储记录的过程。

（3）数字化监控技术

随着航天数字化装备的广泛应用，不仅对制造对象的特征需要进行过程检测反馈，而且数字化装备的过程参数控制及运行状况对保证产品质量起着举足轻重的作用，另外环境对航天产品的关键质量特性控制也有重要影响。因此，制造过程的数字化监控技术涉及范围不断扩展，如产品在线检测、刀具磨损监控、设备状态监控、环境参数监控等，甚至涉及远程监控技术。

（4）航天产品全生命周期质量管理

航天产品的复杂性、协同性特点决定了产品质量数据种类多，数据量庞大。航天产品"一次成功"的质量理念，严格的质量追溯管理要求实现产品全生产周期的质量管理。进入数字化制造时代后，对质量数据的全方位管理要求也提出了新要求。

基于种类多、批量小、更新迭代快等特点，产品全生命周期的质量管理是指在产品制造全过程中对质量活动进行计划、组织、指挥、控制和协调，实现对设计开发质量管理、生产质量管理、供应质量管理和使用质量管理等工作有机协调和运作，目的是促进产品质量的持续改进。通过全生命周期质量管理，质量活动贯穿型号产品实现全过程，并通过各阶段之间的信息交互，形成了闭环的航天产品全过程质量管理，如图 7-6 所示。

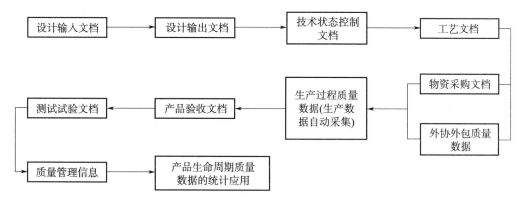

图 7-6　产品生命周期质量管理流程

7.1.2.5　数字化仿真技术

（1）数字化制造过程仿真

当前，随着数字化设计制造技术的推广应用，产品信息描述由以前的二维图纸转向全生命周期的数字化描述。产品数字化工艺设计为产品全生命周期的数字制造奠定了基础，也为开展产品全工艺周期的数字化仿真工作打下了基础。

欧洲空间局、西门子等国外知名企业都投入了大量资金研发数字化工厂解决方案。国内航天企业近几年对数字化工厂和工业 4.0 也投入了大量的资源，许多航天设计及制造企业利用数字化设计、分析、仿真等技术手段，实现了设计、零件制造以及装配一次成功，并将开始构建未来数字化工厂的蓝图，如图 7-7 所示。

①数字化工厂仿真

工业 4.0 的推广应用，将传统制造模式推向智能化、产线化，带来了产线布局、物流仿真、节拍计算等问题，这些问题难以依赖手工完成，需要借助专用的产线布局仿真技术。

数字化工厂仿真是指利用计算机仿真技术，以产品全生命周期的相关数据为基础，使产品在生产工位、生产单元、生产线及整个工厂中的所有真实活动虚拟化，在虚拟环境中对整个生产过程进行规划、分析、评估和优化，计算各工位产能和物流时间，实现最优生产线平衡，以指导工艺布局、工艺物流和生产规划的仿真技术。数字化工厂的生产系统仿真主要包括工艺布局仿真、工艺物流仿真和生产计划验证三个方面，如图 7-8 所示。

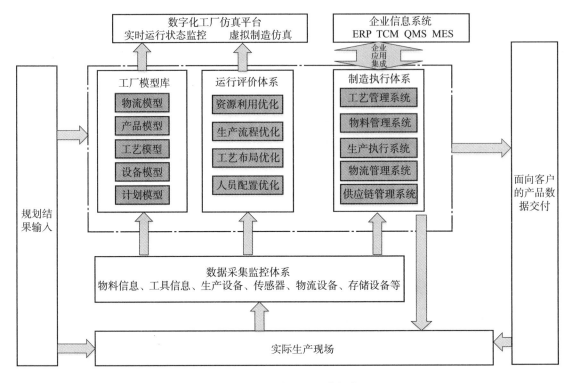

图 7-7　数字工厂总体架构

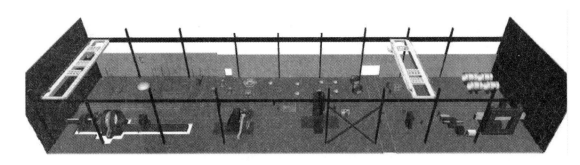

图 7-8　工厂布局的静态模型

②数字化工艺设计仿真

在全数字化产品工艺设计中，开展基于 MBD 的数字化仿真是实现数字化工艺设计中的工艺验证和优化的关键环节。通过引入有限元分析、数控加工仿真和装配仿真，可以充分利用工艺模型进行铸造、锻造、钣金、焊接、机加、铆接、装配和总装等多专业的工艺仿真与验证，可以在工艺设计阶段开展工艺方案可行性分析与参数优化。

数控加工仿真包括物理仿真和切削轨迹仿真。航天特殊性能要求的新材料应用，需要深入研究材料的切削过程，形成专用的加工方法和刀具结构。加工仿真技术的发展，已逐步从成形仿真进入物理仿真与成形仿真相结合的阶段，能够对切削过程物理量（切削力、切削热）进行有限元分析，如图 7-9 所示。

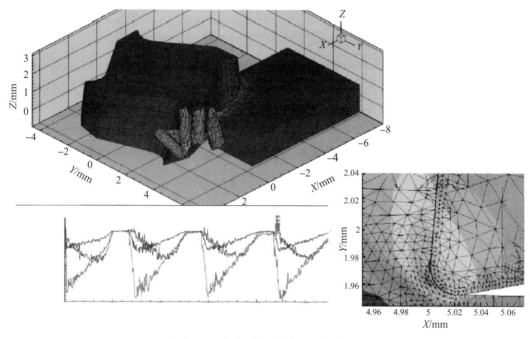

图 7 - 9　切削过程物理量（力、热）

　　装配工艺仿真是在计算机软件环境中，调用产品和资源的三维模型，设计各部分的装配工艺过程，并利用软件模拟零件、组件、部件等数字模型装配过程，检查产品、资源设计的缺陷，优化工艺设计，得到最佳方案。主要包括装配干涉的仿真、装配顺序的仿真、人机工程仿真等。

　　近年来各种特种工艺的仿真技术不断发展，如铸锻造、焊接、热处理、表面处理等专业都出现了专业的仿真工具。主要基于产品模型，针对相关的各种类型的工艺参数进行分析，旨在改善加工对象的制造质量，保证产品性能指标，优化加工步骤及工艺参数等工艺过程要素。

　　（2）虚拟制造

　　虚拟制造是通过计算机虚拟模型来模拟和预估产品功能、性能及可加工性等各方面可能存在的问题，提高预测和决策水平。虚拟制造不是原有单项制造仿真技术的简单组合，而是在相关理论和已积累的基础上对制造知识进行系统化组织，对工程对象和制造活动进行全面建模，在建立真实制造系统时，采用计算机仿真来评估设计和制造活动，以消除设计中的不合理部分，如图 7 - 10 所示。

　　虚拟制造按与生产各个阶段的关系，可以分为三类，即以设计为核心的虚拟制造、以生产为核心的虚拟制造和以控制为核心的虚拟制造。以设计为核心的虚拟制造把制造信息引入整体的设计过程，利用仿真来优化产品设计。以生产为核心的虚拟制造是在生产过程模型中融入仿真技术，以此来评估和优化生产过程，以便降低费用，快速地评价不同的工艺方案、资源需求规划、生产计划等。以控制为核心的虚拟制造是将控制模型加到仿真过程中，实现基于仿真的最优控制。

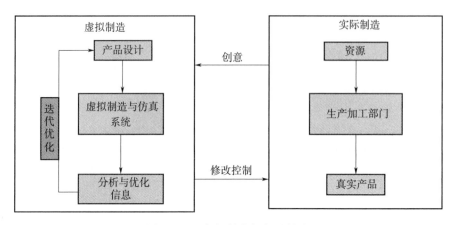

图 7 - 10　虚拟制造与实际制造

7.1.3　航天数字化制造技术在航天领域的典型应用

7.1.3.1　数字化工艺设计及应用

航天企业基于各自工艺设计和管理特点形成各具特色的数字化工艺设计模式。典型的数字化工艺设计平台如图 7 - 11 所示，采用 TCM 系统，完成了主线工艺设计功能、支撑工艺设计功能、辅助工艺设计功能、系统集成功能四大方面功能建设，覆盖产品设计 EBOM 数据的接收、工艺 PBOM 创建及管理、工艺分工设计、材料定额设计、结构化工艺设计、检验规划设计、工时定额制定、审批流程管理、技术状态管理、工艺资源库管

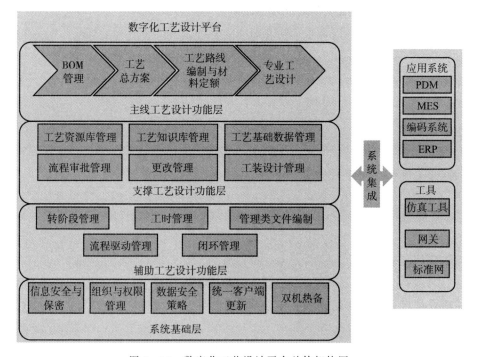

图 7 - 11　数字化工艺设计平台总体架构图

理、工艺知识库管理等工艺工作全过程。并通过设计 PDM 系统、TCM 系统、数字化制造管理系统（MES）集成，实现了基于 BOM（EBOM、PBOM、MBOM）的设计、工艺、制造业务的一体化。

（1）平台设计特点

1）协调资源库与编码系统的管理架构，统一工艺基础数据的结构化创建及管理模式，资源与知识数据的推送重用嵌入到工艺设计各环节；

2）实现工艺文档管理向工艺对象管理方式的转变，基于对象明确数字化构成要素；

3）实现 PBOM 与工艺路线基于独立对象且相互依存的管理模式；

4）实现工艺路线与材料定额统一编制、统一管理模式，工艺路线采用无纸化方式推进；

5）实现各工艺专业既基于统一编辑器开展工艺设计工作，又展现专业个性特色的工艺数据；

6）实现工序、工步结构化的三维工艺设计及现场展现形式；

7）实现基于工艺流程的质量数据结构化设计与管理；

8）实现基于产品数据库的型号目录的建设，按产品类型-文件类型-单位层级式结构组织数据，实现各类工艺数据的自动归集；

9）利用上下游及其他相关系统的信息集成功能，实现唯一数据源管理及数据流最大化利用。

（2）平台典型功能简介

①基于 BOM 数据的工艺设计链路

工艺设计链路图如图 7 - 12 所示。

②层级化的 PBOM 结构设计及维护

PDM 系统：EBOM 数据在 PDM 系统发布后，主管设计师将 EBOM 数据发送至 TCM 系统。

TCM 系统：设计数据包括 EBOM、模型、文件通过系统集成发送至 TCM 系统，接收 EBOM 数据后系统自动初始化 PBOM 结构及属性，开展 PBOM 数据维护，工艺件创建，工艺路线数据维护工作。

③结构化工艺路线

依据各层级 PBOM 开展工艺路线编制，并自主选择层级展开形式；按产品通用性分类进行工艺路线设计、材料定额设计；形成结构化工艺分工，也可输出成报表用于纸质流转。

④结构化工艺设计

1）依据发布的结构化工艺路线，生成工艺流转，自动推送至分工单位；

2）建立结构化工艺、工序、工步，零件工艺可直接在流转下开展结构化工艺设计；

3）装配 BOM 设计，装配工艺构建装配 BOM 后开展结构化工艺设计；

4）基于统一的工艺编辑器开展工艺规程内容编制；

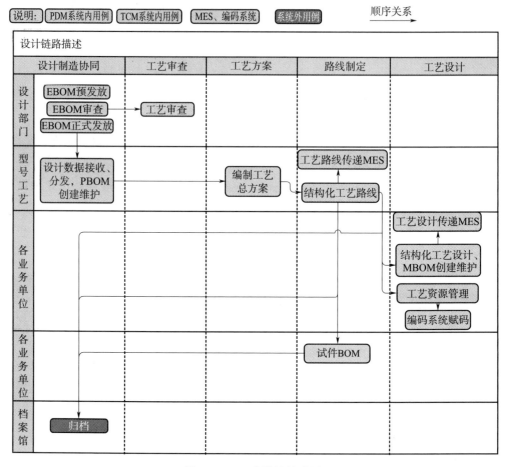

图 7-12 工艺设计链路图

5）三维工艺编制：在数字化工艺设计单元中实现了三维结构化工艺设计模式，工序流程设计与三维工序模型实现在同一平台上同步进行。同时可生成二维工艺卡片。

⑤检验规划设计

质量特性设计：质量跟踪卡与工艺规程编制融合，工序信息自动提取，在工艺规程编制时完成检验特性定义，包括检验方法、评价标准（公差上下限）严酷度系数维护，为开展质量数据自动采集判读以及 PPM 统计提供数据支持。

7.1.3.2 数字化制造架构设计及应用

对于型号研制企业来讲，为实现或推进数字化制造，必须针对其生产制造特点，建立企业全局管控架构。数字化制造管控架构一般包含门户层、集成层、应用层、共性资源层、网络基础层。典型的航天数字化制造管控架构如图 7-13 所示。

（1）门户层

基于企业门户系统，为用户的统一入口，提供用户管理、身份认证、消息代办、系统集成、统一搜索、日志审计等集成服务。

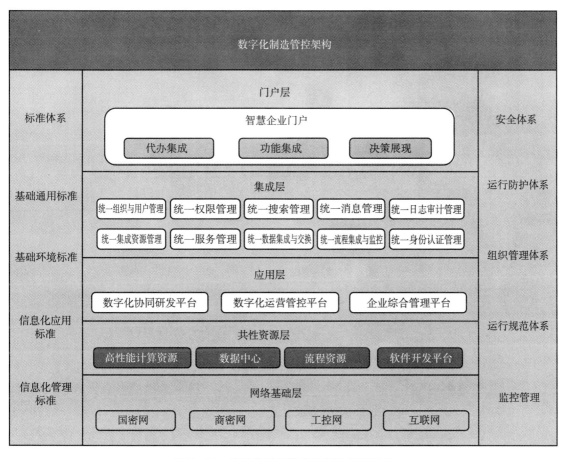

图 7-13　典型的航天数字化制造管控架构

（2）集成层

运用相关信息化技术实现系统与门户间、系统与系统间的集成，提供相对统一的集成服务，形成各类资源有效共赢运行环境。

（3）应用层

与企业制造业务密切关联，一般包括几类平台：数字化协同研发平台、数字化运营管控平台、企业综合管理平台。

1）数字化协同研发平台。是基于产品全数字化模型集合，实现产品全生命周期端到端集成管理的平台。主要涉及产品规划管理、工艺设计信息管理、产品数据管理等，是产品信息的源头平台。

2）数字化运营管控平台。是企业从决策经营管理到底层设备生产不同级别层面的纵向集成，是数字化制造物理实物的集中体现。主要涉及合同管理、计划管理、装备管理、制造执行管理等。

3）企业综合管理平台。是企业围绕端到端集成、纵向集成两条主线，实现企业各平台及各项基础管理高效运行的支撑平台。主要涉及资产经营管理、保卫保密管理、知识管理、标准规范管理、行政办公管理等。

（4）共性资源层

为企业提供数据存储、管理及应用服务。

（5）网络基础层

分为国密网、商密网、工控网、互联网四个基础网络环境，通过上下行隔离装置及人工导入的方式实现数据的交互。

7.1.3.3　数字化制造生产线设计及示范应用

数字化制造生产线设计应用是综合应用数控加工设备、自动化物流系统、刀具管理系统、产线信息化及运行总控系统，形成的一整套产品自动加工、自动装夹、自动排产和运行过程实时监控的系统。图 7-14 为某厂建设的航天复杂部件数字化制造生产线结构布局和架构图。

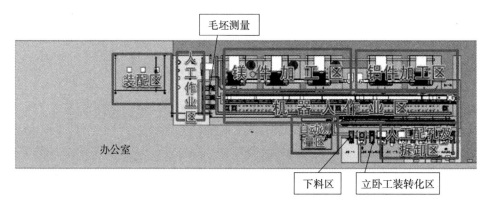

图 7-14　某生产线总体布局

生产线主要针对中小尺寸部件加工。采用了 5 台铣车复合多轴联动加工设备，集成了零点定位系统、雷尼绍测头、自动角铣头更换等功能。产线采用了三台库卡机器人，分别用于扫描测量、自动物流，通过定制设计的工件托盘，实现零件在上料区、缓存工位、机床、钳工修配区和自动测量间转运和自动定位、夹紧。自动测量单元包含一台蓝光扫描装置、自动回转工作台和一台三坐标测量系统及上下料系统。蓝光扫描装置用于测量铸件毛坯尺寸，检查铸件内部特征位置偏移情况。三坐标测量系统用于零件中间工序及终检测量，同时配制了自动滑台，用于与产线交换零件。零件测量过程采用全自动运行，由总控系统统一控制，测量完成后数据自动上传总控系统，以供显示查看。同时，测量单元集成了质量数据分析系统，可以实现对零件加工质量数据的分析，跟踪产线加工质量变化。总控系统负责生产线的运行控制，实现自动排产、产线运行状态监控、运行数据分析等功能。

通过数字化生产线的建设应用，将传统的加工模式带入了数字化时代，实现了生产加工全过程信息的实时跟踪展示，高度自动化的物流、加工、运行信息管理和加工质量的闭环管理，极大地提升了产品的加工效率，有助于产品质量的持续提升。生产线的运行投产集中体现了数字化制造的总体思想，实现了产品制造过程与质量信息的数字化收集管理，成为未来航天制造的发展方向。

7.1.4 航天数字化制造技术发展方向及展望

数字化技术作为提升制造业技术进步的一项新兴技术，在全球制造业广泛应用，推动了全球制造企业的发展。从技术进步趋势来看，随着航天产品个性化需求、快速研发需求的快速上升，数字化制造技术发展前景广阔，与数字化制造相关的装备制造、材料制备及信息技术都有广阔的发展前景。新材料、数字化软件、灵敏机器人、新型制造将形成合力，主要向信息化、网络化、虚拟化和柔性化方向发展，促进航天制造进入数字化新时代，并向智能化方向迈进。

（1）先进数字制造技术向极端制造方向突破

面向航天产品的个性化需求、极端条件及要求的不断出新，随着以增材制造为代表的颠覆传统制造业的数字化制造技术不断发展，制造极端尺寸（极大或极小）及极高功能的器件和功能系统的极端制造技术是航天数字化制造需要突破的焦点，在制造系统方面实现新装备、新技术、新工艺等，用多种技术极限构造制造技术与能力极限。

（2）实现两化融合，向智能制造方向纵深发展

智能制造是数字化制造的发展方向，是制造技术发展的必然，也是航天制造业创新发展的必由之路。

随着人工智能与计算机技术的不断渗透和融合，数字制造的智能化程度将不断提高，自适应控制技术、智能驱动技术不断推进，专家系统引入制造、检测及诊断过程，人与智能机器的合作，扩大、延伸和取代技术专家在制造过程中的脑力劳动。智能制造将制造自动化、数字化延伸到高度的集成化、柔性化、智能化，是计算机技术、信息技术与制造业深度融合的最终目标。

（3）实现制造业全面融合，建设数字化、智能化企业

数字化制造技术实现产品全生命周期的数字化运作和管控，因此制造系统的数字化必然向产品全过程及相关业务环节扩展、延展和融合，实现企业资源计划、供应链管理、企业决策管理等方面的数字化管控并与制造系统全面集成，设计、工艺、制造、管理各业务环节达成高度集成化、协同化的工作模式，实现企业内外信息流、物质流和资金流的顺畅传递，从而有效提高航天企业的快速研发能力。

7.2 航天智能制造

7.2.1 概述

7.2.1.1 智能制造的基本概念

广义的智能制造是指对产品全生命周期中设计、加工、装配等环节的制造活动进行知识表达与学习、信息感知与分析、智能决策与执行，实现制造过程、制造系统与制造装备

的知识推理、动态传感与自主决策，是信息化与工业化深度融合的新型工业形态，也是智能技术与制造技术的融合。一般来说，智能制造是以信息技术为核心，通过一系列的信息建模、信息处理和分析利用来实现改造制造过程，提高制造效率和产品质量，降低制造成本等一系列活动的总称。

智能制造集自动化、信息化、数字化、网络化和智能化于一身，具有实时感知、优化决策、动态执行等特点，在实际应用中具有自组织能力、自律能力、自学习和自维护能力，以及整个制造环境的智能集成、人机一体化的虚拟现实能力。

7.2.1.2　航天智能制造的内涵及特点

航空航天装备作为制造强国重点领域之一，大力推进数字化、网络化、智能化制造是航天工业跨越升级发展的战略选择和必由之路。航天制造业已经具备了全三维模型设计-制造协同能力、远程异地制造协同能力、三维工艺设计能力，并且具备了三维工艺仿真能力、数字化制造能力；开展了单元布局与单元制造模式探索、生产主线信息集成应用工作、典型零件加工车间数字化应用、典型数字化生产线的建设等工作。航天企业在智能制造方面进行了大量的探索与实践活动，取得了显著成绩。

智能制造（Intelligent Manufacturing，IM）泛指智能制造技术和智能制造系统。关于"智能制造"的定义非常多，百度百科中"智能制造"是一种由智能机器和人类专家共同组成的人机一体化智能系统，它在制造过程中能进行分析、推理、构思和决策等智能活动。在《智能制造科技发展"十二五"专题规划》中，智能制造是"面向产品全生命周期，实现泛在感知条件下的信息化制造，是在现代传感技术、网络技术、自动化技术、拟人化智能技术等先进技术的基础上，通过智能化的感知、人机交互、决策和执行技术，实现设计过程智能化、制造过程智能化和制造装备智能化等"。随着各种制造模式和新一代技术的快速发展，智能制造的内涵在不断变化，人工智能的成分在弱化，而信息技术、网络互联等概念在强化，航天智能制造也和数字航天的体系建设高度融合。

航天智能制造有如下特点：

1) 智能制造的载体是制造系统，它是以新一代信息技术为基础，包括物联网、大数据、云计算等，是泛在感知条件下的信息化制造。

2) 智能制造面向产品的全生命周期而非狭义的加工生产环节，产品是智能制造的目标对象。

3) 智能制造技术的应用是针对制造系统的关键环节或过程，而不一定是全部。

4) "智能"的制造系统必须具备一定的自主性的学习、分析、感知、决策、通信与协调控制能力，能动态地适应制造环境的变化。

实施智能制造是为了实现某些优化目标，如提高设计与制造的效率，提升产品的质量、缩短产品制造周期等。

7.2.1.3　航天智能制造的发展历程与现状

航天制造业经过60多年的发展，初步构建了包括设计制造一体化集成平台、基于知识和仿真的集成工艺设计环境、可配置生产线作业执行控制系统在内的数字化制造技术体系，建立了相关配套标准、规范、数据库及知识库。紧密围绕国防科技工业创新发展和航天装备体系建设需求，深度结合型号研制需求，航天企业在智能制造方面进行了大量的探索与实践活动，在科研生产管理、数字化制造、核心技术研究与应用及服务保障方面，具备了实施智能制造的基础。

对标智能制造，航天制造技术基础较为薄弱，在数字化制造、网络通信、信息化、自动化、人工智能技术等方面与国际先进水平尚有较大差距，具体表现如下：

（1）数字化技术具有一定基础，仍需整体提升

新型号基本实现了基于产品三维数模的设计、制造一体化，其他型号产品基本仍靠二维工程图传递设计信息；数字化检测水平落后，缺乏在线原位检测等检测手段；虚拟制造与验证能力不足。

（2）信息化程度较低，深度和广度不足

流程和信息化融合互动已经成为企业管理进步的重要手段。当前车间级的生产过程管理、制造资源管理、生产成本控制等信息化技术及能力水平不足，研制、生产主要依赖人来管理，实现人、财、物、资源等协同有效管理尚有不足。

（3）自动化的整体水平仍较落后

航天制造企业多从试制生产厂演化而来，原有的以研制为主、少量/小批量生产模式还需变革和转型升级，技术手段以手工操作、半机械化、半自动化为主，自动化水平低，难以满足系列产品对高质量、高可靠、高效率、零缺陷、柔性化的要求，无法满足快速稳定的批生产需求。

（4）航天智能制造技术储备不足

航天制造的智能设计、智能加工与装配、智能服务及智能管理等领域的关键技术尚未构成智能制造技术集群，先进制造系统所需的人工智能关键技术研究尚未达到实用化程度。

7.2.2　航天智能制造体系架构

7.2.2.1　智能产线

与传统生产线相比，智能生产线的特点主要体现在感知、互联和智能三个方面。智能生产线架构如图 7-15 所示，制造数据准备层实现基于仿真优化和制造反馈的工艺设计和持续优化，主要针对制造过程的工艺、工装和检验等环节进行规划并形成制造执行指令；优化与执行层实现生产线生产管控，包括排产优化、生产过程的集成控制、在线测量与质量管理以及物料的储运管理；网络与自动化层实现生产线自动化和智能化设备的运行控制、互联互通以及制造信息的感知和采集；基础平台的核心是提供基础数据的一致性管理，各层级系统间数据集成及设备自动化集成；使能技术指支撑智能生产线建设和智能化运行的使能基础技术。

7.2.2.2　智能车间

智能车间的基本构成框架如图 7-16 所示。其中的智能制造单元及制造装备提供实际的加工能力，各智能制造单元间协作与管控由智能管控及驱动系统实现。

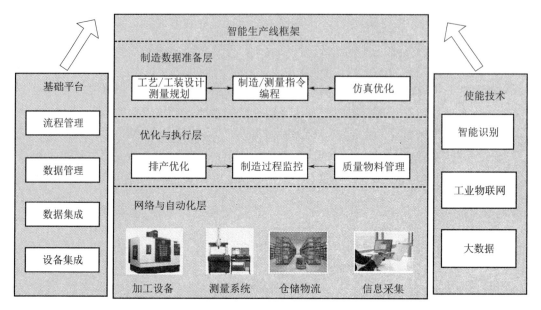

图 7 - 15　智能生产线架构

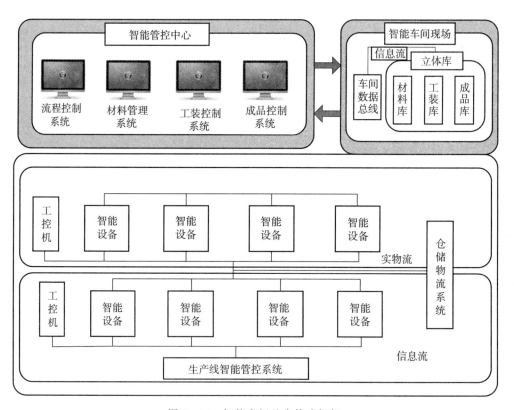

图 7 - 16　智能车间基本构成框架

（1）智能设备

1）设备自诊断与自调整。可采集与理解外界及自身的状态信息，并分析、判别及规划自身行为，根据设备运行情况对预期故障状况进行诊断并进行预警和自调整。

2）自主感知、识别、通信与决策能力。自动感知周围环境变化并根据情境变化智能化地调整自身行为，自动识别加工对象身份并根据加工对象的个性化特征执行特定工艺操作，具备与其他智能设备进行自主信息交互和通信的能力，具备信息智能化分析与决策能力。

3）智能化的人机交互能力。人机之间互相协调合作，各自在不同层次相辅相成，支持多种方便灵活的访问与接入方式，丰富友好的信息展示，支持交互式高级人机对话。

4）绿色环保。能实现噪声、油污等环境指标监控，能耗、资源消耗监控，能源优化利用等。

（2）智能化物流

1）自动化与智能化仓储。可实现复杂库存操作的自动化与无人化（或少人化），库存物品、设备及装置的自管理、自诊断与自维护，库存状态、库房系统运行状态以及环境状态的智能化感知、监控、判断、分析、决策，库存信息实时动态调整，对上下游请求与服务的无缝接入。

2）智能化工具管理。可实现工具身份统一标识，自动化存取，维修维护智能化。流转过程实时监控。

3）智能化物流供应。可实现物料消耗、物流周转过程的智能化监控、物流各个环节信息实时采集利用、物流定位跟踪。

（3）智能化环境

1）环境感知。实现生产现场空间环境包括温度、湿度、噪声、电磁辐射、光线、水电油等实际参数的信息采集与获取，实现生产环境自调整。

2）一体化的网络环境。底层网络与上层网络、有线网络与无线网络实现互联，构建生产现场集成网络环境，充分发挥无线网络的技术优势，支持多种无线传输协议的无线网络互联。

7.2.2.3　智能工厂

智能工厂涵盖企业的生产、质量、物流等环节。智能工厂由赛博空间中的虚拟数字工厂和物理系统中的实体工厂共同构成。智能工厂的基本框架体系中包括智能决策与管理系统、企业虚拟制造平台、智能车间等关键组成部分，如图 7-17 所示。

与传统的数字化工厂、自动化工厂相比，智能工厂具备以下几个突出特征：

（1）制造系统的集成化

作为一个高层级的智能制造系统，智能工厂表现出鲜明的系统工程属性，具有自循环特性的各技术环节与单元按照功能需求组成不同规模、不同层级的系统，系统内的所有元素均是相互关联的。在智能工厂中，首先是企业数字化平台的集成，其次是虚拟工厂与真实制造现场的集成。

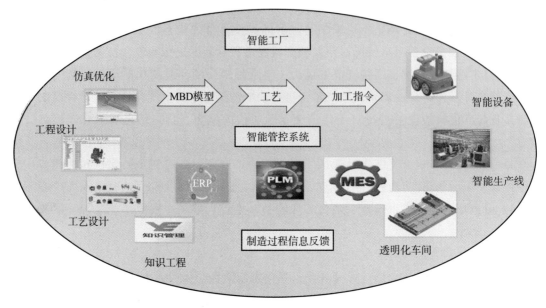

图 7 - 17 智能工厂框架

（2）决策过程的智能化

传统的人机交互中，作为决策主体的人支配"机器"的行为，而智能制造中的"机器"因部分拥有、拥有或扩展人类智能的能力，使人与机器共同组成决策主体，在同一信息物理系统中实施交互，信息量和种类以及交流的方法更加丰富，从而使人机交互与融合达到前所未有的深度。

（3）加工过程自动化

车间与生产线中的智能加工单元是工厂中产品制造的最终落脚点，智能决策过程中形成的加工指令将全部在加工单元中得以实现。要想能够准确、高效地执行制造指令，数字化、自动化、柔性化是智能制造单元的必备条件。首先，智能加工单元中的加工设备、检验设备、装夹设备、储运设备等均是基于单一数字化模型驱动的，这避免了传统加工中由于数据源不一致而带来的诸多问题。其次，智能制造车间中各种设备、物料等大量采用如条码、二维码、RFID等识别技术，使车间中任何实体均具有唯一的身份标识，在物料装夹、储运等过程中，通过对这种身份识别与匹配，实现物料、加工设备、刀具、工装等自动装夹与传输。最后，智能制造设备中大量引入智能传感技术，通过在制造设备中嵌入各类智能传感器，实时采集加工过程中机床的温度、振动、噪声、应力等制造数据，并采用大数据分析技术来实时控制设备的运行参数，使设备在加工过程中始终处于适宜的效能状态，实现设备的自适应加工。

（4）服务过程的主动化

制造企业通过信息技术、网络技术的应用，根据用户的地理位置、产品运行状态等信息，为用户提供产品在线支持、实时维护、健康监测等智能化功能。这种服务与传统的被动服务不同，它能够通过对用户特征的分析，辨识用户显性及隐性需求，主动为用户推送高价值的资讯与服务。此外，面向服务的制造将成为未来工厂建设中的一种趋势，集成广域服务资源的行业物联网将越来越智能化、专业化，企业对用户的服务将在很大程度上通过若干联盟企业间的并行协同实现。对用户而言，所体验到的服务的高效性与安全性也随之提升，这也是智能工厂服务过程的基本特点。智能工厂中主动化服务如图 7 - 18 所示。

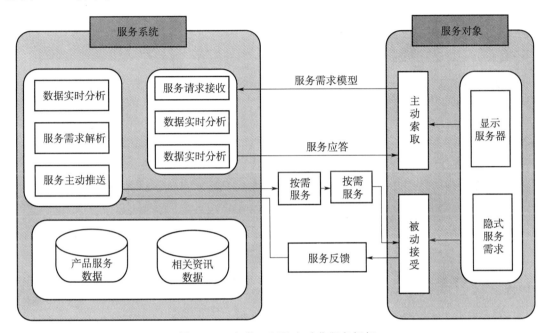

图 7 - 18　智能工厂的主动化服务框架

（5）智能决策与管理系统

智能决策与管理系统是智能工厂的管控核心，负责市场分析、经营计划、物料采购、产品制造以及订单交付等各环节的管理与决策。通过该系统，企业决策者能够掌握企业自身的生产能力、生产资源以及生产的产品状态，并根据市场、客户需求等动态信息做出快速、智能的经营决策。智能决策与管理系统如图 7 - 19 所示。

智能决策与管理系统包含了企业资源计划（ERP）、产品全生命周期管理（PLM）、供应链管理（SCM）等一系列生产管理工具。这些系统工具能够向工厂管理者提供更加全面的生产数据以及更加有效的决策工具，相较于传统工厂，在解决企业产能、提升产品质量、降低生产成本等方面，能够发挥更加显著的作用；此外，这些系统工具自身已实现不同程度的智能化，在辅助工厂管理者进行决策的过程中，能够切实提升企业生产的灵活性，进而满足不同用户的差异化需求。

（6）企业数字化制造平台

企业数字化制造平台需要解决的问题是如何在信息空间中对企业的经营决策、生产计划、制造过程等全部运行流程进行建模与仿真，并对企业的决策与制造活动的执行进行监控与优化。这其中的关键因素包括：

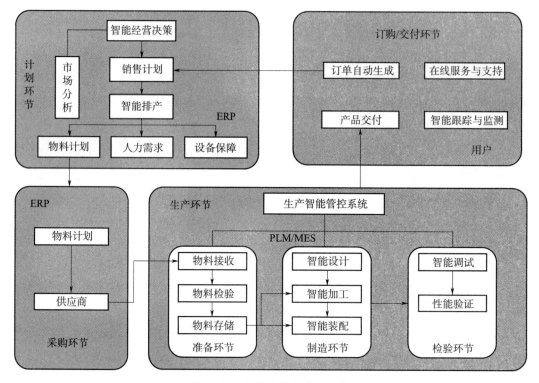

图 7-19　智能决策与管理系统

1）制造资源与流程的建模与仿真。在建模过程中，需要着重考虑智能制造资源的三个要素，即实体、属性和活动。实体可通俗地理解为智能工厂中的具体对象。属性是在仿真过程中实体所具备的各项有效性。智能工厂中各实体之间相互作用而引起实体属性发生变化，这种变化通常可用状态的概念来描述。智能制造资源通常会由于外界变化而受到影响。这种对系统的活动结果产生影响的外界因素可理解为制造资源所处的环境。在对智能制造资源进行建模与仿真时，需要考虑其所处的环境，并明确制造资源及其所处环境之间的边界。

2）建立虚拟平台与制造资源之间的关联。通过对制造现场实时数据的采集与传输，制造现场可向虚拟平台实时反馈生产状况。其中主要包括生产线、设备运行状态、在制品的生产状态、过程中的质量状态、物料的供应状态等。在智能制造模式下，数据形式、种类、维度、精细程度等将是多元化的，因此，数据采集、存储与反馈也需要与之相适应。在智能制造模式下，产品设计、加工与装配等各环节与传统的制造模式均存在明显不同。因此，企业数字化制造平台必须适应这些变化，从而满足智能制造的应用需求。

在面向智能制造的产品设计方面，企业数字化制造平台应提供以下两方面的功能：首先，能够将用户对产品的需求以及研发人员对产品的构想建成虚拟的产品模型，完成产品功能性能优化，通过仿真分析在产品正式生产之前保证产品功能性能满足要求，减少研制后期的技术风险；其次，能够支持建立满足智能加工与装配标准规范的产品全三维数字化定义，使产品信息不仅能被制造工程师所理解，还能够被各种智能化系统所接收，并被无任何歧义地理解，从而能够完成各类工艺、工装的智能设计和调整，并驱动智能制造生产系统精确、高效、高质量完成产品加工与装配。

在智能加工与装配方面，传统制造中人、设备、加工资源等之间的信息交互并没有统一的标准，而数据交换的种类与方式通常是针对特定情况而专门定制的，这导致了制造过程中将出现大量的耦合，系统灵活性受到极大的影响。例如，在数控程序编制过程中，工艺人员通常将加工程序指定到特定机床中，由于不同机床所使用的数控系统不同，数控程序无法直接移植到其他机床中使用，若当前机床上被指定的零件过多，则容易出现被加工零件需要等待，而其他机床处于空闲状态的情况。

随着制造系统智能化程度不断提升，智能加工与装配中的数据将是基于统一的模型，不再针对特定系统或特定设备，这些数据可被制造系统中的所有主体所识别，并能够通过自身的数据处理能力从中解析出具体的制造信息。例如，智能数控加工设备可能不再接收数控程序代码，而是直接接收具有加工信息的三维模型，根据模型中定义的被加工需求，设备将自动生成最优化的加工程序。这样的优势在于，一方面，工艺设计人员不再需要指定特定机床，因此加工工艺数据具有通用性；另一方面，在机床内部生成的加工程序是最适合当前设备的加工代码，进而可以实现真正的自适应加工。

7.2.3　智能制造技术在航天领域的典型应用

7.2.3.1　精密电子元器件智能制造新模式应用

在国家全面推进制造强国战略的背景下，贵州航天电器股份有限公司（简称"航天电器"）以"生产自动化、管理信息化、工作精益化"为推手，积极开展信息化建设、数字化车间建设等智能制造相关工作。航天电器通过"精密电子元器件智能制造新模式应用"项目建设，实现车间总体设计、工艺流程及布局数字化建模；建立车间互联互通网络架构和信息模型，形象展示数据的采集、传递、分析处理、做出判断等数据信息流的运作过程；建立一体化的数据协同管理平台 TeamCenter，实现产品基于 MBD 的三维设计和三维工艺，并与工业云平台 CPDM 系统集成，实现跨企业、跨组织的设计数据和资源数据的协同管理和应用；实现制造过程现场数据采集与可视化、现场数据与生产管理软件信息集成。自主研发精密电连接器专用自动化装备和工站，并建立了模块化和智能化的电连接器的生产装备，以适应柔性线的生产。航天电器成为目前中国自主可控电子元器件制造领域的领军者。航天电器制造样板间如图 7 - 20 所示。

航天电器智能制造样板间通过 PLM、ERP、MES 及自动化设备的互联互通，实现了精密电子元器件产品装配从订单到交付、从研发到服务的全流程集成，整体产线能够实现多品种变批量的生产加工模式，达到自感知、自诊断、自决策、自适应的智能化特点。使产品研制交付周期缩短 30% 以上，运营成本降低 20%。

7.2.3.2　麻花针数字化车间

航天电器是老牌军工企业，宇航高可靠连接器是其核心产品之一，为我国载人航天、

图 7 - 20　航天电器制造样板间

大飞机、探月工程、北斗导航等国家重大工程进行了广泛配套。绞线式弹性插针（简称"麻花针"）是其关键件，麻花针的质量对于宇航高可靠连接器的信号传输的稳定性与可靠性影响至关重要，严重的情况下，会导致重大工程任务的失利失败。然而，麻花针生产线长期以来一直以人工装配为主，该方式生产效率不高、质量也不稳定；此外，该生产线也采用人工进行麻花针合格性的检验，大大加重了检验人员的劳动强度且检验结果一致性较差，严重制约了企业产品的发展。

　　近年来，航天电器大力推进智能制造升级，对麻花针生产线进行了数字化与智能化改造，如图 7 - 21 所示。自主研发、设计 40 多台麻花针生产成型设备，实现包括绕线、校直、切断、点焊、冲胖、调校、压接等全工艺流程；利用大数据技术开展数据收集、数据分析、流程再造，将生产流程中各环节孤立的信息打通，生产设备能实时上传其运行状态、生产任务等数据，并根据运行状态进行生产任务的自动分配，从客户下单到生产的数据同步共享；采用机器视觉技术替代人工检测，在 2D 和 3D 方面通过计算机技术和图像处理技术对麻花针及其产品进行方向判断、尺寸测量、合规性分析、空间几何尺寸测量；采用视觉在线检测技术进行麻花针冲胖鼓包尺寸检测并通过闭环反馈手段进行鼓包尺寸的自适应调整；针对麻花针产品缺陷特征细微、多样、难以摄取、不易量化、缺陷特征不显著等，当前常规机器视觉技术难以提取、识别缺陷图像不足的问题，采用多角度高速成像机构进行麻花针 360°全方位摄取，结合机器视觉与深度学习技术的特点，构建满足工业生

图 7-21　麻花针自动化生产线

产实际需求的检测算法框架，如图 7-22 所示。基于外观样本数据及工程师先验知识等，自动提取特征并实现分类，实现产品外观质量检测及缺陷识别的自动化和智能化，如图 7-23 所示。

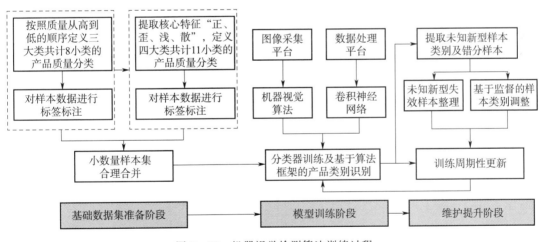

图 7-22　机器视觉检测算法训练过程

　　经过数字化与智能化改造后的麻花针生产线生产的麻花针产品质量和绩效得到明显提升，生产人员从原来的 80 人减至 20 人，而产能提升了近 3 倍，产品合格率达到 99.8%，保障了连接器产品的信号传输的可靠性与稳定性。

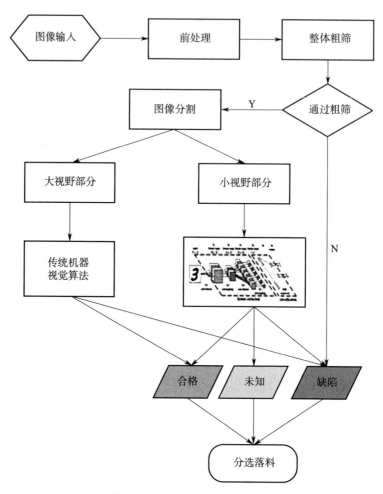

图 7 - 23 外观筛选逻辑流程

7.2.4 航天智能制造技术的发展方向及展望

航天装备制造业属于高度离散型制造业，未来航天装备产品研制面临任务功能多样化、多型号并行、研制周期缩短等要求，同时，产品种类繁多、结构复杂、技术含量高，伴随着新材料、新工艺、新方法的不断出现，逐渐出现了适应航天装备特点的智能化生产制造手段和制造模式。

（1）航天产品敏捷制造模式

建立航天产品数字化敏捷性生产制造模式，主要针对航天产品研制生产面临的多品种、多批量、设计任务重、交付周期短的特点，以及工艺知识重用与现场指导、快速组织生产、柔性化制造和灵活多变、生产过程防错等需求。

航天敏捷化制造，以数字化、虚拟化、智能化、动态化为基本特征，以网络化的集成制造系统为表现，采用成组技术、精益生产、计算机集成制造、敏捷制造等技术，对各种信息和资源进行集成，构建航天装备快速响应制造体系，并同时开展相关标准规范体系建设。

（2）航天产品数字孪生优化技术

通过构建智能化产品数字样机，实现面向整个生产过程的各个环节的监测及虚拟仿真和分析，实现产品的迭代优化。包括布局规划与仿真、零件流静态分析与动态仿真、装配过程平衡仿真、复杂物流操作仿真、人机复杂运动仿真、零件加工仿真、人机工效仿真、试验仿真等。

（3）航天产品智能柔性化制造

集自动化技术、信息技术和人工智能等技术为一体，构建一个覆盖整个业务的企业智能系统。其柔性主要体现在：一是适应航天产品需求等外部环境变化的能力，二是适应设备人员、物料等内部因素变化的能力等。包括设备的柔性、工艺智能柔性、维护智能柔性、生产能力智能柔性、运行的智能柔性。

（4）航天产品信息物理融合

航天产品的制造具有小批量、多品种混合研产，更高的质量与可靠性要求，且制造技术具有先进性、复杂性、集成性及极端制造等特点，这些技术决定了其必然向智能制造方向发展。信息物理融合系统（CPS）是集成先进的感知、计算、通信、控制等信息技术和自动控制技术，构建物理世界和虚拟世界人、机、物、环境、信息等相互映射、适时交互，实现大型工程系统的实时感知、动态控制和信息服务。针对弹、箭、星、器等主要航天产品的生产和工艺流程特点，车间总体设计、工艺流程及布局数字化建模的总体技术路线是通过对车间物理空间和虚拟空间的虚实对应和融合、循环优化和提升，实现航天产品的智能车间总体设计和布局仿真。另外，在物理空间对人、机、料、法、环、测进行设计规划，实现信息流、物料流和业务流的协同融合，基于智能装备、智慧物流构建智能车间，最终基于 CPS 实现智能制造。

（5）航天产品制造装备与制造系统互联互通

航天产品制造装备与制造系统互联互通，主要包括 ERP、SAP、MES、PLM、SRM、设计系统、底层制造装备间的互联互通。针对航天产品结构单件小批量、分布式等特点，建立航天产品结构件智能制造车间总体框架，通过对多源异构状态和环境的感知与识别，智能工艺规划及决策等智能特点的开发，实现工艺智能设计、实时感知与信息反馈，提供更有价值的数据分析。依托于全互联后的工业大数据平台实现整个工厂的全互联，以实现柔性化生产、智能工艺提升，满足航天器结构件高效可靠的加工制造。

7.3　航天云制造

7.3.1　概述

7.3.1.1　云制造的基本概念

制造业是国民经济和国防安全的重要支柱，是一个国家工业化的战略性产业。云制造是在制造业应用持续需求牵引以及新兴信息技术与制造技术深度融合的推动下，提出的一种新的制造业信息化模式与技术手段。云制造融合发展了制造科学技术、信息通信科学技术、智能科学技术、制造应用领域技术等新兴信息技术，将各类制造资源和制造能力虚拟化、服务化，并进行统一的、集中的优化管理和经营，从而用户只要通过云端就能随时随地按需获取制造资源、产品与能力服务，进而智慧地完成其制造全生命周期的各类活动。

云制造是制造业信息化、数字化、网络化的一种新模式和新手段，支持制造企业向"产品＋服务"的模式转型，实现经济的增长；支持按需使用，提高资源利用率和企业的市场竞争能力；支持制造协同与群体协作，提高企业的创新能力，为企业带来发展变革。

7.3.1.2　航天云制造的内涵及特点

航天云制造是一种基于工业互联网，以航天系统工程为指导，用户能按需、随时随地获取航天制造资源、能力与产品服务，在市场分析、概念设计、研制生产、交付使用到售后保障全过程进行数字化、网络化、协同化航天产品制造的新制造模式、技术手段和业态。具体可以概括为以下几个方面：

（1）航天云制造模式

以用户为中心，以航天复杂产品跨学科、跨领域的经验、知识、技能、手段等为基础，将物料、能源、设备、工具、资金、技术、信息、人力以及管理等进行集成和融合，互联、服务、高效、柔性、快速、协同、复合的航天复杂产品制造新模式。

（2）航天云制造技术手段

以航天产品为对象，基于工业互联网，结合物联网、大数据、人工智能等新兴信息技术，深度融合机械、电子、冶金、化工、纺织、光学、信息、材料、环保等科学技术，使航天产品预先研究、型号研制、工艺定型或生产定型（列装定型）、批生产和售后保障等过程中的人及组织、管理、技术、材料、工艺、质量、安全等柔性、高效协同，实现航天产品多品种、多批次、变批量、快速生产以及试制与批生产共线生产。

（3）航天云制造的应用业态

提供分布式航天复杂产品制造资源的虚拟化聚集、优化配置和按需服务能力，打造方案、初样、试样（正样）、定型（应用）标准化管理及设计、工艺、制造、管理等环节泛在互联、数据驱动、共享服务新应用业态，实现高效、高质量、高性能、柔性的航天产品研制和保障服务，缩短研制周期，降低制造成本，提高航天产品的市场竞争能力。

7.3.1.3　航天云制造的发展历程与现状

航天云制造的理念于 2009 年首次提出，从发展历程来看，可分为三个阶段，如图 7-24 所示，分别为航天云制造 1.0、航天云制造 2.0、航天云制造 3.0。

航天云制造 1.0 是一种基于网络的、面向服务的航天制造新模式，融合发展了航天制造（市场分析、概念设计、研制生产、交付使用、售后保障等）技术与云计算、物联网、服务计算、高效能计算等新兴信息技术。

航天云制造 2.0 是以互联、服务、高效、柔性、快速、协同、复合为主要特征的航天智能制造新模式。在业态方面，进一步增加了"标准化、流程化、个性化、数据驱动、共享服务、万众创新"的新特征，构成了"互联网＋"时代的航天新产业业态。

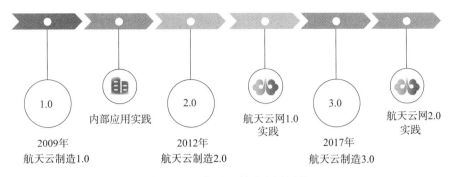

图 7-24　航天云制造发展历程

随着"新一代人工智能发展规划"的颁布，"智能＋"时代正在到来，进而提出并开始航天云制造3.0的研究，在航天云制造的制造模式、技术手段与业态等方面相比于云制造2.0皆有新的发展，体现了"智能＋"时代的一种航天智能制造新模式、新手段和新业态。

7.3.2　航天云制造技术体系

基于航天云制造服务模式和平台/技术体系构成的系统称为航天云制造系统，为全面了解航天云制造系统，从航天云制造总体技术、关键技术支撑、云制造应用技术等方面对航天云制造系统进行阐述。

7.3.2.1　航天云制造总体技术

航天云制造构建基于工业互联网的航天智造新模式、新手段系统，其总体技术主要涉及航天云制造系统体系架构和服务模式。

（1）航天云制造系统体系架构

航天云制造系统体系架构包括资源/能力/产品层、感知/接入/通讯层、边缘处理平台层、航天云制造服务平台层、航天云制造云服务应用层以及安全管理和标准体系，如图 7-25 所示。

航天云制造资源/能力/产品层主要包括航天云制造资源、航天云制造能力和航天云制造产品。其中，航天云制造资源包括多专业、跨领域的模型、数据、软件、经验、信息、知识等软资源和计算设备/仿真试验设备、航天新材料及能源等硬资源；航天云制造能力是指航天产品制造过程中有关的论证、设计、生产、仿真、实验、维修等专业能力；航天云制造产品是指数字化、网络化、云化、智能化的航天产品。

感知/接入/通讯层主要通过各种感知单元（如二维码、RFID、智能传感器、摄像头线圈、GPS、遥感、雷达等）将航天云制造资源、能力、产品接入传输网络（包括专网技术、物联网、传感网络、以太网等），从而实现资源、能力、产品等信息的智能融合与处理。

边缘处理平台层主要通过对边缘侧的航天云制造资源、能力、产品、感知/接入/通讯等进行虚拟化封装，形成边缘侧的航天云制造资源、能力、产品、感知/接入/通讯池，并借助边缘侧智能服务共性基础件，实现边缘侧的应用领域支撑服务能力。

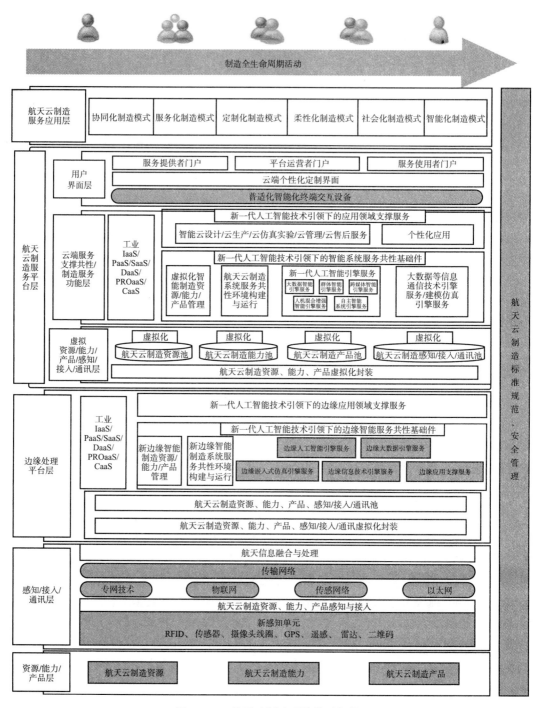

图 7-25 航天云制造系统体系架构

航天云制造服务平台层主要由智能虚拟资源、能力、产品、感知/接入/通讯层、智能云端服务支撑功能层和智能用户界面层三层组成。其中,虚拟资源、能力、产品、感知/接入/通讯层主要在云端实现对航天云制造资源、能力、产品、感知/接入/通讯进行虚拟化封装形成各类云池；航天云制造服务支撑功能层从共性基础支持服务和应用支撑服务两方面提供服务，提供大数据/人工智能/仿真引擎等服务模块，提供云设计/云生产/云仿真实验/云管理/云售后等服务；智能用户界面层，为服务提供者门户、平台运营者门户、服务使用者门户三类用户提供普适化智能化终端交互设备和云端个性化定制界面。

航天云制造服务应用层通过对云端平台层、边缘端平台层、终端等各层的数据、算法、模型、软件的嵌入集成，以及面向航天产品系统级、分系统级、整机、零部件等不同设计层次及行业、企业、车间、产线、设备等不同生产管理层级的纵向集成，来实现面向制造全流程的不同制造模式的云端应用服务。

（2）航天云制造服务模式

航天云制造服务模式如图 7-26 所示。航天云制造支持航天云全系统及全生命周期活动中的人、机、物、环境、信息进行自主智能的感知、互联、协同、学习、分析、预测、决策、控制与执行，从而形成一种以航天用户为中心、航天产品为对象，将预先研究、型号研制、工艺定型或生产定型（列装定型）、批生产和售后保障等过程中的人/机/物/环境/信息相融合，协同化、服务化、定制化、柔性化、社会化、智能化的服务模式。

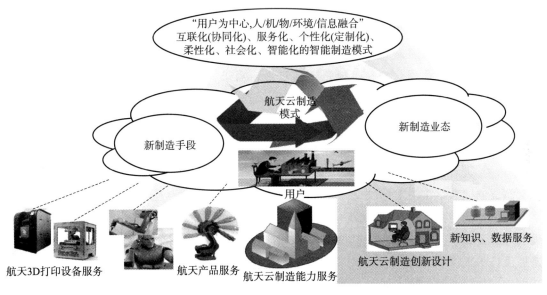

图 7-26　航天云制造服务模式

①航天云制造互联化（协同化）

航天云制造使制造资源、能力、产品之间可互联、可互操作，通过需求对接、能力匹配、资源计划协同等工具，将预先研究、型号研制、工艺定型或生产定型（列装定型）、批生产和售后保障等过程中的串行工作转变成并行工作方式，实现产品研制组织的按需动态建立，及协作中不同航天企业业务的集成与融合。

②航天云制造服务化

航天云制造具有服务化特征，通过聚合服务，实现不同专业领域、不同工艺中分散资源/能力/产品的集中使用；通过拆分服务，实现集中资源/能力/产品的按需分配和调度，提升全要素协同生产效率。

③航天云制造个性化（定制化）

针对火箭、导弹、卫星等不同类型的航天产品定制化设计要求，基于航天云制造服务平台，按需获取满足产品个性化需求的制造资源、能力和产品，获取相同领域或者相似产品的研制和管理经验，或者将定制任务分配给具有相应研发能力和生产能力的企业，实现低成本、高质量、短周期的产品研制、生产和总装交付等。

④航天云制造柔性化

航天云制造通过网络通信技术、物联网技术、智能科学技术与制造技术的融合，对系统结构、人员组织、运作方式等进行重组和变革，实现航天装备、管理、组织、人员和软件的柔性，使生产系统能适应多种产品试制与批生产共线等生产需求，提升生产的柔性。

⑤航天云制造社会化

基于航天云制造服务化技术进行封装和组合，形成制造过程所需要的各类服务，将企业内的产品研制拓展到企业间协作研制，实现了航天产品研制生产供应链内及供应链间的产品设计、制造、管理和商务等合作，最终通过改变业务经营模式达到资源最充分利用的目的，具有社会化特征。

⑥航天云制造智能化

航天云制造基于航天制造的工业大数据、人工智能等技术和手段，提供按需和主动的应用服务，主动、快速、安全、绿色地满足用户需求，能够将航天产品研制过程中的技术、工艺、质量、安全、可靠性等进行综合验证和优化，从而提供聚焦于终端产品应用的高质量智能化服务。

7.3.2.2　航天云制造关键技术支撑

（1）航天制造数字化技术

航天制造数字化是实现航天云制造的基础技术。航天制造数字化技术包括航天装备数字化、设计制造数字化、试验数字化、管理数字化以及支撑环境数字化等方面的技术，实现航天装备、产品设计、生产制造、试验验证以及企业管理等环节的数字化，为航天云制造提供技术支撑。

（2）物联感知和接入技术

制造资源/能力/产品的感知是实现云制造资源产品/能力虚拟化的前提，在生产设备数字化的基础上，采用工业适配器、传感器、RFID、人机接口等感知技术，实现航天制造装备等相关状态信息的感知。针对不同资源感知的特点与数据传输需求，物联感知和接入技术可分为硬制造资源感知接入技术、软制造资源感知接入技术、制造能力感知接入技术，实现制造资源/能力/产品的集成互联，并通过信息融合与处理，为制造资源虚拟封装、优化配置及调度管理提供支持。

（3）虚拟封装和服务化技术

虚拟封装和服务化技术是实现航天云制造资源/能力/产品汇聚和拆分的重要手段。建立通用的资源/能力/产品数字化和虚拟化模型，为资源/能力/产品的描述提供模板和数据结构，对制造资源进行虚拟化建模，对制造能力进行服务化描述，并在云资源运行管理技术的支撑下，自动构建与需求相匹配的虚拟化航天云制造服务环境，实现针对任务需求的资源/能力/产品的动态匹配、组合、部署和运行，提供可变粒度的虚拟化资源/能力按需聚合、按需分散管理和服务化使用。

（4）工业大数据与人工智能技术

工业大数据与人工智能技术面向航天产品制造全生命周期过程，开展大数据采集、建模、存储以及基于人工智能的大数据融合与挖掘分析、面向协同制造应用的大数据可视化与优化评估等，实现基于航天大数据和人工智能的航天制造价值链各业务环节的应用，并利用计算机图形图像处理技术、交互式可视化技术、基于云平台的优化评估等技术，对多维数据进行综合处理、多类别可视化显示和运行优化评估，为航天产品的制造执行者、运营决策者等提供基于视觉的交互和决策评估支撑。

（5）云制造系统集成和智能交互技术

围绕航天云制造应用过程中用户与设备、系统之间进行指令传达、信息展示等智能交互需求，建立制造物联环境下的设备自主互联、多维人机协同的集成交互接口，结合制造技术与工业互联网平台、物联网、大数据、人工智能等技术，在航天产品全生命周期活动的各个阶段和制造不同环节，形成纵向、端到端、横向的集成融合交互环境，实现航天云制造中人、机、物虚实融合的动态调度和智能管控。

（6）云制造支撑保障技术

云制造支撑保障技术包括航天云制造标准体系和航天云制造安全管理，充分考虑航天云制造系统制造技术数字化、业务流程协同化、资源/能力/产品服务化的集成与应用需求，同时考虑航天制造产业链全生命周期活动的交互集成和云制造服务平台的整体运行安全要求，使之标准化、规范化、安全化。

7.3.2.3　航天云制造应用技术

航天产品作为一类典型的复杂高端制造产品，其产品研制往往具有涉及的专业学科技术广、配套的研制单位多、知识含量高、新技术多学科交叉突出等特点，系统设计需多学科多轮迭代，且面临生产资源分散，多品种、多阶段、变批量的复杂生产模式等挑战。航天云制造应用技术融合发展了网络化协同制造和智能制造，以按需服务的方式提供虚拟化制造资源/能力/产品，以多学科虚拟样机工程为基础，打通航天产品研制全生命周期制造资源集成接入和产品价值链网络化协作的通道，实现覆盖制造全产业链和全生命周期的社会化协同制造。

（1）多学科协同设计和优化技术

基于工业互联网云平台的并行工程、资源聚合/分散的共享模式以及 CAX/DFX 工具软件网络化集成、云端群体设计技术等，强调基于航天云制造服务平台的多学科、异地、异构设计环境、模型、人员等集成并基于分布式多学科设计优化框架，充分利用云计算、大数据等先进计算技术和分布式多学科优化算法、大数据计算模型，支撑多学科优化设计问题的分解、集成、运行和求解，解决传统多学科优化算法采用本地集中计算导致的优化效率低、协同能力差等问题，实现航天复杂产品多学科、异构模型一体化协同研制，满足云制造环境下异地、分散、多层级复杂系统的多学科协同设计和优化问题。

（2）基于虚拟样机的多学科仿真实验技术

建立航天产品多学科复杂系统虚拟样机仿真模型，基于航天云制造服务平台对物理世界中的产品、产线、物流等软硬件资源和能力进行模拟仿真，并基于平台仿真资源的跨组织跨地域共享和按需动态组织能力，提供计算设备、仿真设备、试验设备以及模型、数据、软件、信息、知识等仿真资源，支持开展专业建模、协同仿真、协同运行等航天产品仿真实验应用。基于虚拟样机的多学科仿真实验技术主要包括多层级系统建模技术、仿真资源动态管理技术、仿真环境自主构建技术，以数据为基础、模型为核心、软件为载体，有效提高航天产品的研制进度、成本和可靠性。

（3）云制造智能工厂技术

航天产品制造装备面临基础薄弱、智能化集成应用缓慢等问题，通过将云制造与传统制造的融合应用，以及传感器、工业互联网、服务化封装等技术和手段，实现航天产品工业现场设备、流程、管理系统和人员的互联互通，并在此基础上，利用人工智能技术自主决策和执行生产过程的相关指令，形成自动化、柔性化和智能化的生产形态。云制造智能工厂技术主要包括智能化装备与产线技术、云工艺服务化封装技术、生产计划排程与管控技术、虚拟工厂与自主决策技术等。

（4）云制造智能服务技术

航天云制造智能服务技术通过航天云制造服务平台接入不同企业生产现场、产品、需求、供应和人力资源等信息，采集备品备件、库存、总装、交付、运维保障等环节的业务数据和制造资源的技术参数、运行工况等信息，利用大数据分析、人工智能、VR/AR、云计算等技术，协调不同企业之间的设计、制造、服务、保障等资源，提高资源的利用率。挖掘制造过程人、机、物相关的复杂隐性关联信息，实现基于数据驱动的供应链优化、装备健康管理、质量追溯管理、虚拟训练、远程诊断等应用。

（5）工业 APP 全生命周期管理技术

航天云制造服务平台基于互联网技术和信息化手段，结合微服务、容器化运行、大数据技术等，提供统一的云端应用开发环境、基于数据驱动的云端应用开发工具，支持航天领域通用性及个性化 APP 的快速定制开发、部署运行以及应用管理等。工业 APP 全生命周期管理技术结合应用开发工具以及航天专业模型，提供软件模块化、镜像仓库、CD/CI、API 网关、开发集成接口等一系列手段，支撑算法、组态、流程、产线仿真等建模服务，满足航天各应用场景的个性化快速应用。

7.3.3 航天云制造技术在航天领域的典型应用

7.3.3.1 智能化生产解决方案和典型应用

某航天液压元器件企业主要生产航天发动机液压弯管等产品，产品品种多、定制化需求高，产品加工精度高，具有高质量、高可靠性等产品硬性要求。该企业生产的产品结构工艺路径复杂，大多采用线下传统的协作方式，生产管理方式落后，生产制造过程不透明，造成资源大量浪费，生产和管理效率低下。

针对企业的发展需求，基于航天云制造服务平台，搭建液压元器件弯管生产的智能化产线，建设实际生产环境一致的虚拟工厂，实现线上生产加工的在线定制化展示，结合企业的综合管理，支持企业决策。图 7 - 27 所示为某液压元器件企业智能产线布局图。

（1）搭建液压元器件虚拟工厂，实现工厂的数字孪生

应用虚拟样机等技术，搭建包含数控加工机床、机器人等生产加工设备在内的液压元器件虚拟工厂，采用物联感知和接入技术、虚拟封装和服务化技术等，将机器人、产线、传感器、DNC、MES 等硬件设备和软件工业控制系统进行集成，实现设备运行数据、工艺参数信息的实时接入和基于航天云制造服务平台的动态展示。

（2）通过虚拟工厂运行监控，支撑企业数字化管理

利用云制造智能工厂技术、智能服务技术等，将液压元件生产工厂的加工中心、AGV 等生产装备运行和物流信息等接入虚拟工厂，通过浏览器或三维虚拟工厂系统对工厂生产运行状态进行跟踪，可以在航天云制造服务平台上随时查看设备任务信息，对数控加工中心、机器人等设备运行状态和 AGV 物流调度信息等进行监控和仿真，实现基于云平台的智能工厂数字化管理，提高液压元件生产运营效率。图 7 - 28 所示为某液压元器件企业虚拟工厂应用图。

7.3.3.2　网络化协同解决方案和典型应用

某发动机集团公司生产业务具有生产过程离散性大、产品附加值高、采购件品种多、批量小、产品质量及安全要求极高等特点，其下辖的多家企事业单位均有独特的供应商、采购产品以及管理制度要求，造成了总部在对外采购产品和服务，进行综合管理和调控的难度较大，日常管理的效率和效果都达不到管理要求，在同类供应商优选、供应商产品风险监控、供应商合同审查等方面缺少有力措施和有效抓手。

（1）供应链协同应用平台

基于航天云制造服务平台，利用提供供应链管控业务运行所需的计算、存储和网络资源，以及工业大数据框架、人工智能引擎、运行支撑引擎环境以及供应链管控 APP，支撑协同采购、供应商管理和供应链优化等应用服务。网络化协同管理应用如图 7 - 29 所示。

（2）集团化供应商数字管理

基于云平台，搭建满足集团总部和下辖企业产品采购、供应商管理等需求的云端 APP 和应用门户，提供供应商管理、物资采购、业务协作、用户中心、统计分析等功能，对集团供应商体系进行综合管理和调度，实现供应商遴选、合同审查、风险管控等应用。

7.3.3.3　个性化定制解决方案和典型应用

某集团化航天企业生产的高端电子元器件产品为多品种、小批量的定制化产品，具有技术含量高、品种规格齐全、耐腐蚀及抗干扰指标高等特点。在企业生产运营中，有如下痛点：

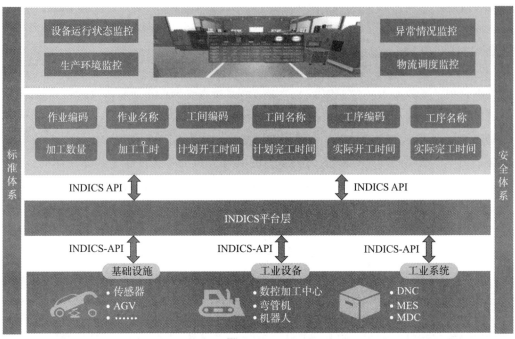

· 六轴机器人+地轨七轴与设备集成，实现材料的预先装配，自动上下料和自动加工制造
· AGV智能物流系统，实现物料自动运送
· 加工设备配备雷尼绍精密测量仪器，满足加工件程序原点纠偏找正、加工补偿、机内检测

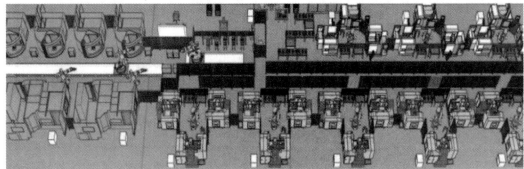

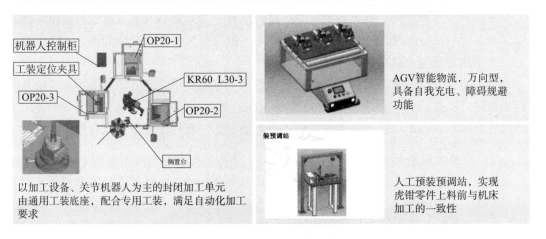

AGV智能物流，万向型，具备自我充电、障碍规避功能

以加工设备、关节机器人为主的封闭加工单元
由通用工装底座，配合专用工装，满足自动化加工要求

人工预装预调站，实现虎钳零件上料前与机床加工的一致性

图 7 - 27　某液压元器件企业智能产线布局图

图 7-28　某液压元器件企业虚拟工厂应用

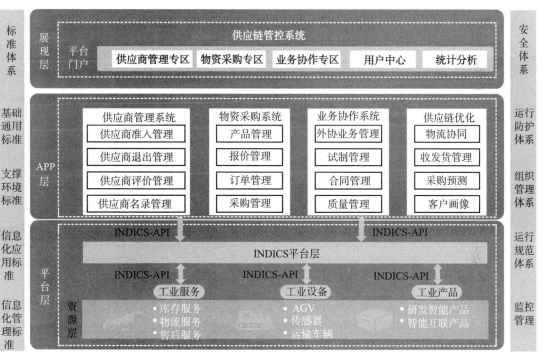

图 7-29　某发动机集团网络化协同管理应用

（1）个性化设计方面

缺乏跨地域个性化协同设计手段，与客户、供应商沟通依靠纸质产品手册或电子邮箱，导致用户需求响应精准度低，产品研发周期长。

（2）定制化生产方面

计划管理缺乏有效的手段，资源利用率低，订单准时交付率不高，配套协作运营成本高。

（3）数字化运营方面

企业多个系统及线下的运营数据分散，生产情况不透明，无法为企业的生产经营提供决策支撑。

针对这些问题，基于航天云制造理念，形成航天产品个性化定制应用解决方案，打通了企业"生产计划、BOM 及工艺路线、企业数据"三类业务链，形成数据驱动的企业智能生产新模式。架构图如图 7-30 所示。

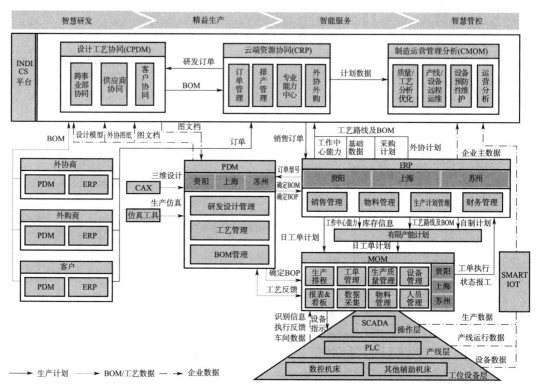

图 7-30　某元器件企业个性化定制应用总体架构

1）建设 CPDM 云端设计工艺协同系统，提供与各事业部、客户、供应商的设计工艺协同平台，实现企业与供应商、客户间的基于三维模型/图文档的个性化协同研发、基于虚拟样机多学科协同设计和仿真优化的新场景，提高小批量定制化产品研发效率和质量，缩短研发周期。

2）建设 CRP 云端资源协同系统，基于云端的用户定制化订单，驱动生产执行系统、产线 PLC 准时化生产，实现跨事业部的库存信息、制造设备信息、生产辅助工具信息等资源的共享。基于有限产能、企业资源的车间级优化生产排程，实现数据驱动的网络化智能化混线生产，提高生产效率和计划完成率。

3）建设 CMOM 制造运营管理系统，通过工业物联网网关 SmartIOT 实现产线数据、生产信息的实时采集，开展质量/工艺优化应用、设备远程运维应用、关键设备预防性维护应用，支撑企业智慧管理新模式。

7.3.3.4　数字化管理解决方案和典型应用

近年来，随着高端装备产业出口型号和产品数量剧增，对标国际先进综合保障标准，我国高端装备智能保障服务仍存在很大差距：1）业务分散，现有业务中整机采购、备件维修、维修管理等业务分散，流程操作复杂，维修响应速度慢、业务无法闭环；2）资源分散，备品备件供应不足，备件采购周期长，不能及时调配保障所需的资源；3）培训不足，用户日常维护保养能力弱，实时指导手段欠缺，意见不能及时反馈。

针对以上问题，基于航天云制造服务平台，建设如下四个应用场景，提升跨企业、跨部门间协同效率，并利用用户服务响应系统，提升对用户售后服务需求处理速度和数据传递的准确性，整体响应时间提升 40% 以上。

（1）保障体系制度化

通过总结装备外贸保障经验和对欧美先进综保体系的梳理，首次从产品全寿命周期角度，提出将欧美 ASDS 系列标准、北约编码体系、美军后勤保障等相关标准作为一个整体，统筹考虑我国国情，形成与国际接轨的高端装备智能保障服务标准体系。

（2）协同流程优化

将各企业之间和企业与用户对接，统一装备综合保障信息标准，统一产品信息和技术资料数据库，依托互联互通、分层分级的网络平台，使用统一的程序语言、操作环境，确保军用装备保障信息平台与地方信息系统的有效对接，实现军地双方在保障资源信息、保障需求信息和指挥管理信息的共享和实时处理，从而达到数据统一的效果。

（3）客户快速响应

通过 IETM、保障分析实现对公共出版物和数据的管理分析，通过预防性维护及客户快速响应实现售后服务质量的提升，通过培训管理实现培训流程监管控。

（4）预防性维护

将装备产品全寿命周期综保业务实现"在线化""智能化"，形成综合保障大数据，为各生产商和用户的装备综合保障提供"标准、及时、准确、闭环"的业务支撑。

7.3.4　航天云制造技术的发展方向及展望

航天云制造作为一种新的航天制造模式和手段，是实现航天制造两化融合，推动航天产品数字化、网络化、智能化制造的一种重要手段，是一个长期发展、阶段进展、持续迭代的战略性系统工程。云制造下一步的工作中突出航天产品云制造研究与实施的特点与优势，进一步深化应用场景。

1）突出应用为需求的航天云制造系统建设，推动航天制造装备与人、技术、管理协同循环发展的途径。

2）突出物联网、大数据、人工智能、建模与仿真等新一代信息技术与产品专业技术的融合应用。

3）注重航天产品制造资源物联接入的规范化、标准化，实现数据的高质量集成和共享。

4）加强航天云制造平台工具集和平台产品的工程化、产业化。

7.4 航天绿色制造

7.4.1 概述

7.4.1.1 绿色制造的基本概念

绿色制造又称环境意识制造（Environmentally Conscious Manufacturing），面向环境的制造（Manufacturing For Environment）等，是一个综合考虑环境影响和资源效益的现代化制造模式，其目标是使产品从设计、制造、包装、运输、使用到报废处理的整个产品生命周期中，对环境的影响（副作用）最小，资源利用率最高，并使企业经济效益和社会效益协调优化。

7.4.1.2 航天绿色制造的内涵及特点

航天绿色制造是一个综合考虑环境影响和资源效率的现代航天制造模式，其目标是使得航天产品从设计、制造、包装、运输、使用到报废处理的整个产品生命周期中，对环境负面影响极小、资源效率极高，并使企业经济效益和社会效益协调优化。制造系统中导致环境污染的根本原因是资源消耗和废弃物的产生，因而航天绿色制造的定义中体现了资源和环境两者不可分割的关系。由此可见，航天绿色制造涉及的问题领域有三部分：一是制造问题，包括产品生命周期全过程；二是环境保护问题；三是资源优化利用问题。

（1）航天绿色制造与绿色制造的关系

一方面，航天制造属于制造业的高尖端制造领域，其制造技术会引领其他行业的制造技术发展，航天绿色制造也会引领其他行业的绿色发展。另一方面，航天制造也属于制造业的一部分，航天绿色制造同样是绿色制造不可分割的一部分。

（2）航天绿色制造与可持续发展的关系

可持续发展是将生态环境与经济发展联结为一个互为因果的有机整体，认为经济发展要考虑到自然生态环境的长期承载能力，使环境和资源既能满足经济发展的需要，又使其作为人类生存的要素之一而直接满足人类长远生存的需要，从而形成了一种综合性的发展战略。航天绿色制造作为引领其他行业的高尖端制造领域，首当其冲需承担起可持续发展的重大责任。

（3）航天绿色制造体系结构

航天装备制造是制造业中的高新技术产业，其研发制造过程相比于传统行业，其复杂程度和困难程度都较高。从航天装备生产过程纵向看，绿色制造覆盖了产品从立项论证、方案设计、工程研制、批量生产、使用、回收销毁的全生命周期。在每一个环节，绿色制造有不同的侧重点。比如，论证阶段要从绿色设计方面考虑使用绿色材料、绿色工艺。方案阶段要注重对新技术、新工艺的绿色化研究；工程研制及批产阶段要注重产品可靠性的提升；使用要讲究低能耗、低消耗，回收及销毁要降低污染，如图 7-31 所示。

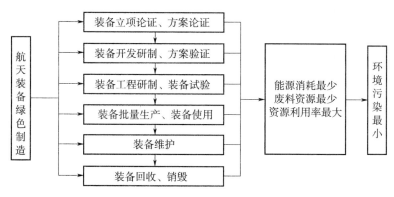

图 7 - 31　航天装备绿色制造

（4）航天绿色制造的特点

①航天制造领域涉及的专业门类多，要求高，实现绿色制造的难度较大

每个航天产品都是一个复杂的系统，零部件众多，涉及的专业门类多，如冶金、金属加工、复合材料成型、火炸药生产、电子电气、试验测试等，一个复杂的航天产品可能涉及上百个小专业。且航天产品属于高可靠、高精度产品，对质量要求较高，这给实现绿色制造也带来了难度。

②航天绿色制造投入大

航天产品多数具有品种多、批量小的特点，大部分难以实现规模化生产，在绿色制造上的投入往往较大，使得成本控制成为难题。

③航天绿色制造的引领作用更强

航天绿色制造属于引领其他行业的高尖端制造领域。航天制造实现绿色制造会带动一大批制造领域进入绿色制造的行列，会加快实现全行业绿色制造的进程。

7.4.1.3　航天绿色制造的发展历程及现状

我国航天制造技术经过 40 余年的发展，已经由最初的单纯仿制逐步发展到目前自行研制为主，而且正向低成本、快速反应制造的方向发展。

总体来说，我国航天绿色制造大体经历了三个阶段。第一阶段属于积累阶段。在 2000年之前，我国航天制造总体发展较为缓慢，制造工艺水平不高，绿色制造应用非常有限。第二阶段属于发展阶段。2000 年以后随着国家对航天领域投入的加大，航天制造进入快速发展阶段。随着各种自动化技术、超精密加工技术、特种成型技术、复合材料技术等新技术在航天领域的应用，航天绿色制造得到快速发展。第三阶段属于提高阶段，即自 2010年以后，以 3D 打印技术、回收技术等为代表的绿色设计及制造技术在航天制造领域开始研究及应用。

目前，我国航天绿色制造技术在虚拟仿真设计、绿色材料、高效自动化加工、绿色销毁回收技术等方面有了长足的进步，正逐步缩小与航天强国之间的差距。但总体上看，由于起步较晚，绿色制造技术在航天领域仍处于快速发展时期，未来仍有很大的发展空间。

7.4.2　航天绿色制造技术体系

航天产品绿色制造包含了从设计到加工使用及回收销毁的全生命周期，根据各环节的特点，其绿色制造技术体系如图 7-32 所示。

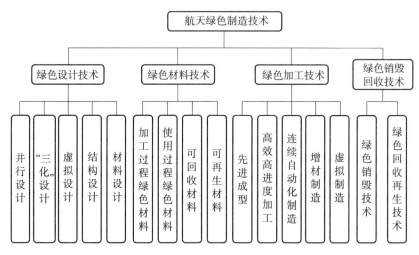

图 7-32　航天绿色制造技术体系

7.4.2.1　绿色设计技术

绿色设计又称为面向环境的设计（Design for Environment，DFE）。绿色设计是指在产品及其生命周期全过程的设计中，充分考虑对资源和环境的影响，在充分考虑产品的功能、质量、开发周期和成本的同时，优化各有关设计因素，使得产品及其制造过程对环境的总体影响和资源的消耗减到最小。

航天装备的绿色设计是提升其寿命周期绿色性的基础。绿色设计方式有并行设计、"三化"设计、虚拟设计等，设计内容方面可以有结构、材料等的绿色化设计。

（1）并行设计

并行设计是对产品及其相关过程进行并行和集成设计的系统化工作模式，与传统的串行设计相比，并行设计更强调在产品开发的初期阶段，要求产品的设计开发从一开始就考虑产品整个生命周期的工艺规划、制造、装配、检验、使用、维护到产品报废的所有环节。航天装备作为系统工程，采用并行设计具有重要意义，可以提高产品设计、制造的一次成功率，可以通过信息系统实现总体各专业、总体与分系统、分系统与工艺之间的协同设计。

（2）"三化"设计

通用化、系列化、组合化（模块化）是标准化的三种重要形式，简称"三化"。"三化"设计是节省装备成本，提高研制效率，保证可靠性的重要手段，也是提升装备"绿色"特性的基础途径。"三化"设计是航天装备研发中重要的原则，通用化能够使一个装备适应不同的应用平台，如通用垂直发射系统。系列化能够在一个装备成熟的前提下针对不同需求发展出一系列装备。组合化能够使各模块像搭积木一样组合出不同用途的装备，如各种地面装备、方舱等。

（3）虚拟设计

虚拟设计（Virtual Design，VD）是一种利用虚拟现实技术的产品设计方法，它以三维虚拟数字模型作为信息的载体，可以协同多人工作，是绿色制造的一个重要手段。虚拟设计技术是近年来发展的新技术，在航天装备设计领域的应用还处于起步阶段。

虚拟设计不仅可以设计产品，也可以设计工艺。比如在导弹设计中，通过虚拟设计进行导弹工作状态下的应力、应变、载荷分析，从而进行设计优化，可以减少实体试验的数量。在工艺上可以通过模拟仿真，实现工艺的优化，如化工合成上的工艺流程仿真技术以及近年来研究的推进剂浇注工艺的仿真技术，都是基于虚拟设计的绿色技术。

（4）结构设计

航天装备的设计过程中，结构设计是基础，是骨架。结构设计关系到装备制造过程中的生产工艺、材料、维保、寿命等多个方面，因此对产品的绿色制造有重大的影响。结构设计的绿色优化包括功能优化、空间优化、寿命优化、维护性优化等。

功能优化可以将一些关联的零件整合成一个组件，尽量避免可有可无的零件，降低无效质量，这对于要在天上工作的航天装备来说具有重要意义。

空间优化要充分优化零件布局、最大化利用好有限的空间，比如火箭、导弹等舱段中的零件布局优化。

寿命优化一方面是要尽量提高航天装备的使用寿命，另一方面是要考虑不同部件的寿命，对于容易出现性能降低的或者是有使用寿命的元器件，在设计时要尽量使其他配套部件在满足性能要求的情况下来匹配寿命最短的零部件，以达到零件的使用最大化，减少浪费。

维护性优化要充分考虑部件的可拆卸性和易维护性，尽量使用可替换、可回收、可重复使用的材料，降低装备贮存及使用过程的维护成本。比如导弹武器的固体发动机使用自由装填药柱结构可以在药柱寿命达到后将药柱取出，换上新的药柱，从而避免了其他部件的报废。

（5）材料设计

材料的绿色特性对产品的绿色性能具有重要的影响。航天装备所使用的材料许多具有较大的污染性，如液体火箭所使用的偏二甲肼燃料，固体火箭发动机所用的推进剂等。由于各方面因素的限制，航天装备对绿色材料的选择也是有限的。因此在设计选定材料时，应遵循以下原则：

1）使用便于回收、生产过程简单、易加工的材料，加工废料不污染环境。

2）使用无毒材料，生产过程不用有毒材料作溶剂、催化剂，不排放有毒废弃物，生产过程对人的身体健康不造成危害。如使用液氢液氧作为液体发动机燃料，用洁净推进剂代替高污染的推进剂等。

3）使用可再生的材料，如生物基纤维，以乙醇作为溶剂等。

4）使用适合于工艺性能的材料，降低零件加工的难度与废品率，节约加工过程的能量消耗。如在工装模具中使用铝材料、尼龙材料、聚四氟乙烯材料等替代钢材料等。

7.4.2.2　绿色材料技术

绿色材料和材料的绿色化，就是指材料从产品设计、原材料选用、加工制造、包装运输、服役使用、回收再利用的整个生命周期内，资源利用率最高，对环境的影响最小。

（1）加工过程绿色材料

当前非金属材料及复合材料在航天装备制造中已大量使用，然而复合材料加工成型工艺较金属材料相对复杂，对环境的友好程度不如金属材料。航天装备中大量使用的树脂材料、纤维及相关制品材料、橡胶材料、工程塑料等，多数环境友好性较差。提高复合材料加工过程的绿色化，一方面是从原材料方面来考虑，如聚乳酸类材料的合成中，使用生物酶替代辛酸亚锡作为催化剂具有低毒无污染的特点。另一方面是通过降低加工过程的能耗提高生产过程的绿色性，如固体发动机装药采用常温固化的推进剂，低温硫化的橡胶材料、低温硫化的隔热防热材料等。

（2）使用过程绿色材料

使用过程绿色材料是指产品或材料在使用过程中不产生污染物，对环境友好。绿色的航天动力燃料是使用过程绿色材料的代表，如航天装备中使用的洁净燃气发生器，不含氯氧化剂的绿色固体推进剂等，无污染的液氢液氧液体推进剂、绿色发射药等，其特点是工作产生的气体及其他产物无毒无害，这也是航天动力燃料的重要发展方向。

（3）可回收材料

回收是提高资源利用率的重要手段，是重要的绿色手段。航天装备中的可回收材料不仅包括回收后可直接再次使用的零部件、装备，也包括通过对零部件进行拆解或化学方法分解后可再次用于加工的原材料。例如可回收的火箭，可回收的发动机壳体、弹壳以及一些运输、贮存过程中使用的防护性材料等。金属材料的回收相对较容易，纤维制品、橡胶制品等的回收较为困难，国外已有开展碳纤维材料的回收再利用的研究，国内对航天装备的回收利用研究较少，目前处于起步阶段。此外，材料的回收成本也是制约材料回收再利用的一个重要因素。

（4）可再生材料

可再生材料主要是一些生物基材料，一方面是材料可降解，另一方面是材料的原材料来自大自然的可再生资源。具有代表性的是采用可降解的高性能天然植物纤维与可降解的用生物高分子树脂制备的复合材料，还有天然植物纤维增强材料，包括麻纤维、竹纤维、再生纤维素纤维等。

7.4.2.3　绿色加工技术

（1）先进成型工艺

航天制造具有小批量、多品种的特点，传统的流水线生产方式在大部分航天产品中不适用。航天装备零部件许多要求精度高、型面复杂、材料苛刻，一些零部件还对使用环境有特殊要求，因此航天装备的制造难度相对更大。先进的成型工艺伴随武器装备技术的发展极大促进了装备制造技术的提升。比如超塑成型技术用于一些合金材料的薄壁件成型，在火箭、飞机等一些构件的加工中得到应用，大大提高了效率，降低了能耗。磨粒流加工可以实现零应力的表面处理，大大提高零件寿命，在一些航天装备叶片等的加工上应用广泛。在复合材料、含能材料的成型中，采用无溶剂制造、绿色硝化、生物合成等技术大大降低了生产过程中的溶剂污染。在焊接等连接工艺中，采用无铅焊料、搅拌摩擦焊等技术，降低了焊接过程的有毒废气、废料。

（2）高效高精度加工工艺

高效高精度加工是通过先进的高效制造方式，替代传统工艺，实现制造过程能耗及污染物的降低。在金属加工中，以超精密多轴成型机床等为代表的高效高精度加工技术，大大缩短了复杂构件的加工周期，减少了能源消耗。在发动机壳体的成型中，高精度自动旋压成型工艺已经广泛应用，大幅度提高了壳体的生产效率和综合性能。在航天装备复合材料的加工中，采用真空辅助树脂转移成型、非热压罐固化、自动纤维铺放等工艺大大降低了生产过程能耗，采用高效自动的铺丝、编制工艺提高了碳纤维制品的生产效率。

（3）连续自动化制造工艺

连续自动化制造是适用于批量生产的高效低损耗工艺，在大批量使用的原材料生产中具有重要的发展意义。比如火工品中硝铵炸药、发火药等生产中，使用连续自动化制造工艺不仅高效而且安全。在火炸药及弹药装药工艺中，采用双螺杆连续制造工艺生产双基药、PBX、复合固体推进剂等是推进剂装药行业的重点发展方向。在大批量电子元器件的生产及检测中，采用自动化贴片、插装、焊接、在线检测等装备，大幅度提升了电子元器件的生产效率。

（4）增材制造工艺

增材制造技术是区别于传统的将材料通过车削等减材制造方法成型的技术，以 3D 打印技术为代表的增材制造技术近年来得到快速发展。增材制造技术在绿色制造方面的体现主要是基本不产生废弃物，材料的利用率高。它能实现从图纸到实物的直接打印，而且部分还可实现野外的现场制造。目前，3D 打印制造技术在航空、航天等领域有广泛的研究。美国已经用 3D 打印技术生产了发动机喷嘴、飞机金属结构件等。国内航天系统在 3D 打印方面也进行了一些研究，如航天科技集团用 3D 打印技术制造了合金管件并进行了发动机试车；航天科工集团进行了 3D 打印绝热层及推进剂的探索研究，并已制备出 3D 打印推进剂的样品。

（5）虚拟制造工艺

虚拟制造（Virtual Manufacturing）又叫拟实制造，是近年来随着信息化技术发展起来的技术。它利用信息技术、仿真技术、计算机技术对现实制造活动中的人、物、信息及制造过程进行全面的仿真，以发现制造中可能出现的问题，在产品实际生产前就采取预防措施，从而达到产品一次性制造成功，来达到降低成本、缩短产品开发周期的目的。虚拟制造技术完全不用实物进行，通过线上模拟制造过程，来发现可能存在的问题。整个制造过程不消耗原材料，不产生污染物，是最为"绿色"的制造方式。当然，虚拟制造技术主要用于研发及试验过程,不仅可用于产品加工前,也可用于产品试验前。我国在虚拟制造方面尚处于起步阶段,航天装备的虚拟制造目前主要在设计及总装模拟方面进行了探索。在导弹武器等装备的设计中,立体建模然后进行虚拟制造可以优化设计方案,避免生产中的反复。在导弹总装工序采用虚拟方式进行模拟,可以事先对工艺流程进行检验,发现其中的不合理处,特别是对于一次性拆装的零部件,采用虚拟装配能够大幅度降低零部件的损坏概率。

7.4.2.4　绿色销毁及回收技术

(1) 绿色销毁技术

装备在生产、使用中都会产生大量的废弃物,在寿命到期后也面临销毁的问题,绿色化的销毁技术是一个重要的课题。以生产过程为例,火工品以及复合材料产品的生产过程会出现大量的废弃料、工艺余料等,对于难以分解、无法回收的材料,其绿色销毁只能采取焚烧后收集尾气再进行处理的方式。在武器装备退役或到寿后的销毁中,原来多使用直接销毁或引爆处理,随着退役弹药的增多,这种对环境极不友好的方式逐渐被绿色销毁所取代。对于弹药的绿色销毁,首先是拆除电子元器件、战斗部以及火工品,电子元器件可以进行回收处理,对于火工品(如固体火箭发动机)的处理,目前发展了水射流冲洗以及焚烧处理两种方式。水射流冲洗是通过高压水射流将发动机壳体内的推进剂及绝热材料冲洗掉,冲洗后的水进行集中收集再处理,保证不出现次生污染,冲洗后的壳体还可以再利用。焚烧处理的方式是将发动机或战斗部进行安全切割后,投入专用的焚烧炉进行焚烧,收集尾气进行集中处理,这种方式适用于大批量的退役报废弹药处理,需要建设专门的厂房和设备,投入较大,但可以做到对环境无污染。

(2) 绿色回收再生技术

航天产品中用到的很多非金属复合材料,如纤维、树脂橡胶等,这些材料本身都极难降解,随着其大量使用以及越来越多的退役装备和废弃物产生,用掩埋或焚烧处理不仅造成资源极大浪费,而且会带来极大的环境污染。因此,非金属复合材料的回收再生显得尤为重要。

针对热塑性复合材料,可以采用熔融再生法进行材料的回收,直接将热塑性树脂基材料造粒后熔融,用注模压成新的复合材料。也可以采用溶解再生法,用适当的溶剂将材料废料溶解后,加入沉淀剂分离出聚合物,可以重新得到纤维。采用热解法可以将一些材料进行转化。

对热固性复合材料的回收再生比较困难。主要有物理法、热解法、超临界流体法。

1) 物理法主要通过机械粉碎将热固性树脂及其复合材料碾碎、压碎或切碎等方式,获得尺寸不一的块状颗粒、短纤等回收材料。

2) 热解法是在空气或惰性气体环境中加热使热固性树脂分解成小分子气体逸出,得到无机材料颗粒和表面干净的纤维。操作简便,不需要复杂的专门设备,能较好地保持纤维的形态和性能。但热解法需要在高温下进行,回收得到的纤维机械强度降幅较大,同时树脂分解产生的小分子气体对环境有影响。

3）超临界流体法是指流体的温度和压力分别超过其固有的临界温度和临界压力时所处的特殊状态。超临界流体强大的溶解能力可将碳纤维复合材料废弃物的树脂基体分解，从而得到干净的碳纤维，而且能够很好地保持碳纤维的原始性能。但超临界工艺条件要求比较苛刻，大部分超临界流体要求高温高压，对反应设备的性能要求较高而且价格昂贵，实现产业化还存在许多问题。

7.4.3　航天绿色制造技术在航天领域的典型应用

航天领域技术门类众多，几乎覆盖了所有工业品类，其绿色制造是一个相当庞大的体系。在多年的发展中，基于提升效率、降低成本、缩短工艺周期、提升可靠性等方面发展了许多新工艺，也同时具有"绿色"化的特点。

航天某研究所在陀螺仪的研制中，充分贯彻了"三化"设计理念，以一个基本型号发展出诸多型号陀螺仪，能够适用于不同的需求场合，是绿色设计的典型思想。航天科工六院在火工品连续自动化制造、增材制造方面开展了探索研究，大大提升了火工品制造工艺效率，减少了危废物的产生。航天科工六院在火工品危废的无害化处理方面进行了深入研究，发展了推进剂的处理及回收技术，能够实现推进剂危废物的完全无害化处理，是绿色销毁及回收技术在航天应用的典型例子。推进剂中组分的回收及再利用流程如图 7 - 33 所示。

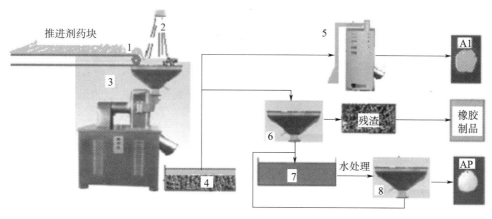

图 7 - 33　推进剂中组分的回收及再利用流程

1—传送带；2—喷淋系统；3—粉碎机；4—沉降池；5—铝粉回收器；6—一级过滤；7—蓄水池；8—二级过滤

7.4.4　航天绿色制造技术发展方向及展望

航天产业的迅猛发展带动了相关制造业的技术提升，由于航天产业涉及的工业门类众多，其绿色制造也是一个十分广泛的课题。结合当前其他新兴产业和技术的发展，航天绿色制造的发展方向，主要是绿色设计、绿色材料、增材制造、虚拟制造、绿色回收等。绿色设计是要采用面向回收/报废的设计、面向环境的设计等，从设计源头提高产品的绿色化水平。绿色材料技术主要是发展绿色复合材料技术，复合材料在航天装备中的应用越来越多,其材料的绿色化、制造工艺的高效经济化是当前重点的研究方向。增材制造技术是一个可以大幅度提高绿色化水平的工艺技术,在一些特殊材料及装备的制造上具有优势,但受制于材料及打印机技术,发展较为缓慢,未来还有较大的发展空间。虚拟制造主要是依靠信息技术的发展,可以大大减少实物验证的损耗,是航天绿色制造的一个重要方向。

第8章　航天工艺技术体系

8.1　定义

航天工艺技术体系是支撑航天产品实现所有工艺技术的总称。遵循技术体系构建理念、定义和内涵，航天工艺技术体系应按照构成航天工艺专业的技术领域，从工艺专业体系、架构、组成、层次，从上至下逐级分解，直至最小可管理单元，构造完整的技术图谱。

航天工艺技术体系具有体系化、专业化、层次化、可管理化等特征，一般可以按照基础工艺技术、应用基础工艺技术、开发工艺技术分类；对于每项工艺技术，可按照核心技术、关键技术、独有技术、一般技术分类，也可按照硬技术、软技术分类。

航天工艺技术体系覆盖了所有航天制造相关的专业技术领域，包括精密/超精密/微小结构加工、金属成型、焊接、特种加工、热处理、表面工程、特种加工、电气互联、元器件制造、复合材料成型、功能材料制备及成型、含能材料制备及装填、装配、工艺检测、数字化制造、增材制造、智能制造、清洗和普通机械加工等专业。航天工艺技术体系与设计技术体系同等重要，密不可分，互为支撑。

8.2　航天工艺技术体系分类

航天工艺技术是在一般工艺技术的基础上不断汲取机械、电子、材料、能源、信息和管理等多学科、多专业的先进、最新科学技术成果，将其综合应用于航天产品实现全过程中，实现优质、高效、安全、绿色、柔性制造，提高航天技术水平和制造能力的工艺技术的总称。

航天工艺技术是航天装备研制和国防科技发展的核心技术，是航天产品研制的重要保证，对于推动航天装备性能提升、质量稳定、快速响应、升级换代具有重要意义。航天工艺技术具有覆盖面宽、要求高、专用性强等特点，对提升装备性能、缩短研制周期、降低研制成本至关重要，是航天装备研制的核心关键技术。

航天工艺技术体系主要按照工艺专业技术进行分类，共划分为四个技术层级。

（1）航天工艺技术一级技术

航天工艺一级技术主要包括智能制造及数字化制造、增材制造、微纳加工及微系统制造、精密与超精密加工、焊接、金属精密、近净整体成形、热处理、表面工程、特种加工、电气互联、装配、元器件制造、复合材料及非金属材料制造成型技术、含能材料制备及装填、机械加工、工艺检测等一级技术。

（2）航天工艺技术二级技术

航天工艺二级技术主要包括信息化集成协同制造应用技术、增材制造成型技术、芯片级微系统集成制造技术、精密与超精密切削加工、高能束焊接、钎焊/扩散焊、钣金成型、热塑成形、热挤压、真空热处理、多功能表面改性技术、电加工、高能束加工，互联基板技术、电子装联、微特电机制造、电连接器制造技术、树脂基复合材料制造成型技术、陶瓷基复合材料制造成型技术、绝热材料制备及成型技术、含能原材料制备技术、高速高效加工技术、硬态切削技术、理化检测技术、无损检测技术等二级技术。

（3）航天工艺技术三级技术

航天工艺三级技术主要包括数字化制造工艺仿真、激光选区成形、射频 SIP 微系统封装结构技术、精密车削加工、抛光加工、激光焊接、热成形、超塑成形/扩散连接、熔模铸造、真空退火、微弧氧化、等离子喷涂、激光束加工、PCB 板技术、三维立体组装技术、铆接技术、总装安全技术、装配仿真技术、微特电机组件精密加工技术、纤维缠绕制造成型技术、烧结成型技术、绝热材料制备技术、高速与超高速切削技术、射线检测技术等三级技术。

（4）航天工艺技术四级技术

航天工艺四级技术主要包括数控加工几何及物理仿真技术、特种结构设计技术、多芯片模块封装技术、光学零件镜面研抛加工、钛合金薄壁异形结构件激光焊接技术、大型复杂钛合金结构件真空热处理技术、钛合金阳极氧化、高密度多层印制板制作技术、瓦式有源子阵一体化集成制造技术、板铆结构数字化装配及协调技术、总装的安全性及过程控制技术、高精度硅钢片铁芯叠装技术、长纤维复合材料模压制造成型技术、陶瓷基复合材料加工损伤抑制技术、绝热材料自动化挤出成型技术、铝合金薄壁构件高速切削技术、高质量复杂曲面金属制件超声 C 扫描检测等四级技术。

航天工艺技术构成见表 8-1。

表 8-1　航天工艺技术构成

数字化制造及智能制造	智能制造技术
	数字化工艺设计与集成应用技术
	信息化集成协同制造应用技术
增材制造	增材制造成型技术
	增材制造专用材料制备技术
	增材制造装备制造技术
	增材制造质量评价技术
微纳加工及微系统制造	芯片级微系统制造技术
	SIP 微系统集成制造技术
	微陀螺制造技术

续表

精密与超精密加工	精密与超精密切削加工技术
	光整加工技术
	复合加工技术
焊接	高能束焊接技术
	弧焊技术
	钎焊/扩散焊技术
	压焊技术
	摩擦焊技术
	焊接自动化技术
金属精密、近净整体成形	钣金成型技术
	热塑成形技术
	旋压成形技术
	精密铸造技术
	热挤压技术
热处理	真空热处理技术
	表面热处理技术
	精密热处理(稳定化热处理)技术
	整体热处理技术
	高能束热处理技术
表面工程	电镀、化学镀技术
	转化膜技术
	涂装技术
	多功能表面改性技术
特种加工	电加工技术
	高能束加工技术
	复合加工及其他特种加工技术
电气互联	互联基板技术
	微组装和封装技术
	电子装联技术
装配	装配基础技术
	单机装配技术
	总装总调技术
	地面配套设备装配调试技术

续表

	微特电机制造
元器件制造	新型陀螺制造技术
	保偏光纤耦合器制造技术
	电连接器制造技术
复合材料及非金属材料制造成型技术	树脂基复合材料制造成型技术
	陶瓷基复合材料制造成型技术
	非金属材料制造成型技术
含能材料制备及装填	非金属及复合材料加工技术
	绝热材料制备及成型技术
	包覆层成型技术
	含能原材料制备技术
	复合固体推进剂制备技术
	高速高效加工技术
机械加工	干式切削技术
	硬态切削技术
	复合加工技术
	机械加工变形控制技术
	理化检测技术
工艺检测	失效分析与检测技术
	无损检测技术

航天工艺技术体系，除工艺设计技术外，应包括工艺管理技术，主要有工艺综合管理、工艺文化管理、工艺制度管理、工艺机制管理、工艺战略与规划管理、工艺人力资源管理、工艺资产管理、工艺创新管理、工艺技术管理、工艺基础管理、工艺项目管理、工艺范围管理、工艺质量管理、工艺计划管理、工艺费用管理、工艺安全管理、工艺风险管理、工艺沟通管理、工艺绩效管理、工艺信息化管理等。要把工艺管理视为一门技术，构建、完善适应航天型号/项目、产品特征、航天工艺特征等的工艺管理思想、模式、理论、技术、方法和工具，不断提升工艺管理能力、工艺管理成熟度，才能促进工艺能力、工艺水平和制造成熟度的提高。

8.3　航天工艺技术状态管理

技术状态是在技术文件中规定并在产品中达到的功能特性和物理特性。功能特性是产品的性能、设计约束条件和使用保障要求，如使用范围、速度、杀伤力等性能指标以及可靠性、维修性和安全性等。物理特性是产品的形体特征，如组成、尺寸、表面状态、形状、配合、公差、重量等。

技术状态管理是在产品寿命周期过程中，确保产品的功能特性和物理特性与产品需求、设计生产状况保持一致的管理活动。

技术状态管理是航天产品研制的一项极其重要的工作。由于航天产品研制是一个复杂系统工程，其研制长达数年，由若干个阶段完成，航天产品本身由若干个分系统组成。如技术状态不统一，产生问题，轻则造成返工，影响研制周期，重则造成设备破坏，甚至使飞行试验失败。

航天产品工艺技术状态是产品工艺文件和工艺装备中规定的在技术状态项目生产中达到的产品功能特性和物理特性，是航天产品技术状态的组成部分。工艺技术状态管理是型号产品生产过程中针对技术状态项目进行的工艺技术和工艺管理的有关活动，包括：工艺技术状态标识、工艺技术状态控制、工艺技术状态纪实、工艺技术状态审核。

8.3.1　工艺技术状态标识

工艺技术状态标识是技术状态管理的基础，它为工艺技术状态控制、工艺技术状态纪实和工艺技术状态审核提供确定的文件依据。

工艺技术状态标识包括：

1）确定所需的工艺技术状态文件项目；

2）指定工艺技术状态文件的标识号；

3）编制工艺文件并在其中明确技术状态项目（含硬件和软件产品）的标识符；

4）评审工艺文件；

5）发放工艺文件；

6）设计和批准模线、样板、标准工装、专用刀量具、专用检验工装和设备；

7）给定工艺技术状态更改及偏离的标识符；

8）督促、指导工艺技术状态文件与工艺技术状态工艺装备管理。

产品设计文件是产品工艺设计的主要依据，设计文件在批准前必须递交产品承制厂（所）工艺师系统进行工艺性审查，经认定并签署后，方可批准使用。设计文件规定的生产技术状态要求必须编制工艺文件，方可在产品生产中实施。

在产品各研制生产阶段编制工艺总方案，确定应编制的工艺技术状态文件及工艺装备项目。产品各工程研制阶段的工艺技术状态文件及工艺装备项目应纳入工艺装备计划并予以细化。

工艺技术状态的标识符包括单位代号、工艺文件编号、阶段标记、产品状态简号、产品代号及名称、关键件重要件与关键工序标识、工艺加工状态标识、更改与偏离标识符、工艺文件批准日期，以及工艺装备标识。其中，产品代号及名称、产品状态简号、产品阶段标记、关键件重要件标识等按设计文件确定，其余标识符应符合产品工艺总方案、相关标准和工艺管理性文件的规定。每一项工艺文件和工艺装备标识符应具有唯一性。

在工艺文件中，应明确所有技术状态项目及其所属零（部、组、整）件、装置、分系统产品（硬件、软件或其集合体）上需要的产品实物识别标记内容、位置及标识方法。当产品实物识别标记在加工过程中可能受损时，还应规定标记在加工过程中正确完整转移的要求。每一个技术状态项目及其所属每一种产品的标识符应具有唯一性。

工艺师系统根据批准的设计文件及相关的产品规范、工艺规范、材料规范进行工艺设计，编制工艺文件，并完成签署。以设计文件描述的生产技术状态（含产品功能特性、物理特性）及其标识符，应纳入工艺文件中。

工艺师系统负责产品生产用技术状态工艺装备设计文件的编制和签署，并规定其实物的标识。上述工艺装备的启用必须履行审批手续，未经原级别批准，不得更改或变换现行技术状态工艺装备及其标识。

工艺总方案包含有关键工序的工艺规程及大型复杂工艺装备的设计文件等，均应在投产前进行工艺评审。

产品承制厂（所）应明确规定工艺文件发放和工艺装备保管的主管部门，分别负责对产品工艺文件发放和用以规定产品工艺技术状态的工艺装备的保管、使用并实施有效控制。

8.3.2　工艺技术状态控制

工艺技术状态控制始于工艺技术状态文件和工艺装备批准使用之时，贯穿于项目研制、生产全过程。

工艺技术状态控制包括：

1) 有效地控制工艺技术状态文件和工艺装备的更改、偏离以及与工艺相关的产品超差和材料代用等的标识符；

2) 规定工艺及状态文件和工艺装备的更改、偏离以及与工艺相关的产品超差和材料代用的程序与方法；

3) 确保已批准的产品工艺技术状态更改、偏离以及与工艺相关的产品超差和材料代用得到正确实施。

工艺技术状态控制的依据是工艺文件目录、工艺总方案、专用工艺装备明细表、专用非标设备仪器仪表明细表、厂际互换协调文件及相关技术文件。

工艺技术状态文件和工艺装备更改的原因包括设计更改和工艺更改。设计师可以要求对现行已批准的工艺技术状态文件和工艺装备要求进行工程更改，并以填报设计更改单形式提出。产品承制厂（所）的工艺更改要求以工艺师填报工艺更改单的形式提出。上述更改要求应由产品承制厂（所）工艺师承接，并按照生产实际情况确定更改的必要性和可行性。

设计文件更改单需经产品承制厂（所）工艺师签署后方可呈批生效。设计部门负责保持提供产品承制厂（所）使用的设计文件的正确性和一致性。设计文件更改必须通过办理工艺文件更改的程序方可在生产中实施。未经产品承制厂（所）工艺师同意，设计师不得把设计文件更改单直接交由基层加工单位人员处理。

产品承制厂（所）负责保持生产现场使用的工艺技术状态文件、工艺装备的正确性和一致性。

工艺技术状态文件偏离的原因包括设计偏离和工艺偏离。设计师可以对现行已批准的工艺技术状态文件要求偏离，并以填报技术通知单形式提出。产品承制厂（所）的工艺偏离要求以工艺师填报工艺文件临时偏离通知单的形式提出。上述偏离要求由产品承制厂（所）工艺师承接，并按照生产实际情况确定偏离的必要性和可行性。

设计部门技术通知单需要经产品承制厂（所）工艺会签后生效。设计部门技术通知单必须通过办理工艺文件临时偏离通知单或编制临时工艺规程的程序方可在生产中实施。未经产品承制厂（所）工艺师同意，设计师不得把技术通知单直接交由基层加工单位人员处理。

工艺文件更改和偏离所形成的文件，由工艺系统审查和批准，产品承制厂（所）的行政领导或其他人员不得替代。用于正式产品生产的工艺文件更改与偏离，必须征得顾客代表同意。

工艺装备更改时，必须履行相关的审批手续，确保其设计文件和实物的一致性，并与相关工艺文件相协调。

在制品进行多工序的返修时，也必须进行工艺技术状态控制。

8.3.3　工艺技术状态纪实

工艺技术状态纪实应准确、全面地记录已批准的工艺技术状态文件、工艺装备的形成及其更改、偏离的状况，确保技术状态演变的可追溯性。

工艺技术状态纪实包括：

1）一个技术状态产品项目的工艺技术状态文件编制完成后，产品承制厂（所）工艺系统组织编制已批准工艺技术状态文件的目录。

2）每一个技术状态产品项目的工艺技术状态编制完成以后，产品承制厂（所）指定的工艺文件发放主管部门汇集全套工艺文件（初始版本各一份），随后累积工艺文件更改单、工艺文件临时偏离通知单及正式产品生产用的临时工艺规程，填写相应的文件形成与发放的积累登记表，并根据需要以单位产品、产品状态简号、工程研制阶段或产品批次为间隔，提出工艺文件发放管理情况报告。

3）每一个技术状态产品项目的工艺装备制成后，产品承制厂（所）指定模线、样板、标准工装和专用测试设备的保管主管部门，应填写相应的模线、样板、标准工装和专用测试设备形成、验证、更改的积累登记表，并根据需要以单位产品、产品状态简号、工程研制阶段或产品批次为间隔，提出工艺装备发放与使用的管理情况报告。

4）产品承制厂（所）工艺师委托专人负责从基层加工单位汇集每一个技术状态产品制造过程中形成的与工艺相关的超差和材料代用情况，填写与工艺相关的超差累积登记表和材料代用累积登记表，并根据需要以单位产品、产品状态简号、工程研制阶段或产品批次为间隔，提出与工艺相关的超差和代用情况报告。

5）产品承制厂（所）工艺文件发放主管部门在每一种产品研制转状态或转阶段之前汇集全套工艺文件。

6）产品承制厂（所）工艺系统根据需要以单位产品、产品状态简号、工程研制阶段或产品批次为间隔，汇总上述工作情况，提出技术状态项目的工艺技术状态情况报告。

8.3.4　工艺技术状态审核

工艺技术状态审核是依据用以规定产品生产技术状态的设计文件、工艺文件和工艺装备，对产品的技术状态进行最终考核。

产品出厂前，结合产品出厂评审，详细审核有关的工艺技术状态文件与工艺装备、技术状态纪实和质量控制记录，以确保这些文件与实物标识如实地反映了已制成产品的技术状态。

工艺技术状态审核包括：

1）审核每个技术状态项目工艺技术状态文件与工艺装备的齐套性、正确性及合理性，确认其反映了工艺技术状态文件与工艺装备的更改，并保证它们与设计文件、产品硬件的一致性。

2）审核工艺文件中的验收试验程序及有关技术要求对于设计文件的符合性。

3）审核产品的生产质量控制记录，确认产品的技术状态符合设计文件与工艺文件的要求，文实相符，标识一致。

4）审核工艺技术状态文件与工艺装备的更改、工艺文件临时偏离、产品超差、材料代用及其他工艺技术问题处理在生产中的落实情况。

5）审核有无遗留待解决的工艺技术问题。

8.4　航天制造成熟度

在研究、借鉴美国国防部等国内外制造成熟度定义、标准、模型、能力要素、评价标准、评价方法和程序的基础上，参照我国《装备技术成熟度等级划分及定义》（GJB 7688—2012）、《装备技术成熟度评价程序》（GJB 7689—2012）、《技术成熟度评价指南》（GJB/Z 173）、《生产性分析》（GJB 3363—1998）、《科学技术研究项目评价通则》（GB/T 22900—2009）、《装备制造成熟度等级划分及定义》（GJB 8345—2015）、《装备制造成熟度评价程序》（GJB 8346—2015）、《智能制造能力成熟度模型》（GB/T 39116—2020）、《智能制造能力成熟度评估方法》（GB/T 39117—2020）等标准，面对我国航天制造复杂性、多样性、差异性、难度大、研制批产并行、批产规模有限等特点，构建具有中国特色的航天产品制造成熟度评价体系。航天产品制造成熟度评价体系包括航天产品制造成熟度模型、评价等级、等级定义、等级基本条件与评价标准等，目的是评估航天产品制造成熟程度，衡量和评价航天产品制造能力与水平对航天产品的性能、质量、进度、成本等的要求和影响，识别现有制造能力与水平存在的差距和不足，有针对性地实施研制风险、制造风险控制，及时改进、完善设计和制造方案，实施应对措施，达到评建互动、共进，有力应对研制风险、制造风险、生产风险，提高航天制造能力。

　　航天产品制造成熟度评价技术适用于全部航天产品，包括：导弹、卫星、运载火箭、飞船、深空探测器等。制造成熟度评价的对象是航天产品中系统、子系统、单机及其以下层次产品（模块、部组件等），在其全寿命周期中的不同阶段，根据制造需求，提出相应的制造成熟度目标等级，依据该目标等级各要素的评价标准，评价目前制造成熟度等级水平，识别并确定风险区域及其存在的差距。

　　根据航天产品的特征和状态，航天产品制造成熟度划分为 10 个等级，在制造成熟度等级定义的基础上，设置等级条件作为判定等级级别的依据，制造成熟度等级定义及基本条件见 4.2.1.2 节。根据制造等级要求、制造风险源，将制造成熟度等级条件划分成 10 个大类、23 个小类。基于制造成熟度评价模型，建立基于检查单的量化评估方法。

　　产品制造成熟度评价首先按照产品研制、生产所处阶段和产品设计技术、工艺技术成熟程度，结合被评价产品实际状况，初步判断产品制造成熟度等级，按照"产品制造成熟度评价等级及评价方法"逐项判断其符合性，确定产品制造成熟度等级，计算产品制造成熟度指数。依此，研究、分析、确认制约制造成熟度等级符合性的关键要素和原因，制定制造成熟度提升的方案、路线图、制造成熟计划并实施。

8.5　国内外制造成熟度评价模型

　　（1）美国装备制造成熟度评价模型

　　20 世纪 70 年代中期，美国国家航空航天局（NASA）研究人员萨丁最早提出了技术成熟度（Technology Readiness Levels，TRL）概念，描述了一项技术从萌芽状态到成功应用于系统的发展历程。1989 年，萨丁将 TRL 分为 7 级。1995 年，NASA 专家曼金斯将 TRL 划分为 9 级。2003 年，美国国防部发布了《国防部技术成熟度评价指南》并陆续改版。2004 年，美国国防部将技术成熟度评价列为《国防部采办指南》。2001 年，美国三军联合制造技术委员会在 TRL 评估的基础上，构建了制造成熟度（Manufacture Readiness Levels，MRL）评价模型，MRL 模型由成熟度等级、等级内涵、等级评价要素构成。2007 年，美国国防部颁布了《制造成熟度等级指南》。2008 年，美国国防部 5000.02 号指令中明确规定，要加强 MRL 评估、制造可行性评价和制造工艺成熟度评估。2008 年 3 月、2009 年 5 月颁布《制造成熟度评估手册》，2010 年 1 月、2011 年 5 月和 7 月颁布了《制造成熟度等级手册》。MRL 是在技术成熟度的基础上开发的，是 TRL 的拓展，是对制造能力和制造风险进行评价的方法。MRL 等级表征项目关键制造的成熟程度，量化反映了制造能力对于项目目标的满足程度，MRL 的结构与 TRL 的结构密切相关，美国国防部把 MRL 划分为 10 个等级，与 TRL 的 9 个等级相对应。制造成熟度从产品存在的形式（载体）和产品制造能力验证的验证环境（环境）两个方面逼近实际系统和全速生产环境的最终状态，随着制造成熟度等级的提高，制造能力需要逐步在更加逼真的生产环境中完成验证，覆盖了从提出制造概念、研制、生产到形成批量生产和精益化生产能力的发展全过程。MRL 从制造角度评估技术、制造工艺、装备系统及其子系统的成熟度和风险，综合使用 MRL 和 TRL 评估，实现对技术风险、制造风险的系统评估和研制生产过程的优化管理与有效控制以及制造能力的提升。表 8 - 2 表征了美国国防部的 MRL 等级划分及各级定义。表 8 - 3 表征了美国国防部的 MRL 评价要素及其释义。图 8 - 1 表征了美国国防部采办项目阶段及其对应的 TRL、MRL 要求，要求采办项目在关键里程碑决策点须实施系统工程技术评审，给出了成熟度级别要求和与制造相关的准则及成功标准。

表 8 - 2　美国国防部的 MRL 等级划分及定义

MRL 等级	定义
1	确定制造内涵
2	确定制造方案
3	制造方案的可行性得到验证
4	具备在实验室环境下制造技术原理样件的能力
5	具备在相关生产环境①下制造原型部件的能力
6	具备在相关生产环境下制造原型系统或分系统的能力
7	具备在典型生产环境②下制造系统、分系统或部件的能力
8	试生产线（试生产线环境③下的生产）能力得到验证，准备开始低速率生产
9	低速率生产能力得到验证，准备开始全速率生产
10	全速率生产能力得到验证

注：①相关生产环境，是指生产车间中具备了一些真实生产设备、人员、工具、工艺、材料等生产要素的环境，尽可能少地依赖实验室中的制造资源。在相关生产环境下，演示验证制造能力的目的是确保进入工程研制阶段以后，制造能力满足费用、进度和性能要求是可以实现的。
②典型生产环境，是指在考虑设计成熟度的情况下，具备尽可能多的真实生产环境，该生产环境尽可能使用试生产线上的人员、设备、工艺和材料，工作指令和工具应该是高质量的，其变更一般都是为了解决性能或生产速率问题而产生的设计变更。该生产环境已经不依赖实验室的制造资源和人员。
③试生产线环境，是指具备了满足低速率生产所要求的关键真实生产要素的环境，例如设备、人员技术水平、设施、材料、部件、工作指令、工艺、工具、温度等。试生产线环境尽可能使用全速率生产工艺。

表 8 - 3　美国国防部的 MRL 评价要素

序号	制造要素	制造风险子要素	说明
1	技术和工业基础	工业基础；制造技术开发	分析支持设计、研制、使用、系统持续维护保障和最终报废（环境影响因素）的国家技术和工业基础能力
2	设计	可生产性；成熟度	掌握不断演变的系统设计完备度与稳定性及其对 MRL 的相关影响
3	成本和投资	生产成本建模；成本分析；制造投资预算	分析是否有足够的投入以达到目标 MRL 等级，研究达到制造成本目标的相关风险
4	材料	材料成熟度；可用性；供应链管理；专用处理	分析与材料相关的风险，包括原材料、元器件、半成品件、分装件等
5	工艺能力和控制	建模与仿真；制造工艺成熟度；产量和生产速度	分析制造工艺无法反映关键特性设计意图（例如可重复性和经济可承受性）的潜在风险

续表

序号	制造要素	制造风险子要素	说明
6	质量管理	质量管理(包括供应商)	分析控制质量和进行持续改进的风险和相应管理计划
7	制造人员	制造人员	评估支持制造计划所需人员的必备技能和可用性
8	设施	工装/专用测试和检测设备;基础设施	分析关键制造设施(主承包商、子承包商、供应商、销售商和维护/修理商)的能力与潜在能力
9	制造管理	制造计划和进度安排;物料计划;工具和专用测试设备	分析对需要从设计转化为综合作战系统(满足项目的经济可承受性和可用性目标)的全部元素的管理情况

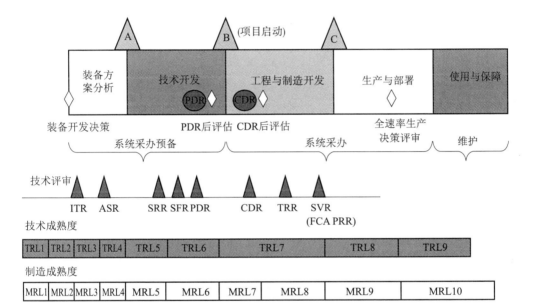

图 8-1　美国国防部采办项目阶段与成熟度级别要求

注:PDR 为初步设计评审;CDR 为关键设计评审;ITR 为初始技术评审;ASR 为备选系统评审;SRR 为系统需求评审;SFR 为系统功能评审;TRR 为测试成熟度评审;SVR 为系统验证评审;FCA 为功能配置评估;PRR 为生产成熟度评审。

(2) 新加坡工业智能化成熟度指数

2017 年,新加坡经济发展局(EDB)与 TUV 南德合作开发了"新加坡工业智能化成熟度指数",以帮助企业全面挖掘"工业4.0"潜力。这是世界上第一个由政府为企业转型而开发的工业4.0 评价工具。此工具帮助公司确立从哪个阶段展开和扩展工业转型,以及持续努力的方向。根据新加坡智能工业成熟度指数(见图 8-2)评估,评估架构由 3 大核心组成:过程、科技和组织。3 大核心可划分出 8 项关键类别,并影响到 16 个评价维度。公司可以使用这些维度来评价自己在迈向工业4.0 所处的阶段。

企业可以使用 16 个维度来评估其在工业4.0 变革过程中所处的状态,见表 8-4,可以通过每个维度来检查当前的过程、科技和组织。

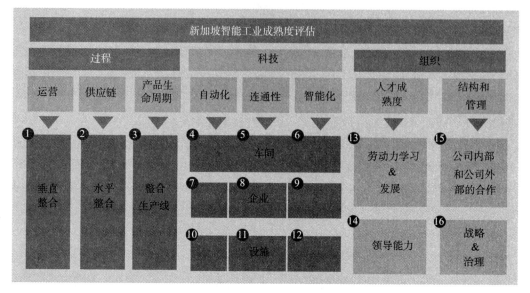

图 8-2　新加坡智能工业成熟度指数

表 8-4　新加坡智能工业成熟度指数评估 16 个维度说明

维度 1	过程—垂直整合	通过数字化管理,串联工厂内所有层级的过程和系统,建立端到端数据线程
维度 2	过程—水平整合	指组织内部的过程与组织外的利益相关者整合
维度 3	过程—整合生产线	在整个产品生命周期中集成了人员、过程及系统
维度 4~6	科技—车间及企业及设施的自动化	在车间、企业及工厂层,评估自动化的程度和灵活性,以及跨多个系统的集成程度
维度 7~9	科技—车间及企业及设施的连接性	评估驻留在车间、企业和设施层中的设备、机器及系统之间的连接程度
维度 10~12	科技—车间及企业及设施的智能	在车间、企业及工厂层的系统可识别和诊断任何偏差并适应不断变化的需求
维度 13	组织—劳动力学习与发展	培养劳动力的能力和技能,旨在建立一个卓越的组织
维度 14	组织—领导能力	组织核心管理层采用最新的概念和科技来保持公司的竞争力
维度 15	组织—公司内部和公司外部合作	内部和外部合作伙伴之间共同合作的过程,携手实现共同的愿景和目标
维度 16	组织—战略与治理	组织设计行动计划并执行其计划,借此实现一系列长期目标

新加坡智能工业成熟度指数评估为企业启动工业 4.0 转型提供了系统化的评估方法。企业管理层应重视智能制造转型的方向、转型的时机及转型的程度。该成熟度评估提供一种共同语言,企业皆能使用此评价工具来促进企业内部协调及企业外部的合作创新。

(3) 德国 Acatech 工业 4.0 成熟度指数

2015 年,TUV 南德意志集团(以下简称"TUV 南德")与德国国家工程院及企业联合伙伴基于工业 4.0 框架发布"智能制造成熟度指数(Smart Industry Readiness Index, SIRI)"。2017 年 4 月,德国国家科学和工程研究院发布了《工业 4.0 成熟度指数——管

理企业数字化转型》，建立了由 6 个阶段构成的 Acatech 工业 4.0 成熟度指数（见表 8 -
5），绘制了工业 4.0 发展路径，依次为计算机化、连通性、可见性、透明度、预测能力、
适应性。前两个阶段为数字化阶段，是为实现工业 4.0 创造基础，后 4 个阶段才是工业
4.0 情景下制造企业所具备的能力。制造企业达到每个成熟阶段要以前一个阶段为基础，
是一个连续、持续、逐步实现的转型过程，并且在每个阶段都能见到转型所带来的效益。

表 8 - 5　工业 4.0 基于价值的 6 个成熟阶段

	阶段	特点
数字化	第一阶段：计算机化	目标：为数字化提供基础 状态：机器设备实现计算机化，主要用于更有效地执行重复性任务。企业内不同的信息技术相互隔离，许多机器仍然没有数字接口
	第二阶段：连通性	目标：将孤立的信息技术连接在一起 状态：业务应用程序被广泛使用且相互连接，能够反映企业的核心业务流程。部分操作技术（OT）系统提供连接性和互操作性，但 IT 和 OT 层还没有完全集成
工业 4.0	第三阶段：可见性	目标：创建企业当前状况的数字影子，能够显示企业在某个时刻发生了什么 状态：整个企业范围内的事件和状态通过传感器被实时记录，为管理决策提供真实数据基础
	第四阶段：透明度	目标：让企业了解为什么会发生某些事情，并通过根本原因分析来产生知识 状态：与业务应用系统（如 ERP 或 MES 系统）并行部署大数据应用程序，进行数据分析，识别和解释企业数字影子中的相互作用，提供支持复杂和快速决策所需的过程知识
	第五阶段：预测能力	目标：预见未来的发展，能够及时做出决策并采取适当措施 状态：用数字影子投射未来，描绘各种情境，然后根据它们发生的可能性进行评估，并采取适当措施，减少意外事件数量，使业务运行更加稳健
	第六阶段：适应性	目标：将某些决策委托给 IT 系统，实现自动化行动和自动化决策，以便能够尽可能快地适应不断变化的业务环境 状态：利用数字影子中的数据，在尽可能短的时间内，做出能获得最大效益的决策，并自动执行相应的措施

　　Acatech 工业 4.0 成熟度指数提供了一个清晰的制造企业愿景，指出敏捷性和实时变
化的能力是工业 4.0 企业取得成功的关键战略特征。制造企业转型的目标就是创建一个学
习型敏捷组织，在业务的各个部分和所有业务流程领域，通过数字连接使流程更快、更有
效，能够不断适应变化的环境。要实现这一目标状态，除了部署多种不同的技术、创建一
个不断扩展的数据库外，企业组织结构和文化对是否能够充分发挥数字的潜力起着重要的
作用。Acatech 工业 4.0 成熟度模型将企业分为资源、信息系统、文化和组织结构 4 个结
构领域，分别描述了企业在达到工业 4.0 适应性阶段时所需要的能力。

　　Acatech 工业 4.0 成熟度指数是以德国制造业为基础开发，用来根据每个企业的需求
精确制定数字路线图，帮助企业实现所有相关业务单元的数字化转型。该模型从设备的计
算机化开始，即工业 3.0 的技术需求。Acatech 工业 4.0 成熟度指数吸取了精益生产的经
验，强调了组织结构和企业文化对于工业 4.0 价值的充分发挥具有重要的作用。

（4）工业 4.0 成熟度

2015 年 10 月，德国机械设备制造业联合会（Verband Deutscher Maschinen und Anlagenbau，VDMA）提出工业 4.0 成熟度，主要为了解决两大问题：一是当前德国的机械制造工业处于工业 4.0 的哪一阶段，二是要想在企业中成功实施工业 4.0 必须具备的条件以及企业当前哪些情况需要进行相应的改变。VDMA 根据调查问卷分析并提炼出具有 6 个级别、6 个维度以及 18 个域的成熟度模型。6 个级别分别是未规划级、初始级、中间级、熟练级、专家级、顶级示范级。6 个维度见表 8 - 6。

表 8 - 6　6 个维度

战略和组织	工业 4.0 的战略和组织文化
智能工厂	分布式、高度自动化生产
高效运营	智能生产流程体系
智能产品	用 ICT 技术装备物理产品
数据驱动服务	数据服务作为内嵌的商业模式
员工	合格的知识工作者是成功实施工业 4.0 的关键

（5）中国智能制造能力成熟度模型

2020 年 10 月 11 日，国家标准化管理委员会发布了《智能制造能力成熟度评估模型》（GB/T 39116—2020）、《智能制造能力成熟度评估方法》（GB/T 39117—2020）两项国家标准。智能制造能力成熟度模型由成熟度等级、能力要素和成熟度要求构成，其中，能力要素由能力域构成，能力域由能力子域构成，如图 8 - 3 所示。

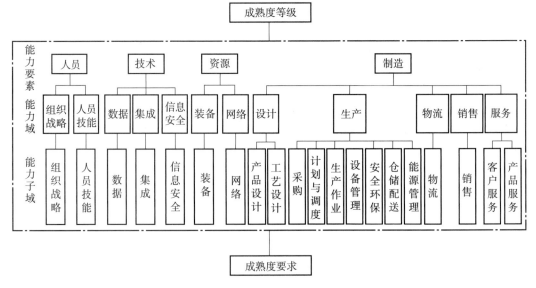

图 8 - 3　中国智能制造能力成熟度模型

　　智能制造能力体现了为了实现智能制造目标，企业对人员、技术、资源、制造等进行管理提升和综合应用的程度。智能制造能力成熟度表征了组织实现智能制造要达到的阶梯目标和演进路径，提出了实现智能制造的核心要素、特征和要求，为组织内外部利益相关方提供了一个了解组织目前智能制造状态、建立智能制造目标和实施规划的框架。模型描述了人员、技术、资源和制造四个能力要素和应开展的能力管理活动。能力要素是驱动智能制造能力提升的关键元素集合，各组成要素表征了人员利用资源，将技术应用于制造环节提升智能制造能力的过程。能力管理是企业持续提升制造能力的方法。

　　成熟度等级规定了企业智能制造能力在不同阶段应达到的水平。成熟度等级分为五个等级，自低向高分别是一级（规划级）、二级（规范级）、三级（集成级）、四级（优化级）和五级（引领级），如图 8-4 所示。较高的成熟度等级涵盖了低成熟度等级的要求。

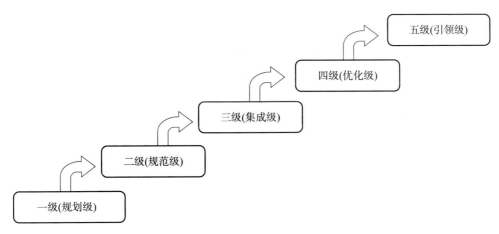

图 8-4　中国智能制造能力成熟度等级

　　一级（规划级）：企业应开始对实施智能制造的基础和条件进行规划，能够对核心业务活动（设计、生产、物流、销售、服务）进行流程化管理。

　　二级（规范级）：企业应采用自动化技术、信息技术手段对核心装备和业务活动等进行改造和规范，实现单一业务活动的数据共享。

　　三级（集成级）：企业应对装备、系统等开展集成，实现跨业务活动间的数据共享。

　　四级（优化级）：企业应对人员、资源、制造等进行数据挖掘，形成知识、模型等，实现对核心业务活动的精准预测和优化。

　　五级（引领级）：企业应基于模型持续驱动业务活动的优化和创新，实现产业链协同并衍生新的制造模式和商业模式。

　　成熟度要求规定了能力要素在不同成熟度等级下应满足的具体条件。

　　（6）装备制造成熟度模型

　　2015 年，总装备部在装备技术成熟度等级划分及定义的基础上，发布了装备制造成熟度等级划分及定义要求，规定了装备制造成熟度的等级、概念和条件。表 8-7、表 8-8 分别给出了制造成熟度等级划分、定义及基本条件、制造成熟度等级条件类型。

表 8-7　制造成熟度等级划分、定义及基本条件

等级	定义	基本条件
1	明确制造基本含义	开展基础性研究,提出研究方向并探索可能的实现途径
2	明确制造概念	1)开展应用性研究,提出新的制造概念及其广泛性的军事应用; 2)识别其中的新材料、新工艺并开展理论性研究
3	完成制造概念可行性论证	1)提出顶层工艺流程图(工艺策划); 2)初步论证影响生产性的关键工艺和关键物料; 3)通过分析或实验确认了制造概念
4	具备在实验室环境下制造技术物化载体的能力	1)完成对设计方案的生产性初步评价; 2)初步论证关键、重要特性以及与之相关的工艺、制造设备、生产设施、人员技能等要求; 3)完成关键工艺调研和评估,细化工艺流程,识别流程变量; 4)初步确立成本目标并明确影响因素; 5)初步评估制造风险并制定风险应对初步计划; 6)相应的技术成熟度等级达到 4 级
5	具备在生产相关环境下制造部件原型的能力	1)初步评价工业基础能力,识别可能的配套厂家; 2)完善关键、重要特性论证,识别关键、重要件,并开展相应的生产性初步评价; 3)初步论证工序能力要求; 4)通过部件原型在生产相关环境下的制造,验证关键工艺、物料、制造设备、生产设施、人员技能并提出开发需求; 5)建立成本模型框架; 6)评估制造风险并完善风险应对计划; 7)相应的技术成熟度等级达到 5 级
6	具备在生产相关环境下制造分系统或系统原型的能力	1)完成转工程研制所需的工业基础能力评价; 2)完成关键、重要件(技术)的生产性评价; 3)评估生产相关环境下的合格率与生产率,完善工序能力要求论证; 4)通过分系统原型或系统原型在生产相关环境下的制造,验证关键工艺、物料、制造设备、生产设施、人员技能并提出进一步开发需求; 5)分析制造成本因素; 6)识别生产提前期长的物料; 7)完善制造风险评估和风险应对计划; 8)相应的技术成熟度等级达到 6 级
7	具备在生产典型环境下制造系统、分系统或部件的能力	1)完成生产性的详细权衡研究,基本完成详细设计; 2)评估生产典型环境下的合格率与生产率,持续完善工序能力要求论证; 3)通过系统、分系统或部件在生产典型环境下的制造,验证工艺; 4)已批准试生产所用的物料技术条件(产品规范); 5)启动生产用工装和专用试验检测设备的研制; 6)完善成本模型到系统级,初步开展成本缩减工作; 7)评估关键配套厂家的供应能力和质量管理体系; 8)针对生产提前期长的物料,制定适宜的采购计划; 9)确定初步的制造计划和质量目标; 10)细化制造风险评估和风险应对计划; 11)相应的技术成熟度等级达到 7 级

续表

等级	定义	基本条件
8	完成试生产,具备小批量生产的能力	1)完成转小批量生产所需的工业基础能力评价; 2)完成全部详细设计且设计更改相对稳定,对小批量生产影响小; 3)制造过程受控,工序能力指数达标; 4)通过试生产,验证工艺、物料、制造设备、生产设施、人员技能; 5)完成生产用工装和专用试验检测设备的研制; 6)生产准备符合小批量生产需求; 7)根据试生产结果,完善合格率与生产率要求、成本模型; 8)完成配套产品的首件鉴定和质量检验,建立满足小批量生产的供应链; 9)确认对小批量生产无重大风险; 10)相应的技术成熟度等级达到7级
9	完成小批量生产,具备大批量生产或稳定生产的能力	1)设计已固化并通过使用考核; 2)工艺稳定、受控,合格率与生产率达标; 3)物料、制造设备、生产设施、人员达到预定目标并满足大批量生产或稳定生产需求; 4)根据小批量生产数据积累,完善成本模型,持续开展成本缩减工作; 5)确认对大批量生产或稳定生产无重大风险; 6)相应的技术成熟度等级达到9级
10	完成大批量生产或稳定生产验证,贯彻实施精益生产	1)产品满足性能要求及改进升级、延寿等需求; 2)工艺稳定、受控,合格率与生产率达标; 3)物料、制造设备、生产设施、人员符合大批量生产或稳定生产要求; 4)成本满足目标; 5)开展持续改进工作,建立精益生产体系; 6)相应的技术成熟度等级达到9级

按制造风险源,将制造成熟度等级条件分成10个大类、23个小类,相应说明见表8-8。

表8-8　制造成熟度等级条件类型

大类	小类	小类说明
A—工业基础与制造技术体系	A.1—工业基础	指整个产业的制造资源配置、总体水平及其对特定产品制造的支撑
	A.2—制造技术体系	指整个产业的制造技术体系、总体水平及其对特定产品制造的支撑
B—设计	B.1—生产性	指在符合性能要求和质量的前提下,低成本高效生产的设计与生产综合特征
	B.2—设计成熟度	指设计的详细程度、稳定性以及产品数据的完备性
C—技术成熟度	C.1—技术成熟度	指技术满足预期的装备应用目标的程度,具体内容按 GJB 7688—2012

续表

大类	小类	小类说明
D—工艺	D.1—工艺建模仿真	指工艺流程,产品加工、装配的建模仿真,工艺包括制造过程、检验检测过程
	D.2—工艺成熟度	指工艺验证充分性和工序能力
	D.3—合格率与生产率	指合格率与生产率的目标、达标情况和提升工作
E—物料	E.1—物料成熟度	指物料的产品定义完备性及使用验证充分性。物料可以是原材料、半成品、零部组件、装置、分系统
	E.2—物料可获取性	指物料的供货源、提前采购准备
	E.3—供应链管理	指需求预测、建立配套目录、签订协议、供货监控等
	E.4—特殊物料的处理	指特殊物料的识别、处理程序验证、问题解决。特殊物料包括危害物料、保密物料,以及对保存期、仓储环境有特殊要求的其他物料
F—设备设施	F.1—制造设备	指工艺装备、专用试验与检测设备的研制,以及维护修理(含其他生产设备)
	F.2—生产设施	指生产设施的准备和使用验证
G—制造人员	G.1—制造人员	指制造人员(包括工程技术人员和工人)的数量和技能发展
H—制造管理	H.1—制造计划与进度安排	指制造规划、排产、风险控制和生产控制系统建设
	H.2—物料准备计划	指物料清单编制和物料计划系统建设
I—质量管理	I.1—过程质量管理	指质量策划、质量保证和质量审核
	I.2—产品质量管理	指产品质量控制
	I.3—配套厂家质量管理	指配套厂家质量管理体系审核、配套产品验收和质量监控
J—成本管理	J.1—成本模型	指制造成本模型的构建和完善
	J.2—成本分析	指制造成本分析和成本缩减工作的实施
	J.3—制造投资预算	指制造成本的预算和风险控制

第9章　航天工艺展望

9.1　引言

当今世界百年未有之大变局加速演进，国际环境错综复杂，全球产业链供应链面临重塑，不稳定性、不确定性明显增加，科技创新成为国际战略博弈的主要战场。新一轮科技革命、产业变革深入推进，新一代信息技术、人工智能、新材料与先进制造技术加速融合，叠加碳达峰和碳中和目标约束，航天工艺向宏微跨尺度、多材料多工艺多功能融合、异质异构集成、低能耗低成本等高端化、智能化、绿色化快速发展。

新时期航天工艺工作，将以习近平新时代中国特色社会主义思想为指导，立足新发展阶段，贯彻新发展理念，构建新发展格局。坚持系统观念、全局性谋划、整体性推动，强力推进工艺振兴，有力保证型号研制与规模化生产，确保实现高水平科技自立自强。全面完成工艺数字化转型，建成国内领先的航天工艺技术体系，提升航天基业主业工艺保证能力，以强大的生产制造能力助推航天装备供给能力的跨越式提升、高质量发展。

随着制造业生产规模的变化以及工业技术的发展，制造技术沿着"手工、机械化、半自动化、刚性流水线自动化、柔性自动化、智能化"的方向发展，从而促进制造业的不断进步。就全球而言，整个制造业的发展经历了蒸汽机化、内燃机化、电气化、自动化、智能化、协同化、云化等七个阶段。前三个阶段已经实现了，自动化也即将实现，但是智能化、协同化、云化才刚刚开始。目前我国基本处于第四阶段，并向第五阶段迈进的时期，就是由自动化向智能化转变的时期。

随着国家安全与民用需求的持续增长，航天产品正在朝着高性能、轻量化、一体化、大型化、小型化等方向发展，产品升级和更新换代速度迅速加快，总体性能指标大幅提升。航天制造任务逐年增加，任务形式由过去的"多研制、少生产"向"研制和生产并重"发展。航天制造企业需要在强化技术进步、提高自动化水平的基础上，推行数字化、信息化、智能化的制造与管理模式，利用先进的制造与信息技术来提升传统组织模式、生产过程、制造控制、物流管理与服务模式及水平。

9.2　航天制造发展展望

9.2.1　先进

先进制造作为国家航天事业发展和国防科技发展的战略性产业，是航天装备研制的重要支撑，对于推动航天产品性能提升、质量稳定、快速响应、升级换代具有重要意义。航天先进制造技术、工艺技术对提升装备性能、缩短研制周期和降低研制成本等至关重要，已成为航天高科技装备研制的关键核心专业技术。

新一代航天装备多功能、集成化、智能化、性能提升、快速研制等需求日益迫切。新一代航天装备快速演进，牵引航天工艺向宏微跨尺度、多材料多工艺多功能融合等方向发展，前沿性、颠覆性工艺技术储备需求加大，须应用适应规模化生产要求的制造方法和模式，解决传统的加工、成形专业同质化问题。

围绕航天装备"新一代"发展需求，航天工艺需重点解决设计出来造不出来的核心问题，聚焦关键核心技术攻关，把科技自立自强作为战略支撑，在战略关键核心工艺取得新的重大突破，搞出更多独门绝技，打造原创技术"策源地"，推动一批先进、特种工艺在装备制造上的应用，提升制造符合性。

9.2.2　绿色

绿色制造是航天产品制造技术发展的必然趋势，也是实现我国经济可持续发展的必然要求，绿色化是未来制造的生存战略。

目前，我国航天绿色制造技术在虚拟仿真设计、绿色材料、高效自动化加工、绿色销毁回收技术等方面有了长足的进步，正逐步缩小与航天强国之间的差距。但总体上看，由于起步较晚，绿色制造技术在航天领域仍处于快速发展时期，未来仍有很大的发展空间。

绿色制造综合考虑资源利用与环境的影响，贯穿到产品全生命周期过程，做到环境的负面影响最小、资源效率最高，能够协同优化企业的经济效益和社会效益，采取绿色设计、绿色生产工艺、产品绿色程度的评价机制等是解决问题的关键。绿色集成制造技术和绿色集成制造系统将成为今后绿色制造研究的热点。航天绿色制造的发展方向，主要是虚拟设计、绿色材料、增材制造、虚拟制造、绿色回收等。工艺技术支撑企业实现绿色制造，发展复合材料技术，以增材制造工艺为主线的低碳绿色制造技术，逐渐取代以切削工艺为主线的传统高碳黑色制造技术。

9.2.3　数字

航天产品研制是一个庞大、复杂的系统工程，会应用到许多新技术、新材料，对研制工作的要求也会更高、更多，必须全面地应用数字化技术。国家"十四五"规划中将"加快数字化发展，建设数字中国"作为独立篇章。中国航天科工发布了"数字航天"战略，提出建设新一代航天工业体系，成为数字化转型领军者的战略目标。

我国设计、生产、检测过程具备了自动化、数字化、网络化、可视化的水平，目前正在逐步由单项应用向集成应用过渡。航天领域数字化制造主要包括基于 MBD 的航天数字化工艺和航天数字化制造执行管理。航天数字化工艺设计是采用数字化手段，对航天产品的制造工艺过程进行策划，并开展工艺设计的过程，包括数字化协同产品研发、数字化工艺设计和管理以及数字化工艺仿真。航天数字化制造执行管理包括生产调度管理、生产现场作业执行管理、物流管理、生产过程质量管理等。

航天企业应不断创新研制迭代方式与科研生产管理模式，实现虚拟世界多次迭代，实体世界一次成功，解决痛点，打通堵点，构建符合新时代特征、具有航天特色的，由模型、数据、流程驱动的数字科研生产体系。

9.2.4　智能

以信息技术与制造业加速融合为主要特征的智能制造成为全球制造业发展的主要趋势。加快推进航天智能制造，是实施中国先进制造的主攻方向之一，是落实工业化和信息化深度融合、打造制造强国的战略举措，更是我国航天业紧跟世界发展趋势、实现转型升级的关键所在。

智能化产品、生产管理过程中新一代信息技术的应用及工业物联网的推广，将使得航天制造在价值链上占据高位，也有助于中国航天在参与国际分工时不再局限于提供加工和组装服务，而是更多地参与到高端技术的研发和核心设备的制造中。

航天企业应注重整体制造模式和技术手段的相互促进和协调发展，有效采用物联网、大数据、云计算、增材制造等技术，逐步实现以感知、分析、执行一体化为代表的智能制造，通过网络连接、知识驱动、智能决策优化企业作业流程，提升管理水平，构建航天产品智能制造模式，适应航天产品低成本变批量生产需求，实现航天高质量、高可靠、高经济效益的发展目标。

9.2.5　互联

随着先进制造技术、信息技术与智能技术的不断进步，以及我国航天产业的高速发展，航天制造在数字化、信息化的基础上，深入开展"互联制造"，达到产品全寿命周期活动中的制造资源和能力的智能化管理、精准服务和动态协同，是未来发展的必然态势。

工业互联网作为新一代信息技术与制造业深度融合的产物，正在推动制造业创新模式、生产方式、组织形态和商业范式的深刻变革。"互联制造"作为工业互联网驱动下的制造新范式，主要转变表现在制造模式互联化、实现过程智能化、管理方式集成化、产业创新协同化和制造能力服务化等方面。

在当前的技术条件下发展互联制造模式，应不断深化制造模式研究，优化产品和生产流程，夯实数字化制造技术，持续推进产品数字化设计思想和制造技术的融合与应用，加快增材制造技术等新兴制造方法、装备、工艺及应用方法的研究，实现生产装备的自动化、数字化，利用车间制造执行层、控制层的信息系统，构建产品数字化单元体系；持续发展物联网、大数据、云计算等技术，逐步实现以感知、分析、执行一体化为代表的互联制造。

在互联制造模式下，为了提高市场竞争力，航天制造业未来将推进业务转型升级，通过调整和优化产业结构，进一步开放价值链体系，以实现优势互补和降低成本。通过技术创新，基于传统价值链及自身价值活动或产品，对价值链相关价值活动进行内部深化和横向拓展。航天制造企业要提高自主创新能力，依靠自身力量进行技术创新活动，通过开发新技术解决产业技术的供给问题；针对航天制造的典型特点，形成新工业革命时代下的航天价值链体系，建立航天价值链细分、重构与管理方法，进而提升制造模式、过程、资源精益化水平。

9.3　航天工艺技术展望

9.3.1　布局前沿，储备技术，着力提升先进制造与工艺自主自强能力

强化前沿性、储备性技术研究与应用，为主业板块产业发展提供技术储备。瞄准世界科技前沿，以航天产业未来需求为背景，联合优势高校、科研院所，加强先进制造与工艺国内外前沿性、颠覆性技术的扫描跟踪，拓展先进制造与工艺信息渠道，重点发展面向航天功能结构一体化构件的4D打印技术、增材制造用粉末重复利用技术、面向超大功率芯片散热的金刚石基板微纳米制造技术、复合材料抗氧化烧蚀涂层技术、超快激光加工技术、复杂结构件高精度自适应加工及智能决策技术等先进制造技术。

9.3.2　攻克短线，突破核心关键制造技术，保障型号研制与规模化生产

围绕大规模生产、柔性化生产、顾客定成本等的需求，充分发挥先进制造与工艺在科研生产中的技术支撑作用，从论证阶段开始，工艺即会同设计进行论证与新技术调研；工艺攻关需求生成机制有效落实；抓好工艺布局、工艺流程、工装及设备的成组连线以及选点扩点，以提高质量一致性与批产稳定性为目标，打造一批系列化产品的成套制造工艺，开展电解加工、热挤压等低成本工艺技术推广，为建成大规模、低成本研制生产能力提供技术保证，以先进制造与工艺的升级推动打造更多新一代航天装备。重点发展高强轻量化材料结构快速低成本成形技术、复杂产品人机协同装配技术、电缆组装规模化生产技术、大尺寸多光束激光增材制造装备及技术、增减材自动化复合加工装备及技术等关键制造技术。

9.3.3　着力先进高端制造装备开发，加速航天先进制造产业升级

先进适用的制造装备是提高产品研制生产效率、保证产品制造质量、保障型号产品研制顺利进行的重要基础。当前航天高端制造装备研制技术与应用水平还不高，针对航天产业对高端制造装备的需求要加强研发能力建设，培育高档装备能力。从材料、功能部件、控制系统及软件等基础产业抓起，在航天产业发展需求牵引下，坚持产学研用合作，长期支持若干优质制造装备企业与系统集成商，共同推进国产高档装备的转型升级，加速航天先进制造产业升级。重点发展大尺寸多光束激光增材制造装备及技术、阵列式电子束选区熔化增材制造装备技术、高温预热激光选区熔化增材制造装备技术、真空激光焊接装备研制技术、卧式热挤压成形成套装备开发技术、大尺寸三维多层曲面高精度激光焊接装备技术等核心装备技术。

9.4　航天工艺治理展望

9.4.1　实施数字化及智能制造，提升制造能力

加快实施数字航天战略，打造以数字化、网络化、智能化、云联化为本质特征的新一代航天工业体系。

数字化工艺设计能力全面提升。面向型号研制全过程的数字化设计与工艺全流程协同机制建设成熟，全面应用基于 MBD 的航天数字化工艺，进行数字化协同研发、数字化工艺设计和管理以及数字化工艺仿真。引进成熟的设计工艺性审查、快速工艺设计、工装设计、工艺可视化、工艺知识图谱等工具，充分利用人工智能、大数据等手段，用好工艺量化控制要素、材料定额等数字化工艺资源，完善数据库，形成基于知识驱动的工艺设计能力，提高工艺设计的科学性和有效性；在多个专业实现工艺建模与仿真普遍应用。

针对核心、关键、典型产品，建成数字化制造生产线，将传统生产制造升级为数字化制造；在成套工艺突破的基础上，进一步建成柔性化智能生产线，非手工工序占比不断提高；实现自动化操作、检测、质量数据汇集，形成适应多品种、多规格、变批量生产的数字化混批共线批生产能力。

建立企业精细化管理与数字化工艺制度标准规范体系。围绕数字化"全覆盖"、流程"全打通"、业务"全在线"，建立数字航天工艺标准体系；培育凝练高价值工艺成果；在关键核心领域着力培育原创型、基础型高价值专利；工艺材料领域国际标准、国家标准、国家军用标准项目的培育持续加强。

数字化工艺成为未来航天制造的主流技术；数字化工艺扩展到产品的全寿命周期中，实现基于流程的全要素精益管理。

9.4.2　增强航天创新平台建设，推动工艺技术创新

工艺支撑机构体系建设更加完备，工艺创新机构可以满足新时期、新形势下产品及专业技术及产业化高质量发展的需求，工艺中心在引领技术发展、促进技术交流、提供技术咨询、加快成果培育与推广方面卓有成效；核心和前沿工艺技术领域工艺创新机构，各类中心、分中心有效运行；构建龙头企业牵头、高校院所支撑、各创新主体互相协同，企业内外资源开放、共享的创新联合体。

持续加大微纳加工、超材料等攻关投入，在战略关键工艺取得重大突破，打造原创技术"策源地"。以基础、前沿和学科交叉为方向，融合运用国家工业基础、时代创新成果和社会优质资源，联合优势高校、研究所与民营企业共同开展合作研究，集合国内尖端工艺为我所用。加大低能耗、零污染、材料节约等绿色环保工艺方法的推广。

关键领域自主知识产权创造和储备加强，高价值高质量专利得到布局；运用市场化手段推动科技成果转化，推动知识产权成果资本化，为知识"定价"，给创新"赋权"。

9.4.3　加强工艺队伍建设，培养优秀领军人才

完善工艺队伍选人、用人、育人、评人、励人体系。工艺师队伍建设突出"高精专特"导向，加快培育高水平、创新型、复合型工艺人才队伍，解决高水平工艺人才结构性短缺、跨学科的复合型人才和新兴领域领军人才缺乏问题，打造一支与科研生产需求和航天发展相适应的专业结构、年龄结构、学历结构、能力结构匹配合理的工艺师与工艺管理队伍。建立健全设计、工艺协同、合作、融合、共享机制。

建设工艺教育、培训、评价、考核系统；工艺队伍地位和作用提升，创造吸引人才从事工艺工作的文化、政策、环境、条件和机制；构建面向技术人员、管理人员、技能人员，覆盖单位科研生产经营全领域，适应各种类型、各种职位岗位工艺应知、应会、应备的工艺教育培训体系，系统、全面、完整地实施面向设计师、工艺师、管理者、技能人员的工艺教育培训。

9.4.4　营造文化与环境，提升工艺创新主动性与积极性

营造有利于工艺大发展的文化，提升先进工艺、先进制造创新主动性与积极性。

积极营造以"敬业、精益、专注、创新"为内涵的工匠精神，形成崇尚工艺人才、崇尚工艺知识、崇尚工艺创新的良好文化，大力做好工艺先进、工艺典范等的表彰和宣传，创造有利于工艺创新发展的良好条件、环境。

新时期，航天企业须以前瞻视野将工艺视为提质增效、价值创造、提升核心竞争力的关键要素，将工艺工作提到新的战略高度，加速建成具有全球竞争力的世界一流航天工艺保证体系，实现航天工艺振兴、航天制造崛起。

航天工艺要全面完成工艺数字化转型，系统提升航天产品工艺保证能力，建成国内领先、国际先进的航天工艺技术体系。基于先进、绿色、数字、智能、互联，以强大的制造能力支撑航天高质量发展，促进我国制造业迈向全球价值链中高端，为建设制造强国、质量强国、航天强国提供强有力的支撑。

附录 1 产品设计工艺性评价准则要素及评分标准

机械类产品设计工艺性评价准则要素及评分标准

序号	评价分类	评价要素	标准分值	评价方法
1		该设计能否进一步简化	3	产品设计的复杂程度能降低 10%，分值 1；能降低 30%，分值 2；能降低 50% 以上，分值 3；复杂程度不能降低了，分值 0
2		尺寸公差和形位公差是否要求过严	2	产品设计图样中存在一个零件图样中有 5 个以下尺寸公差或形位公差要求放宽后，生产的产品不影响产品性能，分值 1；有 5 个以上尺寸公差或形位公差要求放宽后，生产的产品不影响产品性能，分值 0；尺寸公差和形位公差不能放松，分值 2
3		能否减少材料的品种	2	本产品中能够有 2 种不同的材料可以合并，且不影响产品性能和制造成本，分值 1；能够有 5 种以上不同的材料可以合并，且不影响产品性能和制造成本，分值 0；不可减少，分值 2
4	设计技术	是否可以使用其他装备设计的零件	1	能借用其他装备设计的自制零件的，分值 0；无借用件，分值 1
5		轴套类零件的长径比是否过大	1	对于长径比大于 20 的细长类零件，可以修改设计方案使其长径比减小到 15 以下，分值 0；不能，分值 1
6		这项设计能否较大程度地标准化	1	该设计的标准化系数小于 70%，分值 0；大于 70%，分值 1
7		是否采用了非标准螺纹	1	采用了非标准螺纹，分值 0；否则，分值 1
8		能否把装配硬件规格的数量减至最少	1	能够使装配硬件规格的数量进一步减少且不影响产品性能不提高成本，分值 0；否则，分值 1
9		能否更改设计以改善零件的装配与分解	1	通过更改设计使产品装配和分解的效率提高 30% 以上且不影响产品性能，分值 1；否则，分值 0；已是最佳设计，分值 0
10		是否采用了适当的防腐措施	1	产品规定的使用环境有可能造成产品腐蚀的设计了防腐措施，分值 1；否则，分值 0

续表

机械类产品设计工艺性评价准则要素及评分标准

序号	评分分类	评价要素	标准分值	评价方法
11	经济性	能否使用经济工艺方法	3	还能选择更经济的工艺方法,使制造成本降低10%,分值2;能降低30%,分值1;能降低50%以上,分值0;没有更经济的工艺方法了,分值3
12		能否使用比较便宜的材料	3	能用价格低于10%的材料且能功能不受影响,分值2;采用价格降低30%的材料且功能不受影响,分值1;的材料且功能不受影响0;无其他更便宜材料,分值3
13		能否使用标准件或较低成本的零件可以完成同样的功能	2	可以使用标准件替代且能完成相同功能,分数0;能用成本低于30%的另一零件代替当前零件,且能完成相同功能,分值1;必须维持原设计,分值2
14		是否能在需求的时间内获得全部材料	1	选择了在通常航天产品的生产准备时间内不易获得的材料,分值0;在此时间内可全部获得生产材料,分值1
15	工艺技术	是否可以取消或放松某些规范要求	1	可以取消或放松某些规范要求且产品性能和质量不受影响,分值0;否则,分值1
16		能否使用较简单的制造工艺	2	在工艺方法不变的前提下,产品制造工艺可以设计得更简单,使生产效率提高30%,分值1;效率提高50%以上,分值0;没有更简单的了,分值2
17		热处理工序规定的是否合适	1	存在热处理工序安排与所选材料热处理规范规范不相符问题,分值0;无此情况,分值1
18		加工诸如镁合金、铜镁合金等材料,是否考虑必要的安全措施	1	在镁合金等易燃易爆材料加工要求中考虑了必要的安全措施,分值1;否则,分值0
19	质量要求	对设计和功能而言,质量保证措施是否适当	1	评估质量保证条款是否过于严厉,能够简化要求且对产品质量影响不大,分值0;否则,分值1
20		是否考虑了镀覆及化学处理引起氢脆、氧脆、镉脆等隐患	1	产品设计了镀覆及化学处理,对可能引起氢脆、氧脆、镉脆等隐患进行了分析并采取措施,分值1;否则,分值0

续表

机电类产品设计工艺性评价准则要素及评分标准

序号	评价分类	评价要素	标准分值	评价方法
1	设计技术	该设计能否进一步简化	3	产品设计的复杂程度能降低10%,分值2;能降低30%,分值1;能降低50%以上,分值0;复杂程度不能降低了,分值3
2		能否合并元器件种类	2	本产品中能够有2种不同元器件可以合并,且不影响产品性能和制造成本,分值1;能够有5种以上不同的元器件可以合并,且不影响产品性能和制造成本,分值0;不可减少,分值2
3		是否可以使用其他装备设计的组件	1	是否能借用其他装备设计的成品零件,有借用件,分值0;无借用件,分值1
4		标准、规范与计划的情况是否相符	1	存在标准、规范与计划的产品环境不相符的情况,分值0;否则,分值1
5		螺栓、螺母、螺钉、铆钉的拧紧力矩要求是否合适	1	上述螺接、铆接设计是否规定了预紧力矩要求?未要求或要求是否合适,分值为0,否则,分值为1
6		是否有防无线电频率干扰的屏蔽措施	1	对有射频干扰可能影响产品性能的采取了有效的屏蔽措施,并备有电和静电连接通路,分值1;否则,分值0
7		布线间隙、工具间隙、构件间隙、连接头是同间隙是否符合要求	1	上述结构间隙在满足生产装配、维修维护和使用用的前提下,间隙趋于最小,分值1;否则,分值0
8		重要通道是否采取备用通路措施	1	设计中考虑到重要通路一旦失效会影响产品使用及性能,而采取备用措施,分值1;否则,分值0
9		设计中是否考虑了静电接地要求	1	产品生产和使用过程中可能产生静电,设计中考虑了接地措施,分值1;否则,分值0
10		设计中是否规定了防无线电频率干扰要求	1	对受无线电干扰有可能影响产品性能的设计了防护措施,分值1;否则,分值0
11	经济性	能否使用经济的工艺方法	3	还能选择更经济的工艺方法,使制造成本降低10%,分值2;能降低30%,分值1;能降低50%以上,分值0;没有更经济的工艺方法了,分值3
12		能否使用较低成本的元器件可以完成同样的功能	2	可以使用标准件替代可日能完成同样功能,分数0;能用成本低于30%的另一零件替代当前零件,且能完成相同功能,分值1;必须维持原设计,分值2
13		是否可以取消或放松某些规范要求	1	可以取消或放松某些规范要求且产品性能和质量不受影响,分值0;否则,分值1
14		规定的特殊检验设备是否超出实际要求	1	要求使用不必要的特殊检验设备,分值0;无此情况,分值1

续表

机电类产品设计工艺性评价准则要素及评分标准

序号	评价分类	评价要素	标准分值	评价方法
15	工艺技术	能否使用较简单的制造工艺	2	在工艺方法不变的前提下,产品制造工艺可以设计得更简单,使生产效率提高 30% 以上,分值 2;没有更简单的了,分值 1;效率提高 50% 以上,分值 0;没有更简单的了,分值 2
16		是否能在需求的时间内获得全部原材料和元器件	1	选择了在通常航天产品的生产准备时间内不易获得的原材料和元器件,分值 0;在此时间内可全部获得生产所需原材料和元器件,分值 1
17		在装配和进行其他连接操作时,是否会因空间狭窄或其他原因造成连接困难或根本不可能	1	在产品设计中考虑到装配连接并留有足够空间,分值 1;否则,分值 0
18	质量要求	对设计和功能而言,质量保证措施是否适当	1	评估质量保证条款是否过于严厉,能够简化要求且对产品质量影响不大,分值 0;否则,分值 1
19		制造和搬运过程中,是否有专用的搬运装置或方法,以保护关键的和敏感的产品	1	对关键和敏感的产品提出搬运要求或设计中有专用装置和方法,分值 1;否则,分值 0
20		对满足湿、热和其他特殊环境要求是否有适当的措施	1	产品可能处理热等特殊环境使用的,设计中采取了适当防护措施,分值 1;否则,分值 0

附录2 产品制造成熟度评价等级及评价方法

等级	等级定义	等级基本条件	制造成熟度等级条件类型		成熟度等级评价方法
			大类	小类	相应等级的条件内容
1	明确制造基本含义	开展基础性研究，提出研究方向并探索可能的实现途径	B—设计	B.2—设计成熟度	识别制造研究方向和可能的实现途径
			C—技术成熟度	C.1—技术成熟度	技术成熟度等级达到1级
			E—物料	E.1—物料成熟度	识别需开展研究的物料属性
			J—成本管理	J.2—成本分析	识别潜在的制造成本
			J—成本管理	J.3—制造投资预算	识别可能的投资渠道
2	明确制造概念	1) 开展应用性研究,提出新的制造概念及其广泛的应用;2) 识别其中的新材料、新工艺并开展理论性研究	A—工业基础与制造技术体系	A.2—制造技术体系	识别新的制造概念及其可能的解决方案
			B—设计	B.2—设计成熟度	明确新制造概念的应用范围
			B—设计	B.2—设计成熟度	提出了宽泛的技术要求,用于指导制造概念的选择
			C—技术成熟度	C.1—技术成熟度	技术成熟度等级达到2级
			D—工艺	D.1—工艺建模仿真	如果适用,开发初步的仿真模型
			D—工艺	D.2—工艺成熟度	识别原材料、工艺方法
			E—物料	E.1—物料成熟度	预测物料的属性、特性
			E—物料	E.2—物料可获取性	评估物料的可获取性
			E—物料	E.4—特殊物料的处理	初步评价物料的潜在制造强制性要求和特殊处理关注事项
			J—成本管理	J.1—成本模型	明确成本模型的构建方法
			J—成本管理	J.2—成本分析	识别制造成本的基本构成
			J—成本管理	J.3—制造投资预算	合理制定达到MRL3的成本预算

续表

等级	等级定义	等级基本条件	制造成熟度等级条件类型 大类	制造成熟度等级条件类型 小类	成熟度等级评价方法 相应等级的条件内容
3	完成制造概念可行性论证	1) 提出顶层工艺流程图(工艺策划); 2) 初步论证影响工艺生产性的关键物料和关键物料;	A—工业基础与制造技术体系	A.1—工业基础	根据技术需求,初步明确可能配套厂家
			A—工业基础与制造技术体系	A.1—工业基础	了解制造的技术发展水平
			A—工业基础与制造技术体系	A.2—制造技术体系	通过实验,建模仿真,明确制造技术概念
			B—设计	B.1—生产性	通过对物料,工艺的实验,对设计方案的制造可行性进行了评价
			B—设计	B.2—设计成熟度	明确产品的顶层性能要求
			B—设计	B.2—设计成熟度	通过实验对多个设计方案的权衡分析结果进行了评价
			B—设计	B.2—设计成熟度	评价产品的寿命周期等及技术需求
			C—技术成熟度	C.1—技术成熟度	技术成熟度等级达到3级
			D—工艺	D.1—工艺建模仿真	根据顶层工艺流程图,识别可行的制造概念或制造概念需求
			D—工艺	D.2—工艺成熟度	编制顶层工艺流程图(或相应文件)
			D—工艺	D.2—工艺成熟度	通过实验识别关键工艺
			D—工艺	D.3—合格率与生产率	根据实验或当前工艺水平,初步预测产品的合格率与生产率
			E—物料	E.1—物料成熟度	通过实验对物料的属性进行验证和评估,从而判断制造可行性
			E—物料	E.2—物料可获取性	识别物料供应扩大所带来的问题
			E—物料	E.3—供应链管理	初步评估物料的供应潜力
			E—物料	E.4—特殊物料的处理	提出特殊的物料清单
			E—物料	E.4—特殊物料的处理	初步明确特殊处理程序在实验室中得到应用
			E—物料	E.4—特殊物料的处理	评价特殊处理的关键事项

续表

等级	等级定义	等级基本条件	成熟度等级评价方法		
			制造成熟度等级条件类型		相应等级的条件内容
			大类	小类	
3	完成制造概念可行性论证	3）通过分析和实验确认了制造概念	F—设备设施	F.2—生产设施	识别生产设施的特殊要求或需求
			G—制造人员	G.1—制造技能	识别新制造技能
			J—成本管理	J.1—成本模型	识别初步的成本目标和风险
			J—成本管理	J.1—成本模型	开发基于顶层工艺流程图的成本模型
			J—成本管理	J.1—成本模型	根据实验、建立新流程环节和物料的成本模型
			J—成本管理	J.2—成本分析	开展敏感性分析以明确成本因素，产品制造原则
			J—成本管理	J.3—制造投资预算	合理确定到 MRL4 的成本预算
4	具备在实验室环境下验证制造技术物化载体的能力	1）完成对设计方案的生产性初步评价；2）初步论证关键、重要特性的相关的工艺、制造设备、生产设施以及人员技能等要求；	A—工业基础与制造技术体系	A.1—工业基础	针对优选的设计方案、关键技术、部件及（或）关键工艺等方面需求，完成工业基础能力调查并识别不足、风险
			A—工业基础与制造技术体系	A.2—制造技术体系	识别制造科学和先进制造技术的需求
			B—设计	B.1—生产性	完成设计方案的生产性初步评价，评价结果作为择优选择设计方案的依据之一
			B—设计	B.1—生产性	在产品初步方案的关键、重要件（技术）研发计划中，考虑生产性初步评价的结果
			B—设计	B.2—设计成熟度	在初步研制计划中提出了制造能力建立和产品寿命周期制造风险管理的需求
			B—设计	B.2—设计成熟度	提出优选设计方案的初步关键性能参数
			B—设计	B.2—设计成熟度	提出满足使用能力需求的产品特性和度量方法
			B—设计	B.2—设计成熟度	识别优选设计方案的产品外形、配合和功能的约束条件以及制造能力
			C—技术成熟度	C.1—技术成熟度	技术成熟度等级或达到 4 级
			D—工艺	D.1—工艺建模仿真	识别工艺流程或产品加工工装配的建模与仿真方法

续表

等级	等级定义	等级基本条件	成熟度等级评价方法		
			制造成熟度等级条件类型		相应等级的条件内容
			大类	小类	
4	具备在实验室环境下制造技术物化载体的能力	3) 完成关键工艺调研和评估、细化工艺流程、识别流程变量； 4) 初步并明确影响成本的目标因素；	D—工艺	D.2—工艺成熟度	完成关键工艺的现状调研
			D—工艺	D.3—合格率与生产率	对拟采用的成类似工艺，评估其产品合格率与生产率，且评估结果用于多方案分析
			E—物料	E.1—物料成熟度	在实验室环境中完成拟采用物料的研制
			E—物料	E.2—物料可获取性	识别所有难获取、难加工、危险的物料的生产提前期
			E—物料	E.2—物料可获取性	估计所需物料的数量和生产提前期
			E—物料	E.3—供应链管理	完成对配套厂家的调查研究
			E—物料	E.4—特殊物料的处理	完善特殊物料清单
			E—物料	E.4—特殊物料的处理	特殊处理程序在实验室中得到应用
			E—物料	E.4—特殊物料的处理	提出特殊处理的要求
			F—设备设施	F.1—制造设备	在多方案分析中考虑了工艺装备、专用试验与检测设备
			F—设备设施	F.2—生产设施	在多方案分析中评价现有生产设施对试制的支持
			G—制造人员	G.1—制造人员	识别所需的制造技能并在多方案分析中评价人员要求
			G—制造人员	G.1—制造人员	确定研究工艺的可用员工
			H—制造管理	H.1—制造计划与进度安排	初步确定制造活动的总体安排原则
			H—制造管理	H.1—制造计划与进度安排	确定试制的应对措施，并纳入产品初步方案
			H—制造管理	H.2—物料准备计划	提出技术物化载体的零部件清单并估计各零部件的生产提前期
			J—成本管理	J.1—成本模型	识别关键制造、物料和特殊要求对成本的影响
			J—成本管理	J.1—成本模型	开发基于详细工艺流程图，具有成本变量的成本模型
			J—成本管理	J.1—成本模型	量化成本因素的不确定性

续表

等级	等级定义	等级基本条件	成熟度等级评价方法		
			制造成熟度等级条件类型		相应等级的条件内容
			大类	小类	
4	具备在实验室环境下制造技术物化载体的能力	5) 初步评估制造风险并制定风险应对初步计划; 6) 相应的技术成熟度等级达到4级	J—成本管理	J.2—成本分析	评估生产性成本风险
			J—成本管理	J.2—成本分析	初步的成本模型能支持多方案分析审查
			J—成本管理	J.3—制造投资预算	识别可降低成本的制造技术投资计划
			J—成本管理	J.3—制造投资预算	合理制定达到MRL6的成本预算，其中包含生产相关环境的设备投资
			J—成本管理	J.3—制造投资预算	明确该等级所有的典型制造风险，制定批准并准了适宜的风险应对计划
			I—质量管理	I.1—过程质量管理	制定质量管理原则，并纳入产品初步方案，产品研制计划
			I—质量管理	I.2—产品质量管理	制定产品检验验收原则，并纳入产品初步方案，产品研制计划
			I—质量管理	I.3—配套厂家质量管理	识别潜在配套厂家（含次级配套厂家）的质量保证能力和质量风险
5	具备在生产相关产品制造环境下制造部件原型的能力	1) 初步评价工业基础能力，识别可能的配套厂家; 2) 完善关键、重要特性论证，识别关键、重要特件，并开展相应的生产性初步评价;	A—工业基础与制造技术体系	A.1—工业基础	通过对工业基础能力的初步评价，识别可能的配套厂家
			A—工业基础与制造技术体系	A.1—工业基础	识别唯一、单一和国外配套厂家以及技术可能将过时的配套厂家，并初步制定风险应对计划
			A—工业基础与制造技术体系	A.2—制造技术体系	如果适用，初步开发所需的制造技术
			B—设计	B.1—生产性	初步开展生产（技术）的生产性评价
			B—设计	B.1—生产性	在优化设计过程中，考虑制造工艺和工业基础能力的约束
			B—设计	B.1—生产性	评价制造工艺在生产过程中的测试和验证能力，及其对产品使用与保障的影响

续表

成熟度等级评价方法

等级	等级定义	等级基本条件	制造成熟度等级条件类型 大类	制造成熟度等级条件类型 小类	相应等级的条件内容
5	具备在生产相关环境下制造部件原型的能力	3) 初步论证工序能力要求; 4) 通过在生产相关环境下的制造,验证关键工艺、物料、制造设备、生产设施、人员技能,并提出开发需求;	B—设计	B.2—设计成熟度	向下分解产品的顶层性能指标,分解分配结果能支撑初步设计的开展
			B—设计	B.2—设计成熟度	考虑产品寿命周期的因素,识别所有关键、重要件(技术)
			B—设计	B.2—设计成熟度	初步开展关键、重要特性的评价
			B—设计	B.2—设计成熟度	发放部件原型制造必需的产品数据
			C—技术成熟度	C.1—技术成熟度	技术成熟度等级达到5级
			D—工艺	D.1—工艺建模仿真	开发出部件级的初步仿真模型并用于确定部件的约束条件
			D—工艺	D.2—工艺成熟度	在类似的生产过程中评价工艺的成熟度
			D—工艺	D.2—工艺成熟度	识别试生产、小批量生产和大批量生产的工序能力要求
			D—工艺	D.3—合格率与生产率	建立试生产、小批量生产和大批量生产的合格率与生产率目标
			D—工艺	D.3—合格率与生产率	识别产品可能存在的合格率与生产率问题
			D—工艺	D.3—合格率与生产率	针对存在的问题,制定合格率与生产率提升计划
			E—物料	E.1—物料成熟度	在生产相关环境中完成所有物料的成熟化工作,其中适当考虑对关键技术相似的项目中已有应用
			E—物料	E.1—物料成熟度	开展物料原型制造的研制,或物料在关键技术改关有影响的新物料制造风险
			E—物料	E.2—物料可获取性	在部件原型制造中考虑了物料的可获取性问题
			E—物料	E.2—物料可获取性	识别所有物料的重大风险
			E—物料	E.2—物料可获取性	初步制定扩大物料供应的计划

续表

等级	等级定义	等级基本条件	制造成熟度等级条件类型		成熟度等级评价方法
			大类	小类	相应等级的条件内容
5	具备在生产相关环境下制造部件原型的能力	5) 建立成本模型框架； 6) 评估制造风险并完善风险应对计划；	E—物料	E.3—供应链管理	识别并评审可支撑部件原型制造的配套厂家
			E—物料	E.4—特殊物料的处理	特殊处理程序在生产相关环境中得到应用
			E—物料	E.4—特殊物料的处理	全面识别特殊处理要求中的不足
			E—物料	E.4—特殊物料的处理	在实验室环境中演示新的特殊处理流程
			F—设备设施	F.1—制造设备	识别工艺装备、专用试验与检测设备的合理要求并制定相应的准备计划
			F—设备设施	F.2—生产设施	识别试制所需的生产设施，并制定相应的准备计划
			G—制造人员	G.1—制造人员	识别试制所需的制造技能，并制定所需的开发计划
			G—制造人员	G.1—制造人员	确立特殊技能认证和培训的要求
			H—制造管理	H.1—制造计划与进度安排	根据优选方案完善制造活动的总体安排原则
			H—制造管理	H.1—制造计划与进度安排	启动试制进度风险的应对工作
			H—制造管理	H.2—物料准备计划	逐步完善技术物化载体的零部件清单，并综合考虑了试生产、小批量生产和大批量生产的需求，初步确定物料自制或外协的范围
			H—制造管理	H.2—物料准备计划	识别生产相关环境中提前期风险
			J—成本管理	J.1—成本模型	根据生产相关环境中的部件原型制造或者仿真、模型中包括必需的各种生产要素约束对成本的成本模型，建立端到端的成本模型
			J—成本管理	J.2—成本分析	利用部件原型的实际数据进行成本分析，确保目标成本可实现
			J—成本管理	J.2—成本分析	将成本模型应用于设计、工艺、质量等各方面的决策
			J—成本管理	J.3—制造投资预算	更新达到 MRL.6 的成本预算

续表

等级	等级定义	等级基本条件	制造成熟度等级条件类型		成熟度等级评价方法
			大类	小类	相应等级的条件内容
5	具备在生产相关环境下制造部件原型的能力	7）相应的技术成熟度等级达到5级	J—成本管理	J.3—制造投资预算	明确该等级所有的典型制造风险,制定并批准了适宜的风险应对计划
			I—质量管理	I.1—过程质量管理	制定质量策划方案,方案应反映关键、重要特性的识别活动
			I—质量管理	I.2—产品质量管理	识别部件原型的质量统计控制,过程检验,出厂检验,检验验收等过程中的职责分工
			I—质量管理	I.3—配套厂家质量管理	识别配套厂家(含次级配套厂家)的质量保证能力和质量风险
6	具备在生产相关环境下制造分系统或系统原型的能力	1）完成转工程研制所需的工业基础能力评价；2）完成关键、重要件(技术)的生产性评价；	A—工业基础与制造技术体系	A.1—工业基础	完成转工程研制所需的工业基础能力评价,工业基础能力能支持新研产品的制造
			A—工业基础与制造技术体系	A.1—工业基础	确定选择唯一、单一和国外配套厂家的合理性
			A—工业基础与制造技术体系	A.1—工业基础	识别可能的备选配套厂家
			A—工业基础与制造技术体系	A.1—工业基础	制定风险应对计划,尽可能减少唯一、单一和国外配套厂家,以及技术过时的配套厂家的数量
			A—工业基础与制造技术体系	A.2—制造技术体系	持续开发所需的制造技术,并在生产相关环境中验证制造技术的解决方案
			B—设计	B.1—生产性	完成关键、重要件(技术)的生产性评价和生产性的初步权衡分析(性能与生产),相应评价与分析结果为产品研制计划,关键技术攻关计划等提供输入
			B—设计	B.1—生产性	根据制造工艺和工业基础能力的约束开展设计方案评价,为方案冻结准备进入详细设计而提供意见
			B—设计	B.1—生产性	初步开展生产性提升工作,例如面向加工装配的设计

续表

成熟度等级评价方法

等级	等级定义	等级基本条件	制造成熟度等级条件类型		相应等级的条件内容
			大类	小类	
6	具备在生产相关环境下制造原系统或分系统原型的能力	3）评估生产相关环境下的合格率与生产率，完善工序能力要求论证； 4）通过分系统原型或相关环境下的制造系统原型，验证关键工艺、制造、物料、制造设备、生产设施、人员技能并提出进一步开发需求；	B—设计	B.2—设计成熟度	确定产品技术要求的正式详细分解分配，其定义的详细程度能支持冻结设计方案的技术审查
			B—设计	B.2—设计成熟度	发放系统或分系统原型制造必需的产品数据，并完成所有关键、重要件原型的制造
			B—设计	B.2—设计成熟度	初步定义关键、重要特性，并开始制定定风险应对计划
			C—技术成熟度	C.1—技术成熟度	技术成熟度等级达到6级
			D—工艺	D.1—工艺建模仿真	开发出系统或分系统级的初步仿真模型并用于确定产品的约束条件
			D—工艺	D.2—工艺成熟度	在生产相关环境中验证关键工艺
			D—工艺	D.2—工艺成熟度	开始收集评估产品原型制造过程中的工序能力指数并优化工序能力要求
			D—工艺	D.3—合格率与生产率	对照生产目标评估生产相关环境下的合格率与生产率，并根据评估结果完善合格率与生产率提升计划
			E—物料	E.1—物料成熟度	通过关键技术的演示样件，验证关键物料的成熟程度
			E—物料	E.1—物料成熟度	编制物料相关的技术条件初稿，确定物料的主要属性
			E—物料	E.2—物料可获取性	考虑工程研制所需物料的可获取性
			E—物料	E.2—物料可获取性	识别生产提前期长的物料
			E—物料	E.2—物料可获取性	对部件开展未来资源减少与物料短缺的风险评估
			E—物料	E.3—供应链管理	更新关键物料供应厂家目录
			E—物料	E.3—供应链管理	更新关键配套厂家的主要属性
			E—物料	E.3—供应链管理	提出合适的物料供应合作计划，作为工程研制外协合同签订的依据之一

续表

等级	等级定义	等级基本条件	制造成熟度等级条件类型		成熟度等级评价方法
			大类	小类	相应等级的条件内容
6	具备在生产相关环境下制造分系统或系统原型的能力	5) 分析制造成本因素；6) 识别生产提前期长的物料；	E—物料	E.4—特殊物料的处理	特殊处理程序在生产相关环境中得到进一步应用
			E—物料	E.4—特殊物料的处理	制定完善特殊处理要求的计划
			F—设备设施	F.1—制造设备	在生产相关环境中验证制造所需的工艺装备、专用试验与检测设备的要求
			F—设备设施	F.1—制造设备	进一步明确工艺装备、专用试验与检测设备的要求
			F—设备设施	F.2—生产设施	识别试生产所需的生产设施并制定相应的准备计划
			G—制造人员	G.1—制造人员	员工具备生产相关环境中工作的技能
			G—制造人员	G.1—制造人员	识别试生产所需员工的要求（含人数和制造技能），并初步制定相应的开发计划
			H—制造管理	H.1—制造计划与进度安排	初步确定生产组织模式
			H—制造管理	H.1—制造计划与进度安排	将重大制造节点相关的产品设计工作都纳入网络图，进度安排表
			H—制造管理	H.1—制造计划与进度安排	明确试生产或研发项目制造风险应对措施
			H—制造管理	H.2—物料准备计划	确定主要物料的获取方式（自制或外协），同时制定相应的风险应对计划
			H—制造管理	H.2—物料准备计划	初步编制物料清单（BOM）
			J—成本管理	J.1—成本模型	根据设计要求、物料技术条件初稿，公差，进度安排，系统或分系统的仿真结果及其在生产相关环境中的原型制造结果，完善成本模型
			J—成本管理	J.2—成本分析	利用系统或分系统原型的实际数据进行成本分析，确保目标成本可实现
			J—成本管理	J.2—成本分析	目标成本分解到各分系统

续表

| 等级 | 等级定义 | 等级基本条件 | 制造成熟度等级条件类型 | | 成熟度等级评价方法 |
			大类	小类	相应等级的条件内容
6	具备在生产相关环境下制造分系统或系统原型的能力	7）完善制造风险应对评估和风险管理计划；8）相应的技术成熟度等级达到6级	J—成本管理	J.2—成本分析	制定缩减成本的原则
			J—成本管理	J.2—成本分析	提出"应计设计成本"模型中的制造成本因素
			J—成本管理	J.3—制造投资预算	合理制定达到MRL8的成本预算，其中包含生产典型环境和试生产环境的设备投资费用
			J—成本管理	J.3—制造投资预算	明确该制造等级所有的典型制造风险，制定并批准了适宜的风险应对计划
			I—质量管理	I.1—过程质量管理	编制质量保证大纲（质量管理计划）
			I—质量管理	I.1—过程质量管理	明确质量风险及有关衡量标准，并初步制定对计划
			I—质量管理	I.2—产品质量管理	明确关键、重要特性的管理方法
			I—质量管理	I.2—产品质量管理	明确工程样件的过程检验、出厂检验、检验验收的初步要求
			I—质量管理	I.2—产品质量管理	识别产品定型检测、检验验收的合适程序
			I—质量管理	I.3—配套厂家质量管理	针对配套厂家（含次级配套厂家）质量管理体系的不足，确定改进措施
7	具备在生产型环境下制造系统、分系统或部件的能力	1）完成生产性的详细权衡研究，基本完成详细设计；2）评估生产型环境下的典型生产率与生产工序能力要求论证；	A—工业基础与制造技术体系	A.1—工业基础	分析支持生产性的工业基础能力
			A—工业基础与制造技术体系	A.1—工业基础	评估或监督唯一、单一和国外配套厂家的稳定性以及配套厂家的技术过时问题
			A—工业基础与制造技术体系	A.1—工业基础	开发必要的备选配套厂家
			A—工业基础与制造技术体系	A.2—制造技术体系	持续开发所需的制造技术，并在生产型典型环境中验证制造技术的解决方案
			B—设计	B.1—生产性	根据关键的设计特性和相关工序性的详细权衡分析

续表

等级	等级定义	等级基本条件	制造成熟度等级条件类型 大类	制造成熟度等级条件类型 小类	成熟度等级评价方法	相应等级的条件内容
7	具备在生产典型环境下制造系统、分系统或部件的能力	3）通过系统、分系统或部件在生产典型环境下的制造、验证工艺； 4）已批准生产所用的物料技术条件（产品规范）； 5）启动生产专用工装和专用试验检测设备的研制；	B—设计	B.1—生产性		持续开展生产性提升工作，用于产品集成优化
			B—设计	B.1—生产性		需要时，重新评价制造工艺的测试能力，及验证其对产品使用的可保障性的可能影响
			B—设计	B.2—设计成熟度		充分定义产品（允许存在频繁的设计更改，其定义的详细程度能支持开展详细设计审查
			B—设计	B.2—设计成熟度		发放部件制造必需的所有产品数据
			B—设计	B.2—设计成熟度		识别关键、重要特性的潜在风险，并制定风险应对计划
			C—技术成熟度	C.1—技术成熟度		技术成熟度等级达到7级
			D—工艺	D.1—工艺建模仿真		通过产品级的仿真模型确定产品制造的约束条件并识别优化改进的途径
			D—工艺	D.2—工艺成熟度		在生产典型环境中验证工艺
			D—工艺	D.2—工艺成熟度		持续收集评估估算工序能力指数并优化工序能力要求
			D—工艺	D.3—合格率与生产率		对照试点生产目标，评估生产典型环境下的合格率与生产率，并根据试点结果完善合格率与生产率提升计划
			E—物料	E.1—物料成熟度		物料的成熟程度满足产品试生产需求
			E—物料	E.1—物料成熟度		批准作为试点生产技术依据的物料技术条件
			E—物料	E.2—物料可获取性		考虑小批量生产所需物料的可获取性
			E—物料	E.2—物料可获取性		识别需要提前较长时间采购的物料并实施相应的采购计划
			E—物料	E.2—物料可获取性		制定部件货源减少与物料短缺的应对原则
			E—物料	E.3—供应链管理		确定并制定供应链管理流程
			E—物料	E.3—供应链管理		制定需求预测指标的建立计划

续表

等级	等级定义	等级基本条件	制造成熟度等级条件类型 大类	制造成熟度等级条件类型 小类	成熟度等级评价方法 相应等级的条件内容
7	具备在生产典型环境下制造系统、分系统或部件的能力	6) 完善成本模型到系统级,初步开展成本缩减工作; 7) 评估关键配套厂家的供应能力和质量管理体系; 8) 针对生产提前期长的物料,制定适宜的采购计划;	E—物料	E.1—供应链管理	完成对一级配套厂家的全面评估
			E—物料	E.4—特殊物料的处理	特殊处理程序在生产典型环境中得到应用
			E—物料	E.4—特殊物料的处理	确定特殊处理程序,并在试生产作业指导书中标明
			F—设备设施	F.1—制造设备	开展工艺装备、专用试验与检测设备的研制
			F—设备设施	F.1—制造设备	提出制造设备的维护修理原则
			F—设备设施	F.2—生产设施	识别小批量生产所需的生产设施并制定相应的准备计划
			G—制造人员	G.1—制造人员	识别试生产所需员工的要求(含人数和制造技能),并完善相应的开发计划,不仅满足试生产的需求同时也考虑满足小批量生产的需求
			G—制造人员	G.1—制造人员	在生产典型环境中培训试生产所需员工
			H—制造管理	H.1—制造计划与进度安排	提出初步的制造计划,并纳入网络图,进度安排表
			H—制造管理	H.1—制造计划与进度安排	将制造风险纳入项目风险应对计划
			H—制造管理	H.1—制造计划与进度安排	编制生产任务书初稿
			H—制造管理	H.1—制造计划与进度安排	具备适宜支持试生产的生产控制系统
			H—制造管理	H.2—物料准备计划	完成试生产物料清单编制并确定物料的获取方式(自制或外协)
			H—制造管理	H.2—物料准备计划	具有适用于试生产的物料准备计划系统
			J—成本管理	J.1—成本模型	根据系统或分系统级在生产典型环境中的制造结果,工厂布局与设计,以反映技术过时的方案,完善成本模型
			J—成本管理	J.2—成本分析	汇总统计系统或分系统级的制造成本数据,并与目标成本进行对比分析

续表

等级	等级定义	等级基本条件	成熟度等级评价方法		
			制造成熟度等级条件类型		相应等级的条件内容
			大类	小类	
7	具备在典型生产环境下制造系统、分系统或部件的能力	9）确定初步的制造计划和质量目标；10）细化制造风险评估和风险应对计划；11）相应的技术成熟度等级达到7级；	J—成本管理	J.2—成本分析	成本估算结果可支撑设计更改申请和详细的权衡分析
			J—成本管理	J.2—成本分析	初步开展成本缩减工作
			J—成本管理	J.2—成本分析	完善"应计成本"模型中的制造成本因素
			J—成本管理	J.3—制造投资预算	更新达到MRL8的成本预算
			J—成本管理	J.3—制造投资预算	明确该等级所有的典型制造风险，制定并批准了适宜的风险应对计划
			I—质量管理	I.1—过程质量管理	确立质量目标
			I—质量管理	I.1—过程质量管理	质量管理体系的过程符合国家军用标准的要求
			I—质量管理	I.1—过程质量管理	完善质量保证大纲（质量管理计划）
			I—质量管理	I.2—产品质量管理	收集和分析生产典型环境中的质量数据，用于完善质量改进计划
			I—质量管理	I.2—产品质量管理	制定关键、重要特性的控制计划
			I—质量管理	I.2—产品质量管理	开展工程样件检验检测计划的制定
			I—质量管理	I.3—配套厂家质量管理	提出关键配套厂家质量管理体系的审核原则
			I—质量管理	I.3—配套厂家质量管理	关键配套厂家的质量管理体系符合国家军用标准的要求
			I—质量管理	I.3—配套厂家质量管理	通过代表性生产件抽样，收集和分析配套厂家的质量数据
8	完成试生产，具备小批量生产的能力	1）完成转小批量生产所需的工业基础能力评价；	A—工业基础与制造技术体系	A.1—工业基础	完成转小批量生产所需的工业基础能力支持小批量生产
			A—工业基础与制造技术体系	A.1—工业基础	具备必需的配套厂家（含必要的多重配套厂家）
			A—工业基础与制造技术体系	A.2—制造技术体系	完成制造技术的主要开发工作（部分仍在持续开展），并在试生产环境中验证制造技术的解决方案

续表

等级	等级定义	等级基本条件	制造成熟度等级条件类型		成熟度等级评价方法
			大类	小类	相应等级的条件内容
8	完成试生产,具备小批量生产的能力	2) 完成全部详细设计且设计更改相对稳定,对小批量生产影响小; 3) 制造过程受控,工序能力指数达标;	B—设计	B.1—生产性	实施生产性的提升措施,并解决了当前存在的有关生产性问题,对小批量生产无重大风险
			B—设计	B.2—设计成熟度	完成产品设计,且设计更改的频次明显降低,对小批量生产的影响很小
			B—设计	B.2—设计成熟度	发放产品制造必需的所有产品数据
			B—设计	B.2—设计成熟度	在试生产环境中验证了关键、重要特性的可实现性
			C—技术成熟度	C.1—技术成熟度	技术成熟度等级达到7级
			D—工艺	D.1—工艺建模仿真	在试生产中验证产品仿真模型
			D—工艺	D.1—工艺建模仿真	根据仿真结果优化工艺,并确定小批量生产的可实现性
			D—工艺	D.2—工艺成熟度	在试生产环境中验证小批量生产所需工艺
			D—工艺	D.2—工艺成熟度	试生产的工序能力指数达标
			D—工艺	D.2—工艺成熟度	根据试生产工序工艺能力指数,优化小批量生产、大批量生产的工序能力要求
			D—工艺	D.3—合格率与生产率	试生产的合格率与生产率均达标
			D—工艺	D.3—合格率与生产率	根据试生产优化结果优化小批量启动所需的合格率与生产率
			D—工艺	D.3—合格率与生产率	持续落实并完善合格率与生产率提升计划
			E—物料	E.1—物料成熟度	对物料进行验证,鉴定,证明其可满足产品小批量生产需求
			E—物料	E.1—物料成熟度	保持物料技术条件的内容稳定
			E—物料	E.2—物料可获取性	现有可获取性问题对小批量生产无重大风险

续表

等级	等级定义	等级基本条件	制造成熟度等级条件类型			成熟度等级评价方法
			大类	小类		相应等级的条件内容
8	完成试生产，具备小批量生产的能力	4) 通过试生产，验证工艺、物料、制造设备，生产设施，人员技能； 5) 完成生产用试验检测装备和专用设备的研制；	E—物料	E.2—物料可获取性		启动小批量生产中生产提前期长物料的采购
			E—物料	E.2—物料可获取性		关注大批量生产所需所有物料的可获取问题
			E—物料	E.3—供应链管理		完成对关键的二级和更低级别配套厂家的全面评估
			E—物料	E.3—供应链管理		适当细化供应链管理流程并检查落实
			E—物料	E.3—供应链管理		对配套厂家满足项目要求（含更改要求）进行复合型确认
			E—物料	E.3—供应链管理		更新需求预测指标的建立计划，需求预测指标可用于将来的小批量生产，大批量生产供应链管理
			E—物料	E.3—供应链管理		当前供应量足以支持小批量生产
			E—物料	E.4—特殊物料的处理		特殊处理程序在试生产环境中得到应用
			E—物料	E.4—特殊物料的处理		在工程研制或技术攻关项目中演示特殊处理程序
			E—物料	E.4—特殊物料的处理		特殊处理的问题对小批量生产无重大风险
			E—物料	E.4—特殊物料的处理		设计特殊处理的作业指导书中均包含特殊处理的规定
			F—设备设施	F.1—制造设备		在试生产环境中验证所有工艺装备、专用实验装置与检测设备在小批量生产中的额外需求
			F—设备设施	F.1—制造设备		在试生产环境中验证制造设备的维护管理
			F—设备设施	F.2—生产设施		在试生产中验证生产设施，规划容量满足小批量生产启动要求
			F—设备设施	F.2—生产设施		制定适宜地过渡到大批量生产的生产设施准备计划
			G—制造人员	G.1—制造人员		识别小批量生产所需员工的要求（含人数和制造技能），并完善相应的开发计划不仅满足小批量生产同时也考虑满足大批量生产的需求

续表

等级	等级定义	等级基本条件	成熟度等级评价方法		
			制造成熟度等级条件类型		相应等级的条件内容
			大类	小类	
8	完成试生产，具备小批量生产的能力	6) 生产准备符合小批量生产需求；7) 根据试生产结果，完善生产合格率与生产率要求、成本模型；	G—制造人员	G.1—制造人员	如果可行，在试生产环境中培训小批量生产所需员工
			H—制造管理	H.1—制造计划与进度安排	根据小批量生产需求完善制造计划
			H—制造管理	H.1—制造计划与进度安排	根据批准的风险应对计划，识别和评估所有关键的制造风险
			H—制造管理	H.1—制造计划与进度安排	编制生产任务书正式稿
			H—制造管理	H.1—制造计划与进度安排	具备适宜的，能支持小批量生产的生产控制系统
			H—制造管理	H.2—物料准备计划	完成小批量生产的物料清单编制并确定物料的获取方式（自制或外协）
			H—制造管理	H.2—物料准备计划	具有适用于小批量生产的物料准备计划系统
			J—成本管理	J.1—成本模型	根据试生产结果，完善成本模型
			J—成本管理	J.2—成本分析	利用试生产的实际数据进行成本分析，确保目标成本可实现
			J—成本管理	J.2—成本分析	制造成本分析结果可支撑技术要求变更、设计更改的申请
			J—成本管理	J.2—成本分析	持续开展成本缩减工作
			J—成本管理	J.2—成本分析	完善"应计成本"模型中的制造成本因素
			J—成本管理	J.3—制造投资预算	合理制定达到MRL9的成本预算，其中包含小批量生产和大批量生产的投资费用
			J—成本管理	J.3—制造投资预算	明确该等级所有的典型制造风险，制定并批准相适宜的风险应对计划
			I—质量管理	I.1—过程质量管理	完善质量保证大纲（质量管理计划），并明确监控质量保证大纲的质量控制人员

续表

等级	等级定义	等级基本条件	成熟度等级评价方法		
			制造成熟度等级条件类型		相应等级的条件内容
			大类	小类	
8	完成试生产,具备小批量生产的能力	8) 完成配套产品的首件鉴定和质量检验,建立小批量生产的供应链; 9) 确认对小批量生产无重大风险; 10) 相应的技术成熟度等级达到7级;	I—质量管理	I.1—过程质量管理	根据试生产结果评估质量目标,评估结果用于质量的持续改进
			I—质量管理	I.2—产品质量管理	关键、重要特性受控
			I—质量管理	I.2—产品质量管理	开展适宜的监视和测量活动(如实施 FRACAS、审核等)
			I—质量管理	I.2—产品质量管理	根据试生产数据,关键、重要特性达到要求
			I—质量管理	I.2—产品质量管理	完成检验检测计划的制定并在试生产样件中得以落实
			I—质量管理	I.3—配套厂家质量管理	配套厂家项目质量管理体系完备
			I—质量管理	I.3—配套厂家质量管理	配套产品已完成首件鉴定和质量检验
			I—质量管理	I.3—配套厂家质量管理	通过检验验收,配套产品满足小批量生产的启动需求
			I—质量管理	I.3—配套厂家质量管理	编制二级及更低级别配套厂家的质量审核计划并由一级配套厂家实施
9	完成小批量生产,具备大批量生产或稳定生产的能力	1) 设计已固化并通过使用考核;	A—工业基础与制造技术体系	A.1—工业基础	完成转大批量生产所需的工业基础能力评价,工业基础能力支持开展大批量生产
			A—工业基础与制造技术体系	A.2—制造技术体系	针对大批量生产,初步开展制造技术的流程改进工作
			B—设计	B.1—生产性	分析生产性提升措施在小批量生产中的实施效能
			B—设计	B.1—生产性	解决了小批量生产期间发现的生产性问题,对大批量生产无重大风险
			B—设计	B.2—设计成熟度	产品的技术状态已固化,且设计更改的频次较低
			B—设计	B.2—设计成熟度	利用小批量生产开展使用测试,验证了产品设计
			B—设计	B.2—设计成熟度	完成物理技术状态审核(或生产鉴定)

续表

等级	等级定义	等级基本条件	制造成熟度等级条件类型 大类	制造成熟度等级条件类型 小类	成熟度等级评价方法 相应等级的条件内容
9	完成小批量生产，具备大批量生产或稳定生产的能力	2) 工艺稳定、受控，合格率与生产率达到指标；3) 物料、制造设备、生产设施、人员达到预定满足大批量生产或稳定生产需求；	B—设计	B.2—设计成熟度	在小批量生产中，所有的关键、重要特性控制在合适的质量水平
			C—技术成熟度	C.1—技术成熟度	技术成熟度等级达到 9 级
			D—工艺	D.1—工艺建模仿真	在小批量生产中验证产品级仿真模型，除用于支持小批量生产管理，并确定大批量生产要求的可实现性
			D—工艺	D.2—工艺成熟度	工艺稳定、受控，满足小批量生产的要求
			D—工艺	D.2—工艺成熟度	开展敏感性分析试验，从而反映制造工艺变化对大批量生产的影响以及其持续改进的潜力
			D—工艺	D.3—合格率与生产率	小批量生产的合格率与生产率均达标
			D—工艺	D.3—合格率与生产率	根据小批量生产结果优化大批量生产启动所需的合格率与生产率
			D—工艺	D.3—合格率与生产率	持续开展合格率提升工作
			E—物料	E.1—物料成熟度	在小批量生产中，按物料技术条件的要求对物料进行控制
			E—物料	E.1—物料成熟度	对物料进行验证、鉴定，证明其可满足产品大批量生产需求
			E—物料	E.2—物料可获取性	现有可获取性问题对大批量生产无重大风险
			E—物料	E.2—物料可获取性	启动大批量生产中生产提前期长物料的采购
			E—物料	E.3—供应链管理	与可靠的配套厂家签订长期的供应协议
			E—物料	E.3—供应链管理	建立适宜的配套厂家供货监控指标（含目标和门限值），并用于控制风险
			E—物料	E.3—供应链管理	根据适宜的需求预测指标开展供应链管理

续表

| 等级 | 等级定义 | 等级基本条件 | 制造成熟度等级条件类型 | | 成熟度等级评价方法 |
			大类	小类	相应等级的条件内容
9	完成小批量生产,具备大批量生产或稳定生产的能力	4)根据小批量生产数据积累,完善开展成本模型,持续开展成本缩减工作; 5)确认对大批量生产或稳定生产无重大风险;	E—物料	E.3—供应链管理	当前供应链满足以支持大批量生产
			E—物料	E.4—特殊物料的处理	特殊处理程序在小批量生产环境中得到应用
			E—物料	E.4—特殊物料的处理	在小批量生产中演示特殊处理程序
			E—物料	E.4—特殊物料的处理	特殊处理的问题对大批量生产无重大风险
			F—设备设施	F.1—制造设备	在小批量生产环境中验证所有工艺装备、专用试验设备,测试设备并认识别大批量生产的额外需求
			F—设备设施	F.1—制造设备	在小批量生产环境中验证大批量生产的计划维护修理
			F—设备设施	F.2—生产设施	在小批量生产中验证生产设施、规划设备容量满足大批量生产的启动要求
			G—制造人员	G.1—制造人员	小批量生产所需员工达到规定规定要求,同时实施相应的开发计划,从而满足大批量生产的需求
			H—制造管理	H.1—制造计划与进度安排	根据大批量生产需求完善制造计划
			H—制造管理	H.1—制造计划与进度安排	跟踪和应对所有制造风险
			H—制造管理	H.1—制造计划与进度安排	具备适宜的,能支持大批量生产的生产控制系统
			H—制造管理	H.2—物料准备计划	完成大批量生产物料清单编制并明确物料相应的获取方式(自制或外协)
			H—制造管理	H.2—物料准备计划	具有适用于大批量生产的物料准备计划系统
			J—成本管理	J.1—成本模型	根据小批量生产结果,完善成本模型
			J—成本管理	J.2—成本分析	达到小批量生产的成本目标,并利用实际数据分析产品批量和工艺改进对生产的影响
			J—成本管理	J.2—成本分析	持续开展成本缩减工作

续表

等级	等级定义	等级基本条件	制造成熟度等级条件类型 大类	制造成熟度等级条件类型 小类	成熟度等级评价方法 相应等级的条件内容
9	完成小批量生产或大批量生产定型，具备稳定生产的能力	6）相应的技术成熟度等级达到9级；	J—成本管理	J.2—成本分析	分析对生产率有直接影响的劳动效率，并识别其中的无效内容，同时制定适宜的应对计划
			J—成本管理	J.3—制造投资预算	合理制定大批量生产的成本预算
			J—成本管理	J.3—制造投资预算	明确该等级所有的典型制造风险，制定并批准了适宜的风险应对计划
			I—质量管理	I.1—过程质量管理	质量目标在小批量生产中得到验证
			I—质量管理	I.1—过程质量管理	开展质量持续改进工作
			I—质量管理	I.1—过程质量管理	针对质量衡量标准，按规定程序开展相应的管理评审，并采取适宜的优化措施
			I—质量管理	I.2—产品质量管理	所有关键、重要特性在小批量生产中的工艺数据以及其他严重影响产品质量的工艺数据均受控，并能支持大批量生产决策
			I—质量管理	I.3—配套厂家质量管理	配套厂家对关键、重要特性相关键工艺的管理达到大批量生产的要求
			I—质量管理	I.3—配套厂家质量管理	通过检验验收，配套产品的质量受控并满足大批量生产的启动需求
			I—质量管理	I.3—配套厂家质量管理	对二级及更低级别配套厂家实施必要的质量审核，确保产品与规范性文件的一致性
10	完成大批量生产或稳定生产验证，延贯彻实施精益求精	1）产品满足性能要求及改进升级、延寿等需求；	A—工业基础与制造技术体系	A.1—工业基础	完成工业基础能力评价，工业基础能力能维持大批量生产，并能应对产品改进、升级、产量剧增等制造需求
			A—工业基础与制造技术体系	A.2—制造技术体系	持续开展制造技术的流程改进工作
			B—设计	B.1—生产性	在大批量生产中验证设计方面的生产性提升措施

续表

等级	等级定义	等级基本条件	成熟度等级评价方法		
			制造成熟度等级条件类型		相应等级的条件内容
			大类	小类	
10	完成大批量生产验证、生产或稳定生产，贯彻实施精益求精	2）工艺稳定，受控，合格率与生产率达标；3）物料、制造设施、人员、生产设施、设备符合大批量生产或稳定生产要求；4）成本满足目标；	B—设计	B.1—生产性	持续进行工艺方面的生产性提升工作
			B—设计	B.1—生产性	针对产品更改、升级，货源减少、物料短缺等情况，均进行了生产性方面的评价
			B—设计	B.2—设计成熟度	产品设计稳定，且设计更改极少。一般限定在产品延寿需求或产品延寿需求
			B—设计	B.2—设计成熟度	在大批量生产中，所有的关键、重要特性控制在合适的质量水平
			C—技术成熟度	C.1—技术成熟度	技术成熟度等级达到9级
			D—工艺	D.1—工艺建模仿真	在大批量生产中验证产品级仿真模型，并用于支持大批量生产管理
			D—工艺	D.2—工艺成熟度	工艺稳定，受控，满足大批量生产的要求
			D—工艺	D.3—合格率与生产率	大批量生产的合格率均达标
			D—工艺	D.3—合格率与生产率	持续开展合格率提升工作
			E—物料	E.1—物料成熟度	在大批量生产中，按物料技术条件的要求对物料进行控制
			E—物料	E.2—物料可获取性	在大批量生产中无重大的物料可获取性问题
			E—物料	E.3—供应链管理	供应链满足大批量生产要求
			E—物料	E.4—特殊物料的处理	在大批量生产中有效实施物料特殊处理程序
			F—设备设施	F.1—制造设备	经验证的工艺装备、专用试验与检测设备能支持大批量生产
			F—设备设施	F.1—制造设备	按计划定期开展制造设备的维护维修

续表

等级	等级定义	等级基本条件	制造成熟度等级条件类型		成熟度等级评价方法
			大类	小类	相应等级的条件内容
10	完成大批量生产或稳定生产验证、贯彻实施精益求精	5）开展持续改进工作，建立精益生产体系； 6）相应的技术成熟度等级达到 9 级	F—设备设施	F.2—生产设施	在大批量生产中验证生产设施、规划容量可满足大批量生产的最大产能要求
			G—制造人员	G.1—制造人员	大批量生产所需员工达到规定要求
			G—制造人员	G.1—制造人员	考虑人员自然流失情况，采取必要措施维持所需的制造技能
			H—制造管理	H.1—制造计划与进度安排	缓解所有制造风险
			H—制造管理	H.2—物料准备计划	在大批量生产中验证物料准备计划系统
			J—成本管理	J.1—成本模型	根据大批量生产的实际成本数据，验证成本模型
			J—成本管理	J.2—成本分析	达到大批量生产的成本目标
			J—成本管理	J.2—成本分析	持续开展成本缩减工作
			J—成本管理	J.3—制造投资预算	生产预算足以支持项目按要求的生产率和进度进行生产
			I—质量管理	I.1—过程质量管理	质量目标在大批量生产中得到验证
			I—质量管理	I.1—过程质量管理	开展质量持续改进工作
			I—质量管理	I.1—过程质量管理	开展合适的质量统计控制工作
			I—质量管理	I.2—产品质量管理	所有关键、重要特性的质量统计均达标，且继续开展质量持续改进工作
			I—质量管理	I.3—配套厂家质量管理	质量数据表明配套厂家对关键、重要特性和关键工艺的管理（含对次级配套厂家的管理）符合要求
			I—质量管理	I.3—配套厂家质量管理	配套产品在所有关键领域均达到规定的质量水平
			I—质量管理	I.3—配套厂家质量管理	对二级及更低级别配套厂家实施必要的质量审核，确保产品与规范性文件的一致性

附录 3 项目工艺工作评价内容及评价方法

序号	评价项目		评价内容	分值	评价方法
1	任务需求分析		提出战术技术指标初步要求	1	是否对任务需求进行分析,需求分析是否经过评审,形成任务分析报告(综合立项论证报告)。 做了:0.5 按时做了:0.8 符合要求:1 没有做:0
2	设计方案		对战术技术指标的合理性和指标间的匹配性进行应用,效能,经济性和研制周期等综合分析并提出分析报告	1	是否完成可行性论证报告。 做了:0.5 按时做了:0.8 符合要求:1 没有做:0
3	可行性论证	工艺关键技术方案	对技术性能,不确定性和风险程度进行预测。了解型号可行性论证情况和方案设想,对国内外有关新工艺,新技术应用情况进行调研,提出工艺关键技术方案设想	1	跟进了解型号可行性论证和方案设想,开展了关键技术调研,提出了关键技术工艺方案,并有相关见证性文字材料。 做了:0.5 按时做了:0.8 符合要求:1 没有做:0
4		新工艺,新材料	了解型号,新材料项目,开展技术及应用情况调研新工艺,提出可行性论证情况和方案设想,提出拟采用的	1	提出了拟采用的新工艺,新材料项目,进行了技术调研,并有相关见证性文字材料。 做了:0.5 按时做了:0.8 符合要求:1 没有做:0

续表

序号	评价项目		评价内容	分值	评价方法
5	可行性论证	工艺预研项目	了解型号可行性论证情况和方案设想,提出工艺研究的主攻方向,开展工艺预研项目技术研究	1	提出了工艺预研项目并开展了技术研究,并有相关见证性文字材料。 做了:0.5 按时做了:0.8 符合要求:1 没有做:0
6		生产工艺条件	了解型号可行性论证情况和方案设想,提出型号研制生产工艺布局规划及重大技术改造项目设想	1	提出了工艺布局规划和重大技术改造项目设想,并有相关见证性文字材料。 做了:0.5 按时做了:0.8 符合要求:1 没有做:0
7	方案阶段	设计阶段	明确项目阶段划分和策划,具有阶段界点,评审计划、模型原理,供货和需要的日期,同外部接口的相关关系,进行产品研制的方案设计	1	是否完成研制任务书。 做了:0.5 按时做了:0.8 符合要求:1 没有做:0
8		工艺可行性分析	参加方案论证,根据产品方案设想和可能采取的主要技术途径,从工艺上综合可供选择的各种工艺途径,提出产品研制的工艺可行性方案	1	参加方案论证,提出了工艺可行性方案并形成了文字材料。 做了:0.5 按时做了:0.8 符合要求:1 没有做:0
9		新工艺、新材料	根据设计方案,提出新工艺、新材料研究项目,拟出研究方案,开展技术研究	2	提出了新工艺、新材料研究项目,制定了研究方案,开展了技术研究。 做了:1 按时做了:1.5 符合要求:2 没有做:0

续表

序号	评价项目		评价内容	分值	评价方法
10		工艺攻关、工艺研究	根据设计方案，提出工艺攻关、工艺研究项目，完成立项论证与立项审查评审，制定各项目工艺攻关、工艺研究方案并组织评审，开展工艺攻关和工艺研究试验	1	工艺攻关项目通过了结题验收，工艺研究项目通过了结题评审。 做了:0.5 按时结题:0.8 效果好:1
11		工艺试验	参加设计方案，开展工艺试验项目，编制工艺试验方案，完成工艺试验，完成工艺试验总结评价并完善修改相关工艺文件	1	完成了工艺试验，达到试验目标。 做了:0.5 按时结题:0.8 效果好:1
12		外协项目	根据设计方案，完成工艺方案制定，提出需要外协加工的产品项目，参加外协加工项目的选点和论证	1	提出外协加工项目，参加外协项目选点及认证，完成项目论证，分值为1，没有为0
13		生产工艺条件	对需要增加的新设施、新设备和重大技术改造项目及引进项目进行初步论证，提出经费预算，完成项目建议书上报	1	开展了项目论证，完成项目建议书上报。 做了:0.5 按时做了:0.8 符合要求:1 没有做:0
14	方案阶段	设计文件工艺性分析与审查	按"产品设计的工艺性评价要素及评价方法"执行	1	按"产品设计的工艺性评价要素及评价方法"执行
15		工装及非标设备	依据设计方案和工艺可行性分析情况，提出大型重要工装、非标设备项目并进行了项目立项论证，提出工装和非标的设计方案、组织评审，完成工装、非标设备的生产及验证	1	进行论证并提出了方案，通过评审后完成了实物生产及验证。 做了:0.5 按时做了:0.8 符合要求:1 没有做:0

续表

序号		评价项目	评价内容	分值	评价方法
16		工艺协调	对于需要多个工艺专业、多个承制单位才能完成的产品制造，必须考虑各制造工艺接口之间的技术协调。工艺技术协调包括工序接口协调和厂际工艺协调	1	提出了协调要求，编制了协调文件。做了：0.5；按时做了：0.8；符合要求：1；没有做：0
17		工艺文件	根据方案设计文件，按照 QJ 903B 工艺文件编制要求编制各类工艺规程	1	编制了各类工艺规程且符合 QJ 903B 的要求。做了：0.5；按时做了：0.8；符合要求：1；没有做：0
18	方案阶段	技术交底	参照生产计划安排，在产品正式生产前针对相关关键技术、新工艺、新设备等内容给相关人员进行技术培训和交底	1	关键技术进行了技术培训和交底。做了：0.5；按时做了：0.8；符合要求：1；没有做：0
19		工艺技术问题协调处理	配合现场生产，对生产过程中出现的工艺技术问题及时协调处理，参照归零问题归零、对质量问题进行归零；对设计工艺性问题进行反馈	1	配合生产，处理工艺技术问题及时，未影响到产品下一环节生产进度；归零措施落实到位，正式反馈了设计工艺性问题。做了：0.5；按时做了：0.8；符合要求：1；没有做：0
20		阶段工艺总结	方案阶段产品生产结束后，对本阶段工艺工作情况进行总结，编制方案阶段工艺工作总结报告；对总结报告中存在的工艺问题、工艺改进建议进行闭环	1	完成了清理总结，对总结报告中存在的问题、工艺改进建议进行了闭环。做了：0.5；按时做了：0.8；符合要求：1；没有做：0

续表

序号	评价项目		评价内容	分值	评价方法
21	方案阶段	工艺技术状态闭环	对设计更改单、偏离单逐项(份)进行对应闭环处理,保证工艺技术状态与设计技术状态一致;对工艺改进和完善工艺引起的工艺更改逐项进行闭环落实,技术状态协调正确	1	设计更改单、偏离单逐项闭环处理,工艺更改单闭环落实及正确。做了:0.5 及时做了:0.8 符合要求:1 没有做:0
22		资料归档	收集整理方案阶段各种文件资料,按归档要求完成资料归档	0.5	完成归档,分值为0.5,没有为0
23		设计	编制初样研制的计划流程图;完成各级产品的生产图样和技术条件的制定,完成地面试验的研制和评审;明确调试样状态,通过飞行试验	2	是否通过初样评审、转阶段评审及飞行试验,通过分值为2,没有为0
24		工艺总方案	参加研制产品设计方案讨论和设计评审,对产品加工工艺性进行分析并提出评审,按QJ 903B要求编制工艺总方案并组织审	1	编制了工艺总方案且符合QJ 903B要求并组织了评审。做了:0.5 按时做了:0.8 符合要求:1 没有做:0
25	工程研制阶段(包括初样研制、试样研制)	设计文件工艺性分析与审查	按"产品设计的工艺性评价要素及评价方法"执行	2	按"产品设计的工艺性评价要素及评价方法"执行
26		外协项目	根据设计文件要求及工艺总方案中产品加工项目,参加外协加工项目工艺协调	1	审查、审查确定了外协加工项目,参加了外协项目加工选点并进行了相关协调。做了:0.5 按时做了:0.8 符合要求:1 没有做:0
27		工艺攻关	依据工艺总方案中工艺难点及薄弱环节的分析情况,提出工艺攻关、工艺研究项目,完成立项与论证;制定工艺攻关、工艺研究方案,经审查评审后开展攻关和研究工作,进行生产验证	1	工艺攻关项目通过了结题验收,工艺研究项目通过了结题评审,分值为1;完成攻关、工艺研究内容90%的,分值为0.8;此外分值为0

续表

序号		评价项目	评价内容	分值	评价方法
28		工艺试验	明确工艺试验项目，编制工艺试验方案（大纲），开展工艺试验，进行生产验证，完成工艺试验总结评价，修改完善相关工艺文件	2	完成了工艺试验，达到试验目标，完善了文件，完成了项目目标，分值为2；达到90%目标，完善了相关文件，分值为1；此外分值为0
29		生产工艺条件	提出研制所需设备、技术改造项目论证与评审，完成项目建议书编制与上报	1	开展了项目论证，完成项目建议书上报。做了:0.5；按时做了:0.8；符合要求:1；没有做:0
30		工装及非标设备	开展大型重要工装、非标设备的需求项目论证，提出工装和非标设备的设计方案，组织评审，协助完成工装、非标设备的生产及验证	2	进行论证并提出了方案，通过了评审并协助完成了实物生产及验证，分值为2，没有为0
31	工程研制阶段（包括初样研制、试样研制）	工艺技术问题协调处理	配合现场生产，对生产过程中出现的工艺技术问题及时协调处理，参照集团公司质量问题技术归零要求对工艺质量问题进行归零，对归零措施组织落实，对设计工艺性问题进行反馈	1	配合生产，处理工艺技术问题及时，归零措施随环节落实到位，未影响到产品下一环节生产进度，正式反馈了设计工艺性问题。做了:0.5；按时做了:0.8；符合要求:1；没有做:0
32		工艺文件	依据设计文件，按照QJ 903B工艺文件编制要求编制全套工艺文件	2	编制了全套工艺文件且符合QJ 903B要求。做了:1；按时做了:1.5；符合要求:2；没有做:0
33			根据工艺方案，对于需要多个工艺专业，多个承制单位才能完成的产品制造，必须考虑各承制工艺接口之间的技术协调。工艺技术协调包括工序接口协调和厂际工艺协调	2	进行了协调并完成了协调文件编制与会签。做了:1；按时做了:1.5；符合要求:2；没有做:0

续表

序号	评价项目	评价内容	分值	评价方法
34	工艺文件	根据工艺方案，结合单位生产实际，分析确定关键工序，并用对关键工序、重要件和关键工序的工艺文件进行评审	2	进行了关键工序识别，完成了相关文件编制符合QJ 903B要求，对关键工序及关键件、重要件的工艺文件进行了评审。做了：1 按时做了：1.5 符合要求：2 没有做：0
35		结合生产情况提出工艺优化、细化项目，制定优化、细化措施并改进试验，将工艺优化、细化措施固化到相关工艺文件中	1	提出了优化、细化项目并完成了改进试验，完善了相关工艺文件。做了：0.5 按时做了：0.8 符合要求：1 没有做：0
36	阶段工艺总结	工程研制阶段（包括初样阶段、试样正样阶段）生产完成后，对本阶段工艺工作情况进行全面清理、编制试生产工艺总结报告；对总结报告中存在的工艺问题，工艺改进建议进行闭环	1	完成了清理总结，对总结报告中存在的问题进行了闭环。做了：0.5 按时做了：0.8 符合要求：1 没有做：0
37	工艺技术状态闭环	对设计更改单、偏离单逐项（份）进行对应闭环处理，保证工艺技术状态与设计技术状态一致；对工艺改进和完善工艺引起的工艺更改落实，保证工艺技术状态协调正确	1	设计更改单、偏离单闭环处理完全正确，工艺更改单闭环落实及时，工艺改进建议进行了相应闭环。做了：0.5 按时做了：0.8 符合要求：1 没有做：0
38	资料归档	收集整理工程研制阶段（包括初样阶段、试样阶段或正样阶段）工艺文件资料，按归档要求完成资料归档	1	完成归档，分值为1，没有为0

工程研制阶段（包括初样研制、试样研制）

续表

序号	评价项目		评价内容	分值	评价方法
39	试验		各项鉴定试验及飞行试验	2	是否通过了各项鉴定试验及飞行试验,通过分值为 2,没有通过为 0
40	评审		设计定型评审	1	设计定型评审是否通过获国家定型委员会(或使用方)批准,通过分值为 1,没有为 0
41	设计文件工艺性分析与审查		对设计定型文件进行工艺性审查和会签,具体按"产品设计的工艺性评价要素及评价方法"执行	1	按"产品设计的工艺性评价要素及评价方法"执行
42	外协项目		审查外协加工项目,进行外协项目工艺协调	2	审查外协加工项目,进行外协项目工艺协调,分值为 2,没有为 0
43	设计定型阶段(设计定型)	工艺总方案	依据设计定型文件,修订、完善工艺总方案	2	修订完善了工艺总方案且目符合 QJ 903B 要求并组织了评审。做了:1 按时做了:1.5 符合要求:2 没有做:0
44		工艺文件	依据设计定型文件,修订、完善全套工艺文件;结合前阶段生产情况提出工艺优化细化项目,进行优化改进试验并完成工艺文件的更改	1	修订完善了全套工艺文件且目符合 QJ 903B 要求。做了:0.5 按时做了:0.8 符合要求:1 没有做:0
45		工艺攻关	清理前阶段生产工艺情况,提出与批生产相适应的工艺攻关项目,开展工艺攻关,经生产验证后改进完善相关工艺文件	2	达到攻关目标并通过了结题验收,分值为 2;完成攻关目标 95%的,分值为 1;此外分值为 0
46		工艺试验	清理前阶段工艺情况,开展工艺稳定试验项目,开展工艺试验,完善落实试验成果	2	完成工艺试验,达到试验目标,完善了文件,分值为 2;达到试验目标的 95%,完善了相关文件,分值为 1;此外分值为 0
47		工装及非标设备	提出并补充与批生产相适应的工装和非标设备	1	补充了工装非标设备,适应批生产需要。做了:0.5 按时做了:0.8 符合要求:1 没有做:0

续 表

序号	评价项目		评价内容	分值	评价方法
48		工艺技术问题协调处理	清理、汇总工程研制阶段中的设计工艺性问题，反馈设计部门并协调处理	2	清理、汇总工程研制阶段中的设计工艺性问题并反馈设计部门。做了:1 按时做了:1.5 符合要求:2 没有做:0
49			配合设计定型鉴定批生产，协调处理现场技术问题，参照集团公司质量问题技术归零要求对工艺质量问题进行分析归零，对归零措施组织闭环落实	1	配合生产，处理工艺技术问题及时，归零措施闭环落实到位。做了:0.5 按时做了:0.8 符合要求:1 没有做:0
50	设计定型阶段（设计定型）		在设计定型鉴定试验完成后，对关键零部件的质量状况及工艺技术与设计要求之间的差距进行分析，向设计部门反馈并协调处理	2	进行了相关分析并向设计部门进行了反馈与协调，分值为2，没有为0
51		工艺总结	全面清理产品研制工艺工作情况，按设计定型要求编写工艺总结报告	1	对前期工艺工作情况进行了清理，完成了工艺总结报告。做了:0.5 按时做了:0.8 符合要求:1 没有做:0
52		工艺技术状态闭环	对设计更改单、偏离单逐项(份)进行对应闭环处理，保证工艺技术状态与设计技术状态一致；对工艺改进和完善工艺引起的工艺更改逐项进行闭环落实，保证工艺技术状态协调正确	1	设计更改单、偏离单闭环处理完全正确，工艺更改单闭环落实及时正确。做了:0.5 按时做了:0.8 符合要求:1 没有做:0
53		资料归档	收集整理设计定型阶段工艺文件资料，按照要求完成资料归档	1	完成归档，分值为1，没有为0

续表

序号	评价项目	评价内容	分值	评价方法
54	生产	生产出合格产品	2	工艺定型评审是否通过获得国家定型委员会(或使用方)批准,通过分值为2,没有为0
55	工艺总方案	根据定型的设计文件编制试生产工艺总方案,并进行评审	2	修订完善了工艺总方案且目符合QJ 903B要求并组织了评审。做了:0.5 按时做了:0.8 符合要求:1 没有做:0
56	工艺文件	按工艺定型要求修改、完善全套工艺文件,对关键件、重要件和关键工序的工艺进行评审;试生产验证,考核全套工艺文件	2	修改、完善全套工艺文件,对关键件、重要件和关键工序的工艺文件进行评审,且在试生产过程中关键工序过程工艺质量未出现工艺质量问题,分值为2;在试生产过程中关键工序未出现关键工艺质量问题,出现一般工艺质量问题,重要工艺质量问题少于5项(次);分值为1;此外为0
57	试生产阶段(工艺定型) 工装及非标设备	对现有工装和非标设备进行鉴定,按工艺定型要求补充设计工装和非标设备;试生产验证,考核全套工装和非标设备使用情况	1	全套工装和非标设备满足生产需求,分值为1,否则为0
58	工艺攻关	完成工艺攻关编制改总结,组织审查评审,将攻关成果固化到相关工艺文件中	1	达到攻关目标并通过了结题验收,完成改目标95%的,分值为1;此外的分值为0
59	工艺试验	完成工艺试验并编制工艺试验总结,组织审查评审	1	完成了工艺试验,达到试验目标并完善了文件。做了:0.5 按时做了:0.8 符合要求:1 没有做:0
60	工艺技术问题协调处理	协同有关部门妥善处理型号定型中遗留的技术问题;配合现场生产,对生产过程中出现的工艺技术问题及时协调处理,参照集团公司质量问题技术归零要求对工艺质量问题进行分析归零,对归零措施组织闭环落实	2	配合生产,处理工艺技术问题及时,未影响到产品下一环节生产进度;归零措施闭环落实到位。做了:1 按时做了:1.5 符合要求:2 没有做:0

续表

序号	阶段	评价项目	评价内容	分值	评价方法
61	试生产阶段（工艺定型）	阶段工艺总结	阶段生产完成后，对本阶段工艺工作情况进行全面清理，编制试生产工艺总结报告；对总结报告中存在的工艺问题、工艺改进建议进行闭环	1	完成了清理总结，对总结报告中存在的问题、工艺改进建议进行了闭环。做了：0.5 按时做了：0.8 符合要求：1 没有做：0
62		工艺技术状态闭环	对设计更改单、偏离单逐项（份）进行对应闭环处理；对工艺改进和完善工艺引起的工艺更改逐项进行闭环落实，保证工艺技术状态协调正确	2	设计更改单、偏离单闭环处理完全正确，工艺更改单单环落实及时正确。做了：1 按时做了：1.5 符合要求：2 没有做：0
63		工艺定型	完成各级工艺定型会议文件编制，组织各级产品工艺定型（鉴定），按要求上报工艺定型文件资料	1	按要求完成各级各项目工艺定型。做了：0.5 按时做了：0.8 符合要求：1 没有做：0
64		资料归档	收集整理本阶段工艺文件资料，按归档要求完成资料归档	0.5	完成归档，分值为 0.5，没有为 0
65	批量生产阶段	工艺总方案	结合批生产当量，修订工艺总方案并组织评审	2	修订完善了工艺总方案且符合 QJ 903B 要求并组织了评审。做了：1 按时做了：1.5 符合要求：2 没有做：0
66		生产工艺条件	根据工艺总方案中批生产条件需求，提出工艺布局调整方案，补充完善生产条件	2	完成工艺布局调整，补充完善了生产条件。做了：1 按时做了：1.5 符合要求：2 没有做：0

续表

序号	评价项目	评价内容	分值	评价方法
67		按照相应的生产规模,补充配套工装及非标设备	1	全套工装和非标设备满足生产需求。 做了:0.5 按时做了:1 符合要求:1 没有做:0
68		优化完善全套工艺文件;对关键件、重要件和关键工序的工艺文件进行评审;试生产验证,考核全套工艺文件	1	优化完善全套工艺文件,且在试生产进行评审,对关键件、重要件和关键工序的工艺文件进行评审,重要件、关键件中关键工序未出现工艺质量问题,分值为 2;在试生产过程中出现工艺质量问题,出现一般工艺质量问题少于 3 项(次),分值为 1;此外为 0
69	批量生产阶段	批次生产前,结合工程研制及生产(工艺)定型阶段产品生产情况,提出首件鉴定项目,编制首件鉴定目录,按 GJB 908 的要求完成首件鉴定	1	编制了首件鉴定目录,按 GJB 908 要求开展了首件鉴定。 做了:0.5 按时做了:0.8 符合要求:1 没有做:0
70		协同有关部门妥善处理型号定型过程中遗留的工艺技术问题;配合现场生产,对生产过程中出现的工艺技术问题及时协调处理,参照集团公司质量问题技术归零要求对工艺质量问题进行分析归零,对归零措施组织落实	2	配合生产,处理工艺技术问题及时,归零措施闭环落实到位。 做了:1 按时做了:1.5 符合要求:2 没有做:0
71		每一批次产品生产完成后,完成本批(次)生产的工艺总结,对总结报告中存在的工艺问题,工艺改进建议进行了闭环	2	每一批次生产结束后对工艺工作情况进行了清理,完成了工艺总结报告,对总结报告中存在的问题,工艺改进建议进行了闭环。 做了:1 按时做了:1.5 符合要求:2 没有做:0

续表

序号	评价项目		评价内容	分值	评价方法
72	批量生产阶段	工艺技术状态闭环	对设计更改单、偏离单逐项（份）进行对应闭环处理，保证工艺技术状态与设计技术状态一致；对工艺改进和完善工艺引起的工艺更改逐项进行闭环落实，保证工艺技术状态协调正确	1	设计更改单、偏离单闭环处理完全正确，工艺更改单闭环落实及时正确。 做了:0.5 按时做了:0.8 符合要求:1 没有做:0
73		资料归档	收集整理本阶段工艺文件资料，按归档要求完成资料归档	1	完成归档。 做了:0.5 按时做了:0.8 符合要求:1 没有做:0
74	售后服务阶段	日常工作	积极参与型号交付后的巡检巡修工作，做好巡检巡修日志	1	积极参与型号交付后的巡检巡修工作，巡检巡修日志完整详实。 做了:0.5 按时做了:0.8 符合要求:1 没有做:0
75		技术培训	配合做好交装培训与日常使用培训工作	1	培训工作得到对方认可。 做了:0.5 按时做了:0.8 符合要求:1 没有做:0
76		技术保障	配合做好各类演习的保障任务	1	保障配合到位。 做了:0.5 按时做了:0.8 符合要求:1 没有做:0

续表

序号	评价项目		评价内容	分值	评价方法
77	售后服务阶段	技术问题协调处理	及时了解现场维修中出现的故障问题,配合完成故障排除,对相关工艺故障问题进行分析判断,并向相关部门反馈	1	现场问题分析处理,沟通协调及时。 做了:0.5 按时做了:0.8 符合要求:1 没有做:0

注:做了,指工作做了,但时间上,内容上不符合要求;按时做了,指工作及时做了,但内容上不符合要求;符合要求,指及时,按要求完成工作。

附录 4 航天工艺纪律检查内容表

序号	检查要点	评价标准	院级	部厂所级	部门级
A	生产现场工艺纪律				
A1	人员要求				
A1.1	现场与生产相关的工作人员应经过岗位技能培训、考试合格后持上岗证工作	1）上岗证应在有效期内； 2）所从事的工种应与上岗证相符	○	▲	▲
A1.2	现场有关人员应防护得当，能够保证生产安全、产品质量	有静电防护要求的工序： 1）能正确穿着防静电服和防静电鞋； 2）能按要求佩戴防静电手环/脚环； 3）电装操作能按要求佩戴指套	○	△	△
		有多余物防控要求的工作： 1）能正确佩戴工作帽，并将头发置于帽中； 2）必要场合能够正确穿着防护服	○	△	△
		有安全防护要求的工序： 1）精密焊接、装配时能够按要求佩戴口罩； 2）具有飞溅、污染等情况时应佩戴护目镜； 3）有污染等情况时应佩戴防护手套（或指套）； 4）作业场地有高电压时，应穿着绝缘鞋等	○	△	△
		有洁净度要求的工序： 1）能按要求穿着防护服； 2）进入工作区域能按要求进行风淋； 3）不在工作区内穿脱防护服	○	△	△

续表

序号	检查要点	评价标准	院级	部厂所级	部门级
A1.3	各位人员操作符合相关要求,保证生产有序进行	操作人员: 1)熟悉岗位操作要求及产品生产工艺要求; 2)能够做好生产前的准备工作; 3)在加工过程中能够正确依据加工工艺规程和工艺细(守)则进行操作,正确使用各种仪器、仪表和工具; 4)发现问题应及时反馈; 5)能够认真做好操作记录。 检验人员: 1)能够按照产品图图样及技术要求、工艺规程和检验规程(要求)进行检查验证; 2)能够监督有关人员遵守工艺规程、工艺细(守)则和企业标准; 3)检验记录正确、完整	○	▲	▲
A2	工艺设备、工艺装备				
A2.1	生产过程使用的设备、工艺装备、量具、检具与仪器仪表应保持既定精度和良好的工作状态,满足工艺技术要求和管理要求	1)非标设备、专用工装设计文件齐全、文实一致; 2)设备、工装实物标识清楚,需计量鉴定的在准用周期内; 3)工装、设备外观应完好、无影响使用的缺陷	○	▲	▲
A3	物料管理				
A3.1	生产过程用的物料(包括原材料、辅料、毛坯、半成品、外协件、外购件等)都必须经过质量检验部门检验,且合格有关设计和工艺要求后方可使用	1)各类物料应有批次记录、合格证、筛选合格证明等,确保在有效期内使用; 2)如有代料能够及时办理相关审批手续,且记录完整	○	▲	▲
A3.2	生产过程中,各类物料实施定额,定量发放	1)按照配套表(或材料消耗定额)进行定额,定量发放; 2)配套发放记录完整、填写及时,且与实物相符	○	▲	▲
A3.3	装机物料应与相关文件要求一致,装机记录正确、及时	1)装机前应对物料进行核验; 2)装机物料与工艺文件、履历书或配套表一致; 3)装机记录填写正确、及时,无遗漏; 4)记录划责任人能够按要求签字盖章	○	▲	▲

续表

序号	检查要点	评价标准	院级	部门所厂级	部门级
A3.4	各类物料发生损坏、更换、报废或批量退库等问题时，应及时办理相关手续	手续齐备、物料与记录匹配，可追溯		▲	▲
A4	工艺文件				
A4.1	工艺文件应正确、完整、统一、清晰，使用的工艺文件应符合 QJ 903B—2011	1) 现场工艺文件签署完整、受控； 2) 现场不存在无效工艺文件	○	▲	▲
A4.2	工艺文件能够指导实际操作	1) 工艺文件与产品阶段保持一致； 2) 工艺文件描述完整、准确，具有良好指导性； 3) 大型、复杂设备现场具有操作指南	○	▲	▲
A5	现场环境管理				
A5.1	工作场地的环境条件应符合工艺技术要求及相关标准规定，保证产品生产所需的温度、湿度、清洁度、防静电、电磁干扰等要求	1) 应与工艺文件相符； 2) 能够按要求对温度、湿度、清洁度进行监测并记录； 3) 能够按要求对接地、手环/脚环绝缘电阻、防静电台面进行监测并记录； 4) 需要时，能够按要求对电磁噪声进行监测并记录	○	▲	▲
A5.2	对现场物品进行定置管理	应符合 GB/T 24737.9—2012 附录 B 生产现场定置管理相关要求	○	▲	▲
A5.3	工作现场应符合 6S 规定	1) 工作现场干净、整齐、安全，符合 6S 规定； 2) 工作台面应无与工作无关物品，定期清洁、整理	○	▲	▲
A5.4	现场安全、环境保护及职业健康措施应符合相关标准要求	1) 噪声较大的场合应佩戴护耳器； 2) 含有粉尘、烟雾及其他有害物质，危害人身安全的场合应穿戴防护装备； 3) 安全生产危险点符合危险点管理要求； 4) 工房内工业垃圾与生活垃圾分类存放，场地上无油污污染或污染得到及时清理，工序间无直排污染液体，焊接工位通风状况良好	○	▲	▲
A6	现场监测				
A6.1	指导和监督工艺流程的正确实施，发现工艺问题，应及时反馈给相关责任部门和责任人，并及时修改或调整工艺问题	1) 应有质量问题反馈手续，记录完整、正确，及时； 2) 应有合理化建议机制	△	▲	▲

续表

序号	检查要点	评价标准	院级	部厂所级	部门级
A6.2	生产过程中应严格按照工艺文件,对影响产品的主要工艺要素、工艺参数进行监视与测量,并做好记录	1)生产记录、过程履历记录填写完整、正确、及时; 2)操作工序、检验记录填写完整、及时,划改处应有签字盖章; 3)对关键工序、特殊工序过程工序进行重点控制,操作记录完整,并经过互检、专检; 4)不合格品审理过程规范、可追溯	△	▲	▲
B	规章制度运行情况				
B1	规章制度建设				
B1.1	规章制度完整性	1)有工艺工作相关的规章、制度、标准、规范; 2)规章制度制度完备,与上级规章制度协调适应	▲	▲	▲
B1.2	规章制度执行有效性	1)规章制度系统、全面执行; 2)规章制度有效、高质量落实	▲	▲	▲
B2	人才队伍建设				
B2.1	专业或型号工艺师管理	1)单位有任职文件与岗位职责; 2)部门有工作分工与岗位职责	▲	▲	△
B2.2	操作人员管理	1)应有岗前、岗位培训记录; 2)应有关键过程、特殊过程上岗人员统计表	▲	▲	△
B2.3	技能、素养培训	1)培训计划分为院级、所级与部门级; 2)有年度、月培训计划,并按计划实施; 3)培训记录完整,与培训计划匹配性较好; 4)有绩效评价方法,定期对人员绩效进行评价	▲	▲	▲
B3	工艺工作程序				
B3.1	设计工艺审查	1)设计师、工艺师熟悉、掌握设计工艺性审查指南要求; 2)各型号、产品均应开展设计工艺性审查; 3)设计工艺性审查流程合理,记录完整、正确、及时; 4)具备条件的单位编制设计工艺性审查典型案例	△	▲	▲

续表

序号	检查要点	评价标准	院级	部厂所级	部门级
B3. 2	工艺总方案	1) 根据产品研制程序，编制有相应阶段的工艺总方案； 2) 根据产品实际生产情况，对工艺总方案进行及时修订； 3) 工艺总方案内容全面，符合 QJ 903.8B—2011《工艺总方案编制规则》规定	▲	▲	▲
B3. 3	操作性或指导性工艺文件	1) 工艺文件完整、齐套； 2) 工艺文件与设计文件一致； 3) 表述清晰，操作指导性较好； 4) 工艺文件按要求进行评审，且评审记录完整； 5) 编制有工艺文件清单； 6) 工艺文件开展了交底培训，并留存培训记录	▲	▲	▲
B3. 4	关键工序	1) 开展了关键工序确立分析工作； 2) 按型号或产品编制有"关键工序汇总表"； 3) 工艺文件中对关键工序编制了控制方法，并经过评审； 4) 工艺文件中对关键工序进行了标识； 5) 关键工序记录完整、正确，及时，符合控制方法要求	▲	▲	▲
B3. 5	特殊过程	1) 开展了特殊过程确立分析工作； 2) 进行了特殊过程确认/再确认，确认周期符合要求； 3) 确认内容完整； 4) 制定有年度特殊过程确认/再确认计划，并按计划实施； 5) 特殊过程记录完整、正确，及时，符合控制方法要求	▲	▲	▲
B3. 6	首件鉴定	1) 编制有首件鉴定目录，并制定有首件鉴定计划； 2) 编制有首件鉴定报告、质量报告； 3) 产品履历记录清楚、有"首件"章； 4) 过程记录完整、正确，及时，符合签订方法要求	▲	▲	▲

续表

序号	检查要点	评价标准	院级	部厂所级	部门级
B3.7	技术状态	1)工艺文件标识清楚、正确； 2)技术状态更改、偏离手续能按规定进行审签； 3)对更改、偏离保留过程记录	▲	▲	▲
B3.8	禁限用工艺	1)工艺文件应落实集团及院、所禁限用工艺管理要求； 2)工艺文件无禁用工艺； 3)限用工艺办理审批手续	▲	▲	▲
B3.9	工装、设备管理	建有设备、工艺装备台账，且账物相符，与工艺文件保持一致	▲	▲	▲
B3.10	工艺攻关、优化	1)对工艺技术、制造能力薄弱环节开展工艺攻关、工艺优化工作； 2)对工艺成果进行实、推广应用； 3)新技术、新方法、新材料、新设备等经过充分验证后，及时更改相关工艺文件	▲	▲	▲
B3.11	工艺工作策划与计划	1)具有年度工艺工作策划与计划； 2)能够覆盖上级工作要求； 3)工作计划能够按期下达与完成	▲	▲	○
B3.12	工艺纪律检查策划与计划	1)制定有年度工艺纪律检查专题策划与计划； 2)能够按计划进行工艺纪律检查，并有检查记录	▲	▲	○

注:表中▲为应开展；△有此项就应开展；○根据需要开展。

附录5 产品实现工艺、制造相关标准

序号	标准属性	标准名称	标准号
1	工艺、制造基础标准		
1.1	基础标准		
1.1.1		机械制造工艺基本术语	GB/T 4863—2008
1.1.2		机械制造工艺文件完整性	GB/T 24738—2009
1.1.3		机械制造工艺文件编号方法	GB/T 24735—2009
1.1.4		技术产品文件 工艺流程图表用图形符号的表示法	GB/T 24742—2009
1.1.5		面向装备制造业 产品全生命周期工艺知识 第1部分:通用制造工艺分类	GB/T 22124.1—2008
1.1.6		面向装备制造业 产品全生命周期工艺知识 第2部分:通用制造工艺分类编码规范	GB/T 22124.2—2010
1.1.7		面向装备制造业 产品全生命周期工艺知识 第3部分:通用制造工艺描述与表达规范	GB/T 22124.3—2010
1.1.8		装备技术成熟度等级划分及定义	GJB 7688—2012
1.1.9		装备技术成熟度评价程序	GJB 7689—2012
1.1.10		装备制造成熟度等级划分及定义	GJB 8345—2015
1.1.11		装备制造成熟度评价程序	GJB 8346—2015
1.1.12		新材料技术成熟度等级划分及定义	GB/T 37264—2018
1.1.13		智能制造能力成熟度模型	GB/T 39116—2020
1.1.14		智能制造能力成熟度评估方法	GB/T 39117—2020
1.1.15		工艺评审	GJB 1269A—2000
1.1.16		生产性分析	GJB 3363—1998
1.2	工艺管理标准		

续表

序号	标准属性	标准名称	标准号
1.2.1		工艺管理导则 第1部分：总则	GB/T 24737.1—2012
1.2.2		工艺管理导则 第2部分：产品工艺工作程序	GB/T 24737.2—2012
1.2.3		工艺管理导则 第3部分：产品结构工艺性审查	GB/T 24737.3—2009
1.2.4		工艺管理导则 第4部分：工艺方案设计	GB/T 24737.4—2012
1.2.5		工艺管理导则 第5部分：工艺规程设计	GB/T 24737.5—2009
1.2.6		工艺管理导则 第7部分：工艺定额编制	GB/T 24737.7—2009
1.2.7		工艺管理导则 第8部分：工艺验证	GB/T 24737.8—2009
1.2.8		工艺管理导则 第9部分：生产现场工艺管理	GB/T 24737.9—2012
1.2.9		机械产品生命周期管理系统通用技术规范	GB/T 33222—2016
1.2.10		技术状态管理	GJB 3206A—2010
1.2.11		装备技术状态管理监督要求	GJB 5709—2006
1.2.12		航天产品技术状态管理	QJ 3118—1999
1.2.13		航天产品工艺技术状态管理	Q/QJB 146—2006
1.2.14		航天工艺纪律检查规范	Q/QJB 343—2020
1.3	工艺设计标准		
1.3.1		工艺装备设计管理导则 第1部分：术语	GB/T 24736.1—2009
1.3.2		工艺装备设计管理导则 第2部分：工艺装备设计选择规则	GB/T 24736.2—2009
1.3.3		工艺装备设计管理导则 第3部分：工艺装备设计程序	GB/T 24736.3—2009
1.3.4		工艺装备设计管理导则 第4部分：工艺装备验证规则	GB/T 24736.4—2009
1.3.5		技术制图 通用术语	GB/T 13361—2012
1.3.6		铸件材料消耗工艺定额计算方法	JB/T 6983—1993
1.3.7		工艺典型化导则	JB/T 7537—1994
1.3.8		工艺规程格式	JB/T 9165.2—1998
1.3.9		典型工艺规程编制规则	QJ 1071—1986

续表

序号	标准属性	标准名称	标准号
1.3.10		航天产品与工艺安全设计要求	QJ 20542—2016
2	工艺,制造专业标准		
2.1	机械加工工艺标准		
2.1.1		机械加工工艺参数表示法	JB/T 12392—2015
2.1.2		机械加工工艺方法图形符号	JB/T 12393—2015
2.1.3		机械加工工艺信息三维标注规范	JB/T 12394—2015
2.1.4		金属切削 基本术语	GB/T 12204—2010
2.1.5		攻丝前钻孔用麻花钻直径	GB/T 20330—2006
2.1.6		机械制造工艺基本术语	GB/T 4863—2008
2.1.7		合成切削液	GB/T 6144—2010
2.1.8		金属切削机床 术语	GB/T 6477—2008
2.1.9		普通型钢丝螺套通用规范	GJB 119.4A—2015
2.2	金属精密成形工艺标准		
2.2.1		冲压件尺寸公差	GB/T 13914—2013
2.2.2		冲压件角度公差	GB/T 13915—2013
2.2.3		冲压件形状和位置未注公差	GB/T 13916—2013
2.2.4		冲压件未注公差尺寸极限偏差	GB/T 15055—2007
2.2.5		冲裁间隙	GB/T 16743—2010
2.2.6		金属冷冲压件 结构要素	GB/T 30570—2014
2.2.7		金属冷冲压件 通用技术条件	GB/T 30571—2014
2.2.8		弹体毛坯旋压工艺设计规范	GB/T 50637—2010
2.3	非金属及复合材料制备工艺标准		
2.3.1		纤维增强塑料 试验板制备方法 第5部分:缠绕成型	GB/T 27797.5—2011
2.3.2		纤维增强塑料 试验板制备方法 第7部分:树脂传递模塑	GB/T 27797.7—2011

续表

序号	标准属性	标准名称	标准号
2.4	焊接工艺标准		
2.4.1		焊接与切割安全	GB 9448—1999
2.4.2		铝及铝合金焊丝	GB/T 10858—2008
2.4.3		钎焊接头强度试验方法	GB/T 11363—2008
2.4.4		焊接结构的一般尺寸公差和形位公差	GB/T 19804—2005
2.4.5		焊接工艺规程及评定的一般原则	GB/T 19866—2005
2.4.6		电弧焊焊接工艺规程	GB/T 19867.1—2005
2.4.7		气焊焊接工艺规程	GB/T 19867.2—2008
2.4.8		电子束焊接工艺规程	GB/T 19867.3—2008
2.4.9		激光焊接工艺规程	GB/T 19867.4—2008
2.4.10		电阻焊焊接工艺规程	GB/T 19867.5—2008
2.4.11		激光-电弧复合焊接工艺规程	GB/T 19867.6—2016
2.4.12		电子束及激光焊接接头 缺欠质量分级指南 第2部分:铝及铝合金	GB/T 22085.2—2008
2.4.13		铝及铝合金弧焊推荐工艺	GB/T 22086—2008
2.4.14		铝及铝合金的弧焊接头 缺欠质量分级指南	GB/T 22087—2008
2.4.15		焊接接头冲击试验方法	GB/T 2650—2008
2.4.16		焊接接头拉伸试验方法	GB/T 2651—2008
2.4.17		焊缝及熔敷金属拉伸试验方法	GB/T 2652—2008
2.4.18		焊接接头弯曲试验方法	GB/T 2653—2008
2.4.19		焊接接头硬度试验方法	GB/T 2654—2008
2.4.20		钎焊接头缺欠	GB/T 33148—2016
2.4.21		硬钎焊焊接缺欠	GB/T 33219—2016
2.4.22		焊接术语	GB/T 3375—1994
2.4.23		焊接及相关工艺方法代号	GB/T 5185—2005

续表

序号	标准属性	标准名称	标准号
2.4.24		金属熔化焊接头缺欠分类及说明	GB/T 6417.1—2005
2.4.25		金属压力焊接头缺欠分类及说明	GB/T 6417.2—2005
2.4.26		气体保护电弧焊用碳钢、低合金钢焊丝	GB/T 8110—2008
2.4.27		气焊、焊条电弧焊、气体保护焊和高能束焊的推荐坡口	GB/T 985.1—2008
2.4.28		埋弧焊的推荐坡口	GB/T 985.2—2008
2.4.29		铝及铝合金气体保护焊的推荐坡口	GB/T 985.3—2008
2.4.30		复合钢的推荐坡口	GB/T 985.4—2008
2.4.31		电子束焊接规范	GJB 1718—1993
2.4.32		铝及铝合金熔焊技术条件	GJB 294—1987
2.4.33		焊接质量控制要求	GJB 481—1988
2.4.34		不锈钢电阻点焊和缝焊质量检验	GJB 724A—1998
2.4.35		钛及钛合金焊丝规范	GJB 9581—2018
2.5	铸造工艺标准		
2.5.1		铸件重量公差	GB/T 11351—2017
2.5.2		镁合金铸件 X 射线实时成像检测方法	GB/T 23600—2009
2.5.3		连铸钢坯凝固组织低倍评定方法	GB/T 24178—2009
2.5.4		铸铁 多元素含量的测定 火花放电原子发射光谱法（常规法）	GB/T 24234—2009
2.5.5		检定铸造粘结剂用标准砂	GB/T 25138—2010
2.5.6		铸造用砂及混合料试验方法	GB/T 2684—2009
2.5.7		铸造术语	GB/T 5611—2017
2.5.8		铸件 射线照相检测	GB/T 5677—2018
2.5.9		铸造合金光谱分析取样方法	GB/T 5678—2013
2.5.10		铸件尺寸公差、几何公差与机械加工余量	GB/T 6414—2017
2.5.11		灰铸铁金相检验	GB/T 7216—2009

续表

序号	标准属性	标准名称	标准号
2.5.12		球墨铸铁金相检验	GB/T 9441—2009
2.5.13		铁及钛合金熔模精密铸件规范	GJB 2896—1997
2.6	热处理工艺标准		
2.6.1		钢铁零件渗氮层深度测定和金相组织检验	GB/T 11354—2005
2.6.2		金属热处理工艺分类及代号	GB/T 12603—2005
2.6.3		钢件的正火与退火	GB/T 16923—2008
2.6.4		钢件的淬火与回火	GB/T 16924—2008
2.6.5		淬火-回火弹簧钢丝	GB/T 18983—2017
2.6.6		钢铁件的气体氮碳共渗	GB/T 22560—2008
2.6.7		真空热处理	GB/T 22561—2008
2.6.8		铸造铝合金热处理	GB/T 25745—2010
2.6.9		深层渗碳 技术要求	GB/T 28694—2012
2.6.10		直齿轮和斜齿轮承载能力计算 第5部分：材料的强度和质量	GB/T 3480.5—2021
2.6.11		冷拉碳素弹簧钢丝	GB/T 4357—2009
2.6.12		钢的感应淬火或火焰淬火后有效硬化层深度的测定	GB/T 5617—2005
2.6.13		金属热处理工艺 术语	GB/T 7232—2012
2.6.14		热处理工艺材料 术语	GB/T 8121—2012
2.6.15		钢件渗碳淬火硬化层深度的测定和校核	GB/T 9450—2005
2.6.16		钢件薄表面总硬化层深度或有效硬化层深度的测定	GB/T 9451—2005
2.6.17		热处理炉有效加热区测定方法	GB/T 9452—2012
2.6.18		变形铝合金热处理规范	GJB 1694—1993
2.6.19		铸造铝合金热处理规范	GJB 1695—1993
2.6.20		铁及钛合金热处理规范	GJB 3763—1999
2.6.21		热处理工艺质量控制要求	GJB 509A—1995

续表

序号	标准属性	标准名称	标准号
2.7	锻造工艺标准		
2.7.1		钢质模锻件 通用技术条件	GB/T 12361—2016
2.7.2		钢质模锻件 公差及机械加工余量	GB/T 12362—2016
2.7.3		锻造用半成品尺寸、形状和质量公差	GB/T 20911—2007
2.7.4		锤上钢质自由锻件机械加工余量与公差 一般要求	GB/T 21469—2008
2.7.5		锤上钢质自由锻件机械加工余量与公差 盘、柱、环、筒类	GB/T 21470—2008
2.7.6		锤上钢质自由锻件机械加工余量与公差 轴类	GB/T 21471—2008
2.7.7		锻压制件及其模具三维几何量光学检测规范	GB/T 25134—2010
2.7.8		钢质自由锻件检验通用规则	GB/T 25136—2010
2.7.9		钢锻件超声检测方法	GB/T 6402—2008
2.7.10		锻压术语	GB/T 8541—2012
2.7.11		航空用钛合金自由锻件和模锻件规范	GJB 2744—1996
2.7.12		锻造工艺质量控制要求	GJB 904A—1999
2.7.13		熔模锻造工艺质量控制	GJB 905—1990
2.8	表面工程工艺标准		
2.8.1		涂料遮盖力测定法	GB/T 1726—1979
2.8.2		涂装作业安全规程 涂漆工艺安全及其通风净化	GB 6514—2008
2.8.3		真空镀膜设备通用技术条件	GB/T 11164—2011
2.8.4		防锈术语	GB 11372—1989
2.8.5		热喷涂 金属零部件表面的预处理	GB/T 11373—2017
2.8.6		热喷涂 涂层厚度的无损测量方法	GB/T 11374—2012
2.8.7		金属零（部）件镀覆前质量控制技术要求	GB/T 12611—2008
2.8.8		金属镀覆和化学处理标识方法	GB/T 13911—2008
2.8.9		金属覆盖层 钢铁制件热浸镀锌层 技术要求及试验方法	GB/T 13912—2020

续表

序号	标准属性	标准名称	标准号
2.8.10		漆膜附着力测定法	GB/T 1720—1979
2.8.11		清漆,清油及稀释剂外观和透明度测定法	GB/T 1721—2008
2.8.12		清漆,清油及稀释剂颜色测定法	GB/T 1722—1992
2.8.13		涂料粘度测定法	GB/T 1723—1993
2.8.14		色漆,清漆和印刷油墨 研磨细度的测定	GB/T 1724—2019
2.8.15		色漆,清漆和塑料 不挥发物含量的测定	GB/T 1725—2007
2.8.16		涂料遮盖力测定法	GB/T 1726—1979
2.8.17		液态烃体积测量 容积式流量计计量系统	GB/T 17288—2009
2.8.18		色漆和清漆 摆杆阻尼试验	GB/T 1730—2007
2.8.19		锌铬涂层 技术条件	GB/T 18684—2002
2.8.20		涂覆涂料前钢材表面处理 喷射清理用金属磨料的试验方法　第 1 部分:抽样	GB/T 19816.1—2005
2.8.21		涂覆涂料前钢材表面处理 喷射清理用金属磨料的试验方法　第 2 部分:颗粒尺寸分布的测定	GB/T 19816.2—2005
2.8.22		涂覆涂料前钢材表面处理 喷射清理用金属磨料的试验方法　第 3 部分:硬度的测定	GB/T 19816.3—2005
2.8.23		涂覆涂料前钢材表面处理 喷射清理用金属磨料的试验方法　第 4 部分:表观密度的测定	GB/T 19816.4—2005
2.8.24		涂覆涂料前钢材表面处理 喷射清理用金属磨料的试验方法　第 5 部分:缺陷颗粒百分比和微观结构的测定	GB/T 19816.5—2005
2.8.25		涂覆涂料前钢材表面处理 喷射清理用金属磨料的试验方法　第 6 部分:外来杂质的测定	GB/T 19816.6—2005
2.8.26		涂覆涂料前钢材表面处理 喷射清理用金属磨料的试验方法　第 7 部分:含水量的测定	GB/T 19816.7—2005
2.8.27		电镀用铜,锌,镉,镍,锡阳极板	GB/T 2056—2005
2.8.28		金属和合金的腐蚀 大气腐蚀防护方法的选择导则	GB/T 20852—2007
2.8.29		钛及钛合金表面除鳞和清洁方法	GB/T 23602—2009
2.8.30		钛及钛合金表面污染层检验方法	GB/T 23603—2009
2.8.31		金属及其他无机覆盖层 表面处理 术语	GB/T 3138—2015

续表

序号	标准属性	标准名称	标准号
2.8.32		漆膜颜色标准	GB/T 3181—2008
2.8.33		金属覆盖层 覆盖层厚度测量 阳极溶解库仑法	GB/T 4955—2005
2.8.34		金属基体上的金属覆盖层 电沉积和化学沉积层 附着强度试验方法评述	GB/T 5270—2005
2.8.35		钢铁工件涂装前磷化处理技术条件	GB/T 6807—2001
2.8.36		涂装技术术语	GB/T 8264—2008
2.8.37		涂覆涂料前钢材表面处理 表面清洁度的目视评定 第 1 部分：未涂覆过的钢材表面和全面清除原有涂层后的钢材表面的锈蚀等级和处理等级	GB/T 8923.1—2011
2.8.38		涂覆涂料前钢材表面处理 表面清洁度的目视评定 第 2 部分：已涂覆过的钢材表面局部清除原有涂层后的处理等级	GB/T 8923.2—2008
2.8.39		涂覆涂料前钢材表面处理 表面清洁度的目视评定 第 3 部分：焊缝、边缘和其他区域的表面缺陷的处理等级	GB/T 8923.3—2009
2.8.40		锌、镉、铝-锌和锌-铝合金的铬酸盐转化膜 试验方法	GB/T 9791—2003
2.8.41		电镀锌和电镀镉层的铬酸盐转化膜	GB 9800—1988
2.8.42		DJB-823 固体薄膜保护剂涂敷工艺	GJB 1385—1992
2.8.43		高耐久性结构胶接用缓蚀底胶规范	GJB 1388A—2015
2.8.44		军用飞机喷漆通用要求	GJB 4439—2002
2.8.45		金属镀覆和化学覆盖工艺质量控制要求	GJB 480A—1995
2.8.46		材料涂层反射率和发射率测试方法 第 2 部分：发射率	GJB 5023.2—2003
2.8.47		金属镀覆层和化学覆盖层选择原则与厚度系列	GJB 594—1988
2.8.48		导弹涂色与标志	GJB 670—2005
2.8.49		航天用铌钨合金（NbW5-1）高温抗氧化涂层规范	GJB 9568—2018
2.8.50		航天发动机用 TaW10 合金高温抗氧化涂层规范	GJB 9573—2018
2.9	增材制造标准		
2.9.1	增材制造基础标准		

续表

序号	标准属性	标准名称	标准号
2.9.1.1		增材制造 工艺分类及原材料	GB/T 35021—2018
2.9.1.2		增材制造 术语	GB/T 35351—2017
2.9.1.3		增材制造 文件格式	GB/T 35352—2017
2.9.1.4		增材制造 云服务平台模式规范	GB/T 37461—2019
2.9.1.5		增材制造 设计 要求、指南和建议	GB/T 37698—2019
2.9.2	增材制造材料标准		
2.9.2.1		增材制造用钛及钛合金粉末规范	GJB 9577—2018
2.9.3	电弧熔丝增材制造工艺标准		
2.9.4	激光选区熔化增材制造工艺标准		
2.9.5	激光熔融沉积增材制造工艺标准		
2.9.6	电子束选区熔化增材制造工艺标准		
2.9.7	复合增材制造工艺标准		
2.9.8	增材制造制件测试验收标准		
2.9.8.1		粉床电子束增材制造 TC4 合金材料	GB/T 34508—2017
2.9.8.2		增材制造 主要特性和测试方法 零件和粉末原材料	GB/T 35022—2018
2.9.9	增材制造装备标准		
2.9.9.1		特种加工机床 术语 第 7 部分:增材制造机床	GB/T 14896.7—2015
2.9.10	其他增材制造标准		
2.10	特种加工工艺标准		
2.10.1		弹簧喷丸 第 1 部分:通则	GB/T 31214.1—2014
2.10.2		金属材料残余应力超声冲击处理法	GB/T 33163—2016
2.10.3		激光加工机械 金属切割的性能规范与标准检查程序	GB/Z 18462—2001
2.10.4		铝合金化学铣切工艺质量控制要求	GJB 3401—1998
2.11	电子装联工艺标准		

续表

序号	标准属性	标准名称	标准号
2.11.1		印制板组装　第 1 部分: 通用规范　采用表面安装和相关组装技术的电子和电气焊接组装的要求	GB/T 19247.1—2003
2.11.2		印制板组装　第 2 部分: 分规范　表面安装焊接组装的要求	GB/T 19247.2—2003
2.11.3		印制板组装　第 3 部分: 分规范　通孔安装焊接组装的要求	GB/T 19247.3—2003
2.11.4		印制板组装　第 4 部分: 分规范　引出端焊接组装的要求	GB/T 19247.4—2003
2.11.5		表面安装技术　第 1 部分: 表面安装元器件(SMDs)规范的标准方法	GB/T 19405.1—2003
2.11.6		表面安装技术　第 2 部分: 表面安装元器件的运输和贮存条件——应用指南	GB/T 19405.2—2003
2.11.7		压接端子和接头总规范	GJB 2647—1996
2.11.8		OD.L 型压接端子详细规范	GJB 2647/1—1999
2.11.9		OD.LZ 型压接端子详细规范	GJB 2647/2—1999
2.11.10		OD.JJ 型压接端子详细规范	GJB 2647/3—1999
2.11.11		OD.JZ 型压接端子详细规范	GJB 2647/4—1999
2.11.12		EZ.LZ 型压接端子详细规范	GJB 2647/5—1999
2.11.13		EZ.JZ 型压接端子详细规范	GJB 2647/6—1999
2.11.14		电子元器件表面安装要求	GJB 3243—1998
2.11.15		表面安装印制板组装件通用要求	GJB 3835—1999
2.11.16		球栅阵列封装器件组装通用要求	GJB 4907—2003
2.11.17		军用印制板组装件焊后清洗要求	GJB 5807—2006
2.12	总装测试工艺标准		
2.12.1		激光陀螺仪测试方法	GJB 2427—1995
2.12.2		空间高能质子重离子探测器规范	GJB 5108—2004
2.12.3		航天器吊装、翻转、停放、运输、贮存通用技术要求	GJB 7358—2011
2.12.4		钢丝螺套安装要求	GJB 8592—2015
2.13	胶接工艺标准		

续表

序号	标准属性	标准名称	标准号
2.13.1		胶粘剂分类	GB/T 13553—1996
2.13.2		厌氧胶粘剂扭矩强度的测定(螺纹紧固件)	GB/T 18747.1—2002
2.13.3		厌氧胶粘剂剪切强度的测定(轴和套环法)	GB/T 18747.2—2002
2.13.4		胶粘剂 结构胶粘剂拉伸拉剪疲劳性能的试验方法	GB/T 27595—2011
2.13.5		胶粘剂术语	GB/T 2943—2008
2.13.6		胶粘剂抗流动性试验方法	GB/T 31113—2014
2.13.7		胶粘剂老化条件指南	GB/T 35489—2017
2.13.8		各向同性导电胶粘剂试验方法 第1部分:通用方法	GB/T 35494.1—2017
2.13.9		胶粘剂挥发性有机化合物释放量的测定 微舱法	GB/T 36799—2018
2.13.10		胶粘剂挥发性有机化合物释放量的测定 袋式法	GB/T 36803—2018
2.13.11		结构胶粘剂冲击剥离强度的测定 楔形物法	GB/T 36877—2018
2.13.12		胶粘剂剪切冲击强度试验方法	GB/T 6328—1999
2.13.13		胶粘剂 拉伸剪切强度的测定(刚性材料对刚性材料)	GB/T 7124—2008
2.13.14		室温固化高温无机胶粘剂	GJB 1087—1991
2.13.15		发泡结构胶粘剂规范	GJB 1480A—2013
2.13.16		胶粘剂低温拉伸剪切强度试验方法	GJB 1709—1993
2.13.17		胶接耐久性结构胶试验方法	GJB 3383—1998
2.13.18		高耐久性结构胶接用环氧基胶膜总规范	GJB 980—1990
2.14	微纳加工及微系统制造标准		
2.14.1		磁滞同步电动机通用技术条件	GB/T 13139—2008
2.14.2		压电陶瓷换能元件总规范	GB/T 15156—2015
2.14.3		旋转电机绝缘电阻测试	GB/T 20160—2006
2.14.4		吸气剂气体吸放性能测试方法	GB/T 25497—2010
2.14.5		微机电系统(MEMS)技术 术语	GB/T 26111—2010

续表

序号	标准属性	标准名称	标准号
2.14.6		用于先进集成电路光刻工艺综合评估的图形规范	GB/T 29844—2013
2.15	光学工程工艺标准		
2.15.1		光学分划零件通用技术条件	GB/T 11162—2009
2.15.2		光学零件表面疵病	GB/T 1185—2006
2.15.3		光学和光学仪器 环境试验方法 第1部分：术语，试验范围	GB/T 12085.1—2010
2.15.4		光学和光学仪器 环境试验方法 第10部分：振动（正弦）与高温、低温综合试验	GB/T 12085.10—2010
2.15.5		光学和光学仪器 环境试验方法 第13部分：冲击、碰撞或自由跌落与高温、低温综合试验	GB/T 12085.13—2010
2.15.6		光学和光学仪器 环境试验方法 第14部分：露、霜、冰	GB/T 12085.14—2010
2.15.7		光学和光学仪器 环境试验方法 第2部分：低温，高温，湿热	GB/T 12085.2—2010
2.15.8		光学和光学仪器 环境试验方法 第3部分：机械作用力	GB/T 12085.3—2010
2.15.9		光学和光学仪器 环境试验方法 第6部分：砂尘	GB/T 12085.6—2010
2.15.10		光学和光学仪器 环境试验方法 第7部分：滴水，淋雨	GB/T 12085.7—2010
2.15.11		光学和光学仪器 环境试验方法 第8部分：高压，低压，浸没	GB/T 12085.8—2010
2.15.12		光学和光学仪器 环境试验方法 第9部分：太阳辐射	GB/T 12085.9—2010
2.15.13		几何光学术语，符号	GB/T 1224—2016
2.15.14		光学仪器术语	GB/T 13962—2009
2.15.15		显微镜 目镜分划板	GB/T 22062—2020
2.15.16		光学零件的面形偏差	GB/T 2831—2009
2.15.17		用于先进集成电路光刻工艺综合评估的图形规范 第1部分：术语，符号	GB/T 29844—2013
2.15.18		光学经纬仪	GB/T 3161—2015
2.15.19		光学传递函数 第1部分：术语，符号	GB/T 4315.1—2009
2.15.20		透镜中心偏差	GB/T 7242—2010
2.15.21		光学零件气泡度	GB/T 7661—2009

续表

序号	标准属性	标准名称	标准号
2.15.22		显微镜 目镜	GB/T 9246—2008
2.15.23		傅立叶变换红外光谱仪检定规程	GJB 8662—2015
2.15.24		红外光学传递函数测量装置检定规程	GJB 8677—2015
2.15.25		光学薄膜折射率和厚度测试仪检定规程	GJB 8687—2015
2.15.26		杂光系数测定仪检定规程	GJB/J 3354—1998
2.16	含能材料装填工艺标准		
2.16.1		航天器剩余推进剂质量的估算方法	GB/T 34523—2017
2.16.2		火工品检验验收规则 总则	GJB 3653.1—1999
2.16.3		弹药、导弹用火工品安全性要求	GJB 4377—2002
2.16.4		固体推进剂烟雾信号测试系统检定规程	GJB/J 3348—1998
3	工艺装备标准		
3.1	基础标准		
3.1.1		机械加工工艺装备基本术语	GB/T 1008—2008
3.1.2		组合夹具元件结构要素	GB/T 2804—2008
3.1.3		钣金成形工装设计要求	HB 8401—2013
3.1.4		工艺装备选择 设计 验证规则	QJ 2233—1992
3.2	刀具标准		
3.2.1		硬质合金 T 形槽铣刀	GB/T 10948—2006
3.2.2		矩形花键滚刀	GB/T 10952—2005
3.2.3		手用铰刀 第 1 部分：型式和尺寸	GB/T 1131.1—2004
3.2.4		手用铰刀 第 2 部分：技术条件	GB/T 1131.2—2004
3.2.5		直柄和莫氏锥柄机用铰刀	GB/T 1132—2017
3.2.6		带刃倾角机用铰刀	GB/T 1134—2008
3.2.7		套式机用铰刀和芯轴	GB/T 1135—2004

续表

序号	标准属性	标准名称	标准号
3.2.8		莫氏圆锥和米制圆锥铰刀	GB/T 1139—2017
3.2.9		套式扩孔钻	GB/T 1142—2004
3.2.10		60°,90°,120°莫氏锥柄锥面锪钻	GB/T 1143—2004
3.2.11		可转位螺旋立铣刀	GB/T 14298—2008
3.2.12		整体硬质合金锯片铣刀	GB/T 14301—2008
3.2.13		粗加工立铣刀	GB/T 14328—2008
3.2.14		键槽拉刀	GB/T 14329—2008
3.2.15		盘形轴向剃齿刀	GB/T 14333—2008
3.2.16		双圆弧齿轮滚刀	GB/T 14348—2007
3.2.17		锥柄麻花钻 第 1 部分:莫氏锥柄麻花钻的型式和尺寸	GB/T 1438.1—2008
3.2.18		锥柄麻花钻 第 2 部分:莫氏锥柄麻花长钻的型式和尺寸	GB/T 1438.2—2008
3.2.19		锥柄麻花钻 第 3 部分:莫氏锥柄麻花钻加长钻的型式和尺寸	GB/T 1438.3—2008
3.2.20		锥柄麻花钻 第 4 部分:莫氏锥柄麻花超长钻的型式和尺寸	GB/T 1438.4—2008
3.2.21		金属切削刀具术语 切齿刀具	GB/T 14895—2010
3.2.22		木工刀具术语 铣刀	GB/T 14897.3—1994
3.2.23		木工刀具术语 钻头	GB/T 14897.4—1994
3.2.24		木工刀具术语 方凿钻	GB/T 14897.5—1994
3.2.25		单刃车削刀具寿命试验	GB/T 16461—2016
3.2.26		切削刀具高速钢分组代号	GB/T 17111—2008
3.2.27		木工刀具安全 铣刀、圆锯片	GB/T 18955—2003
3.2.28		圆柱柄刀夹 第 6 部分:装圆柱柄刀具的 E 型刀夹	GB/T 19448.6—2004
3.2.29		圆柱柄刀夹 第 7 部分:装锥柄刀具的 F 型刀夹	GB/T 19448.7—2004
3.2.30		锥柄机用 1:50 锥度销子铰刀	GB/T 20332—2006
3.2.31		切削刀具用可转位刀片型号表示规则	GB/T 2076—2021

续表

序号	标准属性	标准名称	标准号
3.2.32		硬质合金可转位刀片圆角圆弧半径	GB/T 2077—1987
3.2.33		手用 1∶50 锥度销子铰刀	GB/T 20774—2006
3.2.34		带圆角无固定孔的硬质合金可转位刀片 尺寸	GB/T 2079—2015
3.2.35		带圆角沉孔固定孔的硬质合金可转位刀片 尺寸	GB/T 2080—2007
3.2.36		带修光刃，无固定孔的硬质合金可转位铣刀片 尺寸	GB/T 2081—2018
3.2.37		金属切削刀具 麻花钻术语	GB/T 20954—2007
3.2.38		金属切削刀具 丝锥术语	GB/T 20955—2007
3.2.39		数控立式转塔刀架	GB/T 20959—2007
3.2.40		数控卧式转塔刀架	GB/T 20960—2007
3.2.41		金属切削刀具 铰刀术语	GB/T 21018—2007
3.2.42		金属切削刀具 铣刀术语	GB/T 21019—2007
3.2.43		金属切削刀具 圆板牙术语	GB/T 21020—2007
3.2.44		盘形径向剃齿刀	GB/T 21950—2008
3.2.45		单刃刀具 刀尖圆弧半径	GB/T 21953—2008
3.2.46		硬质合金直柄麻花钻	GB/T 25666—2010
3.2.47		硬质合金斜齿立铣刀	GB/T 25670—2010
3.2.48		可调节手用铰刀	GB/T 25673—2010
3.2.49		螺钉槽铣刀	GB/T 25674—2010
3.2.50		机用和手用丝锥 第 1 部分：通用柄机用和手用丝锥	GB/T 3464.1—2007
3.2.51		细长柄机用丝锥	GB/T 3464.2—2003
3.2.52		机用和手用丝锥 第 3 部分：短柄机用和手用丝锥	GB/T 3464.3—2007
3.2.53		高速钢车刀条 第 1 部分：型式和尺寸	GB/T 4211.1—2004
3.2.54		高速钢车刀条 第 2 部分：技术条件	GB/T 4211.2—2004
3.2.55		莫氏锥柄长刃机用铰刀	GB/T 4243—2017

续表

序号	标准属性	标准名称	标准号
3.2.56		机用铰刀技术条件	GB/T 4245—2004
3.2.57		铰刀特殊公差	GB/T 4246—2004
3.2.58		手用 1:50 锥度销子铰刀 技术条件	GB/T 4248—2004
3.2.59		圆锥铰刀 技术条件	GB/T 4250—2004
3.2.60		硬质合金机用铰刀	GB/T 4251—2008
3.2.61		直柄和莫氏锥柄扩孔钻	GB/T 4256—2004
3.2.62		扩孔钻 通用技术条件	GB/T 4257—2004
3.2.63		渐开线花键键滚刀 通用技术条件	GB/T 5103—2004
3.2.64		渐开线花键键滚刀 基本型式和尺寸	GB/T 5104—2008
3.2.65		可转位立铣刀 第 1 部分:削平直柄立铣刀	GB/T 5340.1—2006
3.2.66		可转位立铣刀 第 2 部分:莫氏锥柄立铣刀	GB/T 5340.2—2006
3.2.67		可转位立铣刀 第 3 部分:技术条件	GB/T 5340.3—2006
3.2.68		可转位三面刃铣刀 第 1 部分:型式和尺寸	GB/T 5341.1—2006
3.2.69		可转位三面刃铣刀 第 2 部分:技术条件	GB/T 5341.2—2006
3.2.70		可转位面铣刀 第 1 部分:套式面铣刀	GB/T 5342.1—2006
3.2.71		可转位面铣刀 第 2 部分:莫氏锥柄面铣刀	GB/T 5342.2—2006
3.2.72		可转位面铣刀 第 3 部分:技术条件	GB/T 5342.3—2006
3.2.73		直齿插齿刀 基本型式和尺寸	GB/T 6081—2001
3.2.74		直齿插齿刀 通用技术条件	GB/T 6082—2001
3.2.75		齿轮滚刀 基本型式和尺寸	GB/T 6083—2016
3.2.76		齿轮滚刀 通用技术条件	GB/T 6084—2016
3.2.77		立铣刀 第 1 部分:直柄立铣刀	GB/T 6117.1—2010
3.2.78		立铣刀 第 2 部分:莫氏锥柄立铣刀	GB/T 6117.2—2010
3.2.79		立铣刀 第 3 部分:7:24 锥柄立铣刀	GB/T 6117.3—2010

续表

序号	标准属性	标准名称	标准号
3.2.80		立铣刀技术条件	GB/T 6118—2010
3.2.81		T型槽铣刀　型式和尺寸	GB/T 6124—2007
3.2.82		T型槽铣刀　技术条件	GB/T 6125—2007
3.2.83		铣刀和铣刀刀杆的互换尺寸	GB/T 6132—2006
3.2.84		削平型直柄刀具夹头　第2部分：夹头的连接尺寸和标记	GB/T 6133.2—2006
3.2.85		直柄麻花钻　第1部分：粗直柄小麻花钻的型式和尺寸	GB/T 6135.1—2008
3.2.86		直柄麻花钻　第2部分：直柄短麻花钻和直柄麻花钻的型式和尺寸	GB/T 6135.2—2008
3.2.87		直柄麻花钻　第3部分：直柄长麻花钻的型式和尺寸	GB/T 6135.3—2008
3.2.88		直柄麻花钻　第4部分：直柄超长麻花钻的型式和尺寸	GB/T 6135.4—2008
3.2.89		攻丝前钻孔用阶梯麻花钻　第1部分：直柄阶梯麻花钻的型式和尺寸	GB/T 6138.1—2007
3.2.90		攻丝前钻孔用阶梯麻花钻　第2部分：莫氏锥柄阶梯麻花钻的型式和尺寸	GB/T 6138.2—2007
3.2.91		镶片齿轮滚刀	GB/T 9205—2005
3.2.92		螺母丝锥	GB/T 967—2008
3.2.93		丝锥螺纹公差	GB/T 968—2007
3.2.94		丝锥技术条件	GB/T 969—2007
3.2.95		圆板牙　第1部分：圆板牙和圆板牙架的型式和尺寸	GB/T 970.1—2008
3.2.96		圆板牙　第2部分：技术条件	GB/T 970.2—2008
3.2.97		滚丝轮	GB/T 971—2008
3.2.98		搓丝板	GB/T 972—2008
3.3	夹具标准		
3.3.1		数控铣削专用夹具设计与制造要求	HB/Z 20029—2016
3.3.2		组合机床夹具精度检验	JB/T 3044—2011
3.4	模具标准		
3.4.1		塑料注射模技术条件	GB/T 12554—2006

续表

序号	标准属性	标准名称	标准号
3.4.2		塑料注射模模架	GB/T 12555—2006
3.4.3		塑料注射模模架技术条件	GB/T 12556—2006
3.4.4		冲模技术条件	GB/T 14662—2006
3.4.5		冲模滑动导向模架	GB/T 2851—2008
3.4.6		冲模滚动导向模架	GB/T 2852—2008
3.4.7		冲模滑动导向模座 第1部分:上模座	GB/T 2855.1—2008
3.4.8		冲模滑动导向模座 第2部分:下模座	GB/T 2855.2—2008
3.4.9		冲模滚动导向模座 第1部分:上模座	GB/T 2856.1—2008
3.4.10		冲模滚动导向模座 第2部分:下模座	GB/T 2856.2—2008
3.4.11		冲模导向装置 第1部分:滑动导向导柱	GB/T 2861.1—2008
3.4.12		冲模导向装置 第10部分:垫圈	GB/T 2861.10—2008
3.4.13		冲模导向装置 第11部分:压板	GB/T 2861.11—2008
3.4.14		冲模导向装置 第2部分:滚动导向导柱	GB/T 2861.2—2008
3.4.15		冲模导向装置 第3部分:滑动导向导套	GB/T 2861.3—2008
3.4.16		冲模导向装置 第4部分:滚动导向导套	GB/T 2861.4—2008
3.4.17		冲模导向装置 第5部分:钢球保持圈	GB/T 2861.5—2008
3.4.18		冲模导向装置 第6部分:圆柱螺旋压缩弹簧	GB/T 2861.6—2008
3.4.19		冲模导向装置 第7部分:滑动导向可卸导柱	GB/T 2861.7—2008
3.4.20		冲模导向装置 第8部分:滚动导向可卸导柱	GB/T 2861.8—2008
3.4.21		冲模导向装置 第9部分:衬套	GB/T 2861.9—2008
3.4.22		塑料注射模零件 第1部分:推杆	GB/T 4169.1—2006
3.4.23		塑料注射模零件 第10部分:支承柱	GB/T 4169.10—2006
3.4.24		塑料注射模零件 第11部分:圆锥定位元件	GB/T 4169.11—2006
3.4.25		塑料注射模零件 第12部分:推板导套	GB/T 4169.12—2006

续表

序号	标准属性	标准名称	标准号
3.4.26		塑料注射模零件 第 13 部分:复位杆	GB/T 4169.13—2006
3.4.27		塑料注射模零件 第 14 部分:推板导柱	GB/T 4169.14—2006
3.4.28		塑料注射模零件 第 15 部分:扁推杆	GB/T 4169.15—2006
3.4.29		塑料注射模零件 第 16 部分:带肩推杆	GB/T 4169.16—2006
3.4.30		塑料注射模零件 第 17 部分:推管	GB/T 4169.17—2006
3.4.31		塑料注射模零件 第 18 部分:定位圈	GB/T 4169.18—2006
3.4.32		塑料注射模零件 第 19 部分:浇口套	GB/T 4169.19—2006
3.4.33		塑料注射模零件 第 2 部分:直导套	GB/T 4169.2—2006
3.4.34		塑料注射模零件 第 20 部分:拉杆导柱	GB/T 4169.20—2006
3.4.35		塑料注射模零件 第 21 部分:矩形定位元件	GB/T 4169.21—2006
3.4.36		塑料注射模零件 第 22 部分:圆形拉模扣	GB/T 4169.22—2006
3.4.37		塑料注射模零件 第 23 部分:矩形拉模扣	GB/T 4169.23—2006
3.4.38		塑料注射模零件 第 3 部分:带头导套	GB/T 4169.3—2006
3.4.39		塑料注射模零件 第 4 部分:带头导柱	GB/T 4169.4—2006
3.4.40		塑料注射模零件 第 5 部分:有肩导柱	GB/T 4169.5—2006
3.4.41		塑料注射模零件 第 6 部分:垫块	GB/T 4169.6—2006
3.4.42		塑料注射模零件 第 7 部分:推板	GB/T 4169.7—2006
3.4.43		塑料注射模零件 第 8 部分:模板	GB/T 4169.8—2006
3.4.44		塑料注射模零件 第 9 部分:限位钉	GB/T 4169.9—2006
3.4.45		塑料注射模零件技术条件	GB/T 4170—2006
3.4.46		压铸模零件 第 1 部分:模板	GB/T 4678.1—2017
3.4.47		压铸模零件 第 10 部分:推板导套	GB/T 4678.10—2017
3.4.48		压铸模零件 第 11 部分:推杆	GB/T 4678.11—2017
3.4.49		压铸模零件 第 13 部分:推板垫圈	GB/T 4678.13—2018

续表

序号	标准属性	标准名称	标准号
3.4.50		压铸模零件 第14部分:限位钉	GB/T 4678.14—2003
3.4.51		压铸模零件 第15部分:垫块	GB/T 4678.15—2003
3.4.52		压铸模零件 第16部分:扁推杆	GB/T 4678.16—2003
3.4.53		压铸模零件 第17部分:推管	GB/T 4678.17—2003
3.4.54		压铸模零件 第18部分:支承柱	GB/T 4678.18—2003
3.4.55		压铸模零件 第19部分:定位元件	GB/T 4678.19—2017
3.4.56		压铸模零件 第2部分:圆形镶块	GB/T 4678.2—2017
3.4.57		压铸模零件 第3部分:矩形镶块	GB/T 4678.3—2017
3.4.58		压铸模零件 第5部分:圆导柱	GB/T 4678.5—2017
3.4.59		压铸模零件 第6部分:带头导套	GB/T 4678.6—2017
3.4.60		压铸模零件 第7部分:直导套	GB/T 4678.7—2017
3.4.61		压铸模零件 第8部分:推板	GB/T 4678.8—2017
3.4.62		压铸模零件 第9部分:推板导柱	GB/T 4678.9—2017
3.4.63		压铸模零件 技术条件	GB/T 4679—2017
3.4.64		压铸模 技术条件	GB/T 8844—2017
3.4.65		模具 术语	GB/T 8845—2017
3.5	量具标准		
3.5.1		轴用光滑极限量规应用条件	QJ 1158—1987
3.5.2		光滑极限量规技术条件	QJ 1161—1987
3.5.3		深度、高度、长度极限量规公差及应用尺寸	QJ 1162—1987
3.5.4		深度、高度、长度极限量规技术条件	QJ 1164—1987
3.5.5		孔用光滑极限量规应用尺寸	QJ 444—1984
3.6	其他工艺装备标准		
3.6.1		涂附磨具 砂页盘	GB/T 20962—2007

续表

序号	标准属性	标准名称	标准号
3.6.2		涂附磨具 钢纸砂盘	GB/T 20963—2007
3.6.3		固结磨具 技术条件	GB/T 2485—2016
3.6.4		手动套筒扳手 套筒	GB/T 3390.1—2013
3.6.5		手动套筒扳手 传动方榫和方孔	GB/T 3390.2—2013
3.6.6		手动套筒扳手 传动附件	GB/T 3390.3—2013
3.6.7		手动套筒扳手 连接附件	GB/T 3390.4—2013
3.6.8		手动套筒扳手 检验规则、包装与标志	GB/T 3390.5—2013
3.6.9		呆扳手、梅花扳手、两用扳手的型式	GB/T 4388—2008
3.6.10		活扳手	GB/T 4440—2008
4	数字化制造工艺标准		
4.1	数字化制造基础标准		
4.1.1		工业自动化系统 机床数值控制 NC 处理器输出 后置处理命令	GB/T 11292—2008
4.1.2		工业自动化系统 机床数值控制 NC 处理器输出 文件结构和语言格式	GB/T 12177—2008
4.1.3		工业自动化系统 制造报文规范 第 1 部分:服务定义	GB/T 16720.1—2005
4.1.4		工业自动化系统 制造报文规范 第 2 部分:协议规范	GB/T 16720.2—2005
4.1.5		工业自动化系统 制造报文规范 第 1 部分:服务定义 补充件 1:数据交换	GB/T 16979.1—1997
4.1.6		工业自动化系统 制造报文规范 第 2 部分:协议规范 补充件 1:数据交换	GB/T 16979.2—1997
4.1.7		工业机械电气设备 控制与驱动装置间实时串行通信数据链路	GB/T 18473—2016
4.1.8		工业自动化系统与集成 制造自动化编程环境(MAPLE)功能体系结构	GB/T 18755.1—2002
4.1.9		工业自动化系统与集成 制造自动化编程环境(MAPLE) 第 2 部分:服务与接口	GB/T 18755.2—2003
4.1.10		工业自动化系统与集成 机床数值控制 坐标系和运动命名	GB/T 19660—2005
4.1.11		工业自动化系统与集成 制造软件互操作性能力建规 第 1 部分:框架	GB/T 19902.1—2005
4.1.12		工业自动化系统与集成 制造软件互操作性能力建规 第 2 部分:建规方法论	GB/T 19902.2—2005

续表

序号	标准属性	标准名称	标准号
4.1.13		工业自动化系统与集成 制造软件互操作性能力建模 第 3 部分：接口服务、协议及能力模板	GB/T 19902.3—2006
4.1.14		工业自动化系统与集成 制造软件互操作性能力建模 第 4 部分：一致性测试方法、判则及报告	GB/T 19902.4—2010
4.1.15		工业自动化系统与集成 制造软件互操作性能力建模 第 5 部分：基于多能力类结构进行专规匹配的方法学	GB/T 19902.5—2011
4.1.16		工业自动化系统与集成 制造软件互操作性能力建模 第 6 部分：基于多能力类结构进行专规匹配的接口服务和协议	GB/T 19902.6—2012
4.1.17		工业自动化系统与集成 物理设备控制 计算机数值控制器用的数据模型 第 1 部分：概述和基本原理	GB/T 19903.1—2005
4.1.18		工业自动化系统与集成 物理设备控制 计算机数值控制器用的数据模型 第 10 部分：通用工艺数据	GB/T 19903.10—2006
4.1.19		工业自动化系统与集成 物理设备控制 计算机数值控制器用的数据模型 第 11 部分：铣削用工艺数据	GB/T 19903.11—2008
4.1.20		工业自动化系统与集成 物理设备控制 计算机数值控制器用的数据模型 第 111 部分：铣床用刀具	GB/T 19903.111—2013
4.1.21		工业自动化系统与集成 物理设备控制 计算机数值控制器用的数据模型 第 12 部分：车削用工艺数据	GB/T 19903.12—2008
4.1.22		工业自动化系统与集成 物理设备控制 计算机数值控制器用的数据模型 第 121 部分：车床用刀具	GB/T 19903.121—2008
4.1.23		自动化系统与集成 物理设备控制 计算机数值控制器用的数据模型 第 13 部分：电火花线切割加工用工艺数据	GB/T 19903.13—2019
4.1.24		自动化系统与集成 物理设备控制 计算机数值控制器用的数据模型 第 14 部分：电火花成形加工用工艺数据	GB/T 19903.14—2019
4.1.25		文献档案资料数字化工作导则	GB/T 20530—2006
4.1.26		计算机辅助工艺设计导则	GB/T 26102—2010
4.1.27		离线编程式机器人柔性加工系统 第 1 部分：通用要求	GB/T 26153.1—2010

续表

序号	标准属性	标准名称	标准号
4.1.28		离线编程式机器人柔性加工系统 第 3 部分：喷涂系统	GB/T 26153.3—2015
4.1.29		工业自动化系统与集成 机床数值控制 数控系统通用技术条件	GB/T 26220—2010
4.1.30		工业自动化系统与集成 物理设备控制 尺寸测量接口标准（DMIS）	GB/T 26498—2011
4.1.31		计算机辅助工艺设计 系统功能规范	GB/T 28282—2012
4.1.32		数字化车间 通用技术要求	GB/T 37393—2019
4.1.33		数字化车间 术语和定义	GB/T 37413—2019
4.1.34		数字化车间制造 信息模型	GB/T 37928—2019
4.1.35		数控加工生产线 机床柔性制造系统	GB/T 38177—2019
4.1.36		产品几何技术规范（GPS）基于数字化模型的测量通用要求	GB/T 38368—2019
4.1.37		内容资源数字化加工 第 1 部分：术语	GB/T 38548.1—2020
4.1.38		内容资源数字化加工 第 5 部分：质量控制	GB/T 38548.5—2020
4.1.39		内容资源数字化加工 第 6 部分：应用模式	GB/T 38548.6—2020
4.1.40		信息处理计算机处理图形 图形核心系统（GKS）的功能描述	GB/T 9544—1988
4.1.41		机械产品逆向工程三维建模技术要求	GB/T 31053—2014
4.1.42		机械工程 CAD 制图规则	GB/T 14665—2012
4.1.43		机械产品数字样机通用技术要求	GB/T 26100—2010
4.1.44		机械产品虚拟装配通用技术要求	GB/T 26101—2010
4.1.45		机械产品三维建模通用规则 第 1 部分：通用要求	GB/T 26099.1—2010
4.1.46		机械产品三维建模通用规则 第 2 部分：零件建模	GB/T 26099.2—2010
4.1.47		机械产品三维建模通用规则 第 3 部分：装配建模	GB/T 26099.3—2010
4.1.48		机械产品三维建模通用规则 第 4 部分：模型投影工程图	GB/T 26099.4—2010
4.1.49		军队档案资料数字化通用要求	GJB 7530—2012
4.2	数字化工艺管理标准		
4.2.1		基于三维模型的工艺发布及应用要求	QJ 20570—2016

续表

序号	标准属性	标准名称	标准号
4.2.2		基于三维模型的工艺设计管理要求	QJ 20571—2016
4.2.3		航天产品数字化设计与制造 技术文件管理要求	QJ 20832—2018
4.2.4		航天产品数字化设计与制造 偏离管理要求	QJ 20839—2018
4.2.5		航天产品工艺文件管理制度	Q/QJB 317—2018
4.3	数字化制造数据标准		
4.3.1		电气项目的标准数据元素类型和相关分类模式 第1部分：定义 原则和方法	GB/T 17564.1—2011
4.3.2		电气元器件的标准数据元素类型和相关分类模式 第2部分：EXPRESS字典模式	GB/T 17564.2—2013
4.3.3		电气元器件的标准数据元素类型和相关分类模式 第3部分：维护和确认的程序	GB/T 17564.3—1999
4.3.4		电气元器件的标准数据元素类型和相关分类模式 第4部分：IEC标准数据元素类型和元器件类别基准库集	GB/T 17564.4—2009
4.3.5		技术产品文件 数字化产品定义数据通则 第1部分：术语和定义	GB/T 24734.1—2009
4.3.6		技术产品文件 数字化产品定义数据通则 第10部分：几何公差的应用	GB/T 24734.10—2009
4.3.7		技术产品文件 数字化产品定义数据通则 第11部分：几何建模特征层层级	GB/T 24734.11—2009
4.3.8		技术产品文件 数字化产品定义数据通则 第2部分：数据集识别与控制	GB/T 24734.2—2009
4.3.9		技术产品文件 数字化产品定义数据通则 第3部分：数据集	GB/T 24734.3—2009
4.3.10		技术产品文件 数字化产品定义数据通则 第4部分：设计模型要求	GB/T 24734.4—2009
4.3.11		技术产品文件 数字化产品定义数据通则 第5部分：数据通用要求	GB/T 24734.5—2009
4.3.12		技术产品文件 数字化产品定义数据通则 第6部分：几何建模特征规范	GB/T 24734.6—2009
4.3.13		技术产品文件 数字化产品定义数据通则 第7部分：注释要求	GB/T 24734.7—2009
4.3.14		技术产品文件 数字化产品定义数据通则 第8部分：模型数值与尺寸要求	GB/T 24734.8—2009
4.3.15		技术产品文件 数字化产品定义数据通则 第9部分：基准的应用	GB/T 24734.9—2009
4.3.16		无损检测 数字化超声检测数据的计算机传输内容及其组织	GB/T 25759—2010
4.3.17		机械产品数字化定义的数据段数据指南	GB/Z 19098—2003
4.3.18		内容资源数字化加工 第4部分：元数据	GB/T 38548.4—2020

续表

序号	标准属性	标准名称	标准号
4.4	数字化制造协同标准		
4.4.1		航天器三维设计数字样机 第3部分:协同设计	QJ 20517.3—2016
4.4.2		基于 Pro/ENGINEER 和 Pro/INTRALINK 的航天产品协同三维结构设计要求	QJ 3261—2005
4.4.3		多专业协同设计系统建设通用要求	Q/QJB 259—2016
4.4.4		多专业协同设计系统协同工作流程管理与应用规范	Q/QJB 309—2018
4.4.5		电子装备基于模型定义的协同设计通用要求	SJ 21222—2016
4.4.6		兵器典型产品数字化协同研制动态联邦构建要求	WJ 20577—2018
4.4.7		兵器典型产品数字化协同研制平台构建要求	WJ 20578—2018
4.4.8		兵器典型产品数字化协同研制平台使用要求	WJ 20579—2018
4.4.9		产品协同设计工作环境构建指南	WJ/Z 430—2005
4.5	数字化工艺设计标准		
4.5.1		航空产品数字化工艺设计通用要求	HB 7777—2005
4.5.2		飞机大部件数字化对接工艺	HB/Z 20085—2018
4.5.3		基于三维模型的工序模型设计与标注要求	QJ 20569—2016
4.5.4		基于 MBD 的工艺设计规范 第1部分:总则	Q/QJB 240.1—2014
4.5.5		基于 MBD 的工艺设计规范 第3部分:工艺性审查要求	Q/QJB 240.3—2017
4.5.6		基于 MBD 的工艺设计规范 第7部分:装配工艺规程设计	Q/QJB 240.7—2014
4.5.7		电子装备混合集成电路数字化工艺设计要求	SJ 21519—2018
4.5.8		电子装备印制板组件数字化工艺设计要求	SJ 21521—2018
4.6	数字化制造工艺仿真标准		
4.6.1		机械产品虚拟装配通用技术要求	GB/T 26101—2010
4.6.2		热加工工艺仿真与模拟技术导则	GB/Z 28283—2012
4.6.3		数控切削加工工艺仿真要求	HB 20155—2014
4.6.4		飞机钣金零件成形工艺仿真要求	HB 20156—2014

续表

序号	标准属性	标准名称	标准号
4.6.5		基于模型的制造装配工艺仿真	HB 20303—2016
4.6.6		战术导弹虚拟装配通用要求	QJ 20462—2016
4.6.7		基于MBD的工艺设计规范 第17部分：装配工艺过程仿真	Q/QJB 240.17—2014
4.7	数字化制造过程标准		
4.7.1		制造过程物联的数字化模型信息交换规范	GB/T 35120—2017
4.7.2		制造过程物联的数字化模型信息表达规范	GB/T 35122—2017
4.7.3		飞机数字化装配通用要求	HB 20392—2016
4.7.4		飞机数字化预装配通用要求	HB 7803—2006
4.7.5		导弹几何特性数字化测量方法	QJ 20206—2012
4.7.6		电子装备结构数字化测量通用要求	SJ 21312—2018

参 考 文 献

［1］ 何庆芝．航空航天概论［M］．北京：北京航空航天大学出版社，1997．

［2］ 郝红武，梁毅辰．航空航天概论［M］．北京：北京航空航天大学出版社，2018．

［3］ 尚育如．航天工艺基础知识培训教材［M］．北京：中国宇航出版社，2005．

［4］ 张明．航天器制造技术［M］．北京：国防工业出版社，2018．

［5］ 刘纪原．中国航天事业的60年［M］．北京：北京大学出版社，2016．

［6］ 刘纪原．中国航天事业发展的哲学思想［M］．2版．北京：北京大学出版社，2016．

［7］ 刘纪原．中国航天文化的发展与创新［M］．北京：北京大学出版社，2016．

［8］ 郁鼎文，陈恳．现代制造技术［M］．北京：清华大学出版社，2006．

［9］ 符志民．追求卓越一次成功的矩阵式质量保证模式［J］．中国质量，2018（7）：89-97．

［10］ 中国航天标准化研究所．QJ 3133—2001航天产品项目阶段划分和策划//国防科学技术工业委员会，北京：中国航天标准化研究所发行，2002：FL0102．

［11］ 中国航天标准化研究所．QJ 903B—2011航天产品工艺文件管理制度//国家国防科技工业局，北京：中国航天标准化研究所发行，2015：FL0101．

［12］ 周世平，王中阳．关于航天工艺管理的几点思考［J］．航天工业管理，2009（6）：6-9．

［13］ 张陶，刘智卿．航天质量问题归零管理的历史追溯和发展［J］．质量与可靠性，2012（159）：24-26．

［14］ 孙庆曼．对《航天产品工艺保证要求》的认识和实践［J］．航天标准化，2020（1）：9-12．

［15］ 孟光，郭立杰，程辉．航天智能制造技术与装备［M］．武汉：华中科技大学出版社，2020．

［16］ 吴伟仁．军工制造业数字化［M］．北京：原子能出版社，2007．

［17］ 王大森．中国兵器工艺技术体系［M］．北京：兵器工业出版社，2018．

［18］ 汪建东，沈青方．面向飞机制造的协调工艺设计［J］．教练机，2014（11）：33-36．

［19］ 任顺奎．长征机械厂工艺管理模式改进研究［D］．重庆：重庆大学，2007．

［20］ 张秀琼．企业工艺管理系统信息化建设研究［J］．科技创新与应用，2018（5）：116-117．

［21］ 张晓柱．中煤旭阳工艺信息化管理改进研究［D］．秦皇岛：燕山大学，2019．

［22］ 吴宁宁．信息化对装备制造业技术创新影响效应研究［D］．西安：西北大学，2019．

［23］ 徐金梅，郝乐芳，程卫祥．基于MBD工艺管理模式探讨［J］．数字化管理，2014（5）：70-72．

［24］ 孙京，周平来，孙连胜，等．航天器产品数字化制造的实践与思考［J］．航天器工程，2013，32（6）．

［25］ 王隆太．先进制造技术［M］．北京：机械工业出版社，2015：7．

［26］ 诸葛洵，王笑含，王强，等．航天器大型化构件数字化工厂仿真建模方法［J］．机械设计与研究，2018，34（4）．

［27］ 张霞，仇恒毅，张加波，等．金属切削过程物理仿真技术的应用［J］．新技术新工艺试验与研究，2017，6．

［28］ 陶亦亦，黄炜，姜左．虚拟制造的研究与发展［J］．机械制造与自动化，2006，35（1）：4-6．

[29]　孙连胜，刘金山，周平来，等．适于航天企业的数字化制造体系研究 [C]. 集团公司数字化制造论坛，2011.

[30]　钟掘．极端制造：当代制造科学与技术的前沿 [J]. 机械工人，2005，11：23-24.

[31]　《中国智能制造绿皮书》编委会．中国智能制造绿皮书（2017）　[M]. 北京：电子工业出版社，2017.

[32]　制造强国战略研究项目组．制造强国战略研究·智能制造专题卷 [M]. 北京：电子工业出版社，2015.

[33]　李伯虎，张霖，柴旭东．云制造概论 [J]. 中兴通讯技术，2010.

[34]　李伯虎，柴旭东，张霖．智慧云制造：一种互联网与制造业深度融合的新模式、新手段和新业态 [J]. 中兴通讯技术，2016.

[35]　魏毅寅，柴旭东．工业互联网：技术与实践 [M]. 北京：电子工业出版社，2017.

[36]　李伯虎，柴旭东，张霖，林廷宇．智慧云制造：工业云的智造模式和手段 [J]. 中国工业评论，2016（Z1）：58-66.

[37]　李伯虎，柴旭东，张霖，等．智慧制造云 [M]. 北京：化学工业出版社，2020.

[38]　李伯虎，柴旭东，侯宝存，等．云制造系统 3.0：一种"智能+"时代的新智能制造系统 [J]. 计算机集成制造系统，2019，25（12）：2997-3012.

[39]　李伯虎，张霖，等．云制造 [M]. 北京：清华大学出版社，2015.

[40]　张霖，罗永亮，陶飞，等．制造云构建关键技术研究 [J]. 计算机集成制造系统，2010（11）：192-202.

[41]　任磊，张霖，张雅彬，等．云制造资源虚拟化研究 [J]. 计算机集成制造系统，2011（03）：511-518.

[42]　李伯虎，柴旭东，张霖，等．面向新型人工智能系统的建模与仿真技术初步研究 [J]. 系统仿真学报，2018，030（002）：349-362.

[43]　刘飞，张华．绿色制造的内涵及研究意义 [J]. 中国科学基金，1999（6）：324-326.

[44]　薛丽霞，唐忠民，邓家褆，张克让．绿色制造 [J]. 机械设计，2000（10）：8-10.

[45]　唐见茂．航空航天复合材料绿色化发展浅析 [J]. 航天器环境工程，2015，32（5）：457-460.

[46]　王坤兴，田雨华，康磊晶，李茂戎．虚拟轴机床制造技术革命 [J]. 工艺信息，2000（5）：26-28.

[47]　张望英，孙旭军．绿色设计及回收业发展．2001 环境资源法学国际研讨会 [C]. 福州：2001.

[48]　李红梅，苏革，贾益娟．速率陀螺仪的"三化"设计及应用 [J]. 航天标准化，2013（3）：14-17.

[49]　易旺民．航天器智能装配技术与装备 [M]. 北京：中国宇航出版社，2019.

[50]　孟光，郭立杰，林忠钦．航天航空智能制造技术与装备发展战略研究 [M]. 上海：上海科学技术出版社，2017.

[51]　彭彬．绿色设计是现代制造业实施可持续发展的模式 [J/OL]. 1194-2020 China Academic Journal Electronic Publishing House. http://www.cnck.net：33-35.

[52]　朱文海．制造业数字化转型的系统方法论：局部服从整体 [M]. 北京：北京大学出版社，2021.

[53]　西门子软件公司．工业 4.0 实战：装备制造业数字化之道 [M]. 北京：机械工业出版社，2015.

[54]　王立平．智能制造装备及系统 [M]. 北京：清华大学出版社，2020.

[55]　徐伟东．工艺安全管理 [M]. 广州：广东经济出版社，2018.

[56]　符志民．不安全行为管理 [M]. 北京：中国宇航出版社，2020.

[57] 符志民. 航天项目评价 [M]. 北京：中国宇航出版社，2020.

[58] 菲利普·克劳士比. 质量免费：确定质量的艺术 [M]. 北京：中国人民大学出版社，2006.

[59] 符志民. 航天项目风险管理 [M]. 北京：机械工业出版社，2005.

[60] 符志民. 航天型号质量 [M]. 北京：中国宇航出版社，2021.

[61] 陈工. 决胜大未来：质量管理的理念与方法 [M]. 北京：中国标准出版社，2009.

[62] 齐格芒德·布鲁夫班德. 质量大震撼：来自质量大师的经典智慧 [M]. 北京：中国标准出版社，2006.

[63] 詹姆斯·R. 埃文斯，威廉·M. 林赛. 质量管理与质量控制 [M]. 7 版. 北京：中国人民大学出版社，2010.

[64] [美] 大卫·M. 安德森（David M. Anderson）. 可制造性设计——为精益生产、按单生产和大规模定制设计产品 [M]. 北京：人民邮电出版社，2018.

[65] 宁振波. 智能制造的本质 [M]. 北京：机械工业出版社，2021.

[66] 符志民. 企业核心技术掌控与自主创新 [J]. 中国航天，2013 (1)：38 - 43.

[67] 符志民. 诚信创造质量 [N]. 中国航天报，第三版，2010 - 9 - 21.

[67] 符志民. 企业风险管理成熟度模型 [J]. 科学研究月刊，2009 (4)：7 - 9.

[69] 符志民. 系统工程与项目管理的关系及项目成功 [J]. 清华管理评论，2019 (1 - 2)：82 - 85.